中华优秀传统文化创造性转化与创新性发展特色教育丛书
国家级一流本科课程建设系列教材
国家社科基金艺术学重大招标项目（项目批准号：21ZD25）教研建设成果

总主编　孙　磊

以身度物

YI SHEN DU WU

传统首饰工艺与当代转化

CHUANTONG SHOUSHI GONGYI YU DANGDAI ZHUANHUA

姜倩　编著

中国人民大学出版社
·北京·

编委会

总　序

文化是一个国家、一个民族的灵魂，承载着民族成长发展的基因和印记，是国家软实力的代表。当今世界，各国之间综合国力竞争日趋激烈，文化越来越成为民族凝聚力和创造力的重要源泉，越来越成为综合国力竞争的重要因素。党的十八大以来，我国将推动中华优秀传统文化创造性转化和创新性发展摆在突出位置，推动中华优秀传统文化传承发展、焕发新生。我们深刻体会到，历久弥新的中华优秀传统文化，是中华民族的精神命脉，是综合国力竞争中维护国家利益和安全的重要精神武器。在顺应时代发展中不断拓展和创新文化表达方式，将有利于激发全民族文化创造活力，影响全球主流价值观，提升国家文化软实力。

在这样的文化发展背景下，设计何为？我们认为，设计是文化的重要组成，文化融于设计，设计体现文化，两者互为辩证、不可分离。设计是文化的物质与精神、智力与情感等的外在表现，常指受文化支配所产生的意图成果或实践成就，是文化得以保护、转化、再生、传承、传播的重要力量。文化深刻地影响着设计的发展，它决定了设计的方向、样式、内容、风格、观念等诸多内容，而设计也不同程度地影响着文化的支配力量，因为设计不仅表现为物质、科技成果和审美价值的客观存在，同时表现为生活方式、共处方式、价值观体系、传统和信仰等内容。从价值属性上说，设计问题就是文化问题，一个国家设计综合能力越强，文化软实力也就越强，因此设计是国家文化软实力建设的重要组成部分。

本套丛书共分五册，得到国家社科基金艺术学重大招标项目“设计创新与国家文化软实力建设研究”（项目批准号：21ZD25）与国家级一流本科课程建设的共同资助，成果既是理论研究又是教学实践，体现“用理论去分析现实，再用实践去验证理论”的指导原则。作为研究成果，本套丛书立足“传统文化资源创新转化手段的匮乏与丰富的文化资源禀赋之间的矛盾”、“中华文化更深层次结构内涵的张力与浅层次的模仿表达能力之间的矛盾”以及“西方文化和价值观的‘中心化’与西方价值主导下东方文化的‘他者化’之间的矛盾”现实，注重从当代中国问题出发，聚焦造物造型、园林、陶瓷、首饰、木作等中华优秀传统文化的代表性领域，进行理论化梳理和创新性实践，不断强化对自身文化的反思、再造、传承、阐释、教育、传播等能力，以设计为纽带，主动把传统与当代、历史与现实、守正与创新、中国与世界等文化维度紧密地关联在一起，并通过这种深层次的文化价值互动、整合、重构、融创和体验，探讨和把握新的造物方法和造型规律，进而形成促进中华优秀传统文化创造性转化与创新性发展的可行路径。

作为教材成果，本套丛书的内容基础均来自国家级一流本科课程，有着长期丰富的教学实践积累。本次编撰，重点是将中华优秀传统文化创造性转化与创新性发展理念融入高校思政课教学，不仅实现对中华优秀传统文化自身的接续更新，还为学生提供了与当代中国文化身份建构问题相互“嵌入”的现实语境，帮助学生从中华优秀传统文化的母体中，自觉寻找和明确共有的历史记忆、习俗信仰、情感维系、生活方式、价值观和文化凝聚的精神内核及文化本原，并将之内化于心灵空间、创作境界和生活现场。通过课程的意识形态传达、文化心理性定义、设计的情感机制与集体记忆书写等方式，形成具有特征标识的共有性文化品格和文化认同，推动学生个体文化身份与国家主导的集体文化身份相互衔接，从而帮助学生更好地树立正确的世界观、人生观、价值观和艺术观，不断提升育人效果。

需要注意的是，中华优秀传统文化中蕴含的造物智慧，经由人、藏于物，在历史中形成天人合一、美善相乐、制器尚象、以身度物、巧法造化等造物观念，在今天也早已跨越时空，形成具有世界性价值、普遍性意义的思想观念、人文精神、道德规范和价值体系，亟待通过设计进行传承和传播。为强化大众传播和国际传播质效，本套丛书在策划时，注重将中华优秀传统文化中具有当代价值、世界意义的文化精髓提炼出来、展示出来。譬如，丛书特别开发了参与式和体验式数字化场景，将造物的理论、流程和环境模块化、剧本化、故事化，并设置了中、英文双语学习平台，便于学生在“做中学”“玩中学”“体验中学”，把赓续中华文脉又彰显时代精神、立足本土又面向世界的文化创新成果传播出去，不断增强气象博大的中华文明在国际上的传播力和影响力。

传承好、发展好中华优秀传统文化，提升国家文化软实力，需要拓展中华优秀传统文化研究的广度和深度，深化以文化创新为主导的“设计软价值”作用，赋予中华优秀传统文化新内涵、新话语、新形式，这些至关重要。设计创新成为中华优秀传统文化创造性转化与创新性发展以及国家文化软实力建设的重要内容，既折射出文化强国建设对设计创新的基本需求，又体现出以设计塑造和传递国家形象与社会主流价值观的重要意义，这也是本套丛书的出发点和归宿。

为保证本套丛书的出版质量和水平，参与编写的作者团队、山东工艺美术学院相关领导同人以及中国人民大学出版社领导和编辑团队都做了大量工作，付出了大量心血，在此一并表达我们最诚挚的谢意。

我们深知，在面对中华优秀传统文化实践中层出不穷的问题时，丛书仍显得汲深绠短，诚望广大读者提出宝贵意见，使丛书不断完善，真正能成为促进中华优秀传统文化基因延续、传承，并推动中国本土文化和意识得以复兴发展、走向世界的“铺路石”。

前　言

珠宝首饰不仅仅是一种装饰品，更是一种文化符号和价值体现。珠宝首饰设计作为一种艺术表达形式，具有深厚的文化内涵和历史积淀，通过设计创作呈现不同地域、不同民族、不同历史时期的独特文化风貌。珠宝首饰设计融合了艺术、工艺、历史、民俗等多种元素，成为文化传承和传播的重要载体。

随着社会的变迁和科技的进步，珠宝首饰设计也在不断演化和创新。设计师们通过独特的理念和技术手法，将传统与现代相结合，创造出独具特色的珠宝首饰作品。这些作品不仅展示了设计师的创意能力，也反映了当代社会的审美观念和文化趋势。珠宝首饰作为文化产品，具有较高的审美价值和商品价值。通过优秀的设计和制作工艺，可以提升珠宝首饰的品质和价值，吸引更多的人关注和购买，从而推动相关产业的发展。而珠宝首饰设计的成功与否，往往与文化软实力密切相关，具有独特的文化内涵和表达方式的设计作品更容易引起人们的共鸣，受到人们的喜爱。

此外，珠宝首饰设计还具有艺术品属性，成为文化和艺术的重要标志。许多设计师的作品被珍藏于博物馆或艺术院校，成为国家文化遗产的一部分。这些珠宝首饰作品不仅仅是个人的艺术创作，更承载着一个时代的情感和思想，成为国家文化软实力的重要组成部分。珠宝首饰作为文化艺术品的重要组成部分，可以通过展览、交流等形式进行文化“走出去”，增强国家或地区的文化影响力。优秀的珠宝首饰设计作品可以借助国内外的各类展览交流活动，向外界展示自己的文化魅力，引起人们对文化的好奇和关注，进而推动相关文化产业的发展和国家形象的塑造。

因此，珠宝首饰设计作为一种文化艺术形式，拥有丰富的文化内涵和历史积淀，体现了民族传统文化、时代精神和创新能力，并成为国家文化和艺术的重要代表。培养优秀的设计师，离不开珠宝首饰设计专业的系统学习和实践。珠宝首饰设计是一个综合交叉的学科，分为首饰设计和珠宝鉴定两个专业方向，是集设计、工艺、材料和矿物学为一体的综合类学科。首饰设计专业培养的是具备首饰艺术设计及应用能力、掌握相关艺术与产业动态、具备首饰制作加工技能的创新性人才，能够在珠宝首饰设计领域从事专业实践和研究。珠宝鉴定专业旨在让学生了解矿物学、宝石学的基础知识，掌握珠宝玉石的鉴定和分类、鉴定仪器的使用，使学生将来能够成为珠宝行业的专业鉴定师。

本书以山东工艺美术学院首饰设计专业基础教学的首饰设计思维、基础制作工艺、装饰工艺和成型工艺系列课程为基础，通过系统地讲述珠宝首饰的概念和分类，使学生了解珠宝首饰的基础知识和功能性划分；根据珠宝首饰的价值体系分析贵重宝玉石和贵金属材料的理论特性，让学生掌握珠宝首饰的基本价值体系和标准，学习珠宝首饰的设计方法和制作工艺流程，理解材料对首饰风格形成的重要性。通过本书的学习，学生能够具有开放多元化的设计思维、创意能力，理论与实践相结合，树立合理的珠宝首饰消费价值观和正确的时尚审美观等，为将来成为优秀、独特的首饰设计师奠定坚实的基础。

感谢国家社科基金艺术学重大招标项目“设计创新与国家文化软实力建设研究”主持人孙磊老师对首饰设计专业的支持，促使了本书的出版。感谢 2019 级、2020 级首饰设计专业的学生们以及我的研究生任自征、薛凯月、宫秀卿，是他们辛苦的付出才有了与本书内容相关的近 200 件作品。

姜　倩

目　录 / Contents

001　第一章　追本溯源 / Tracing Origins

002 / 第一节　珠宝首饰的定义及艺术起源
004 / 第二节　中国珠宝首饰的发展史
019 / 第三节　外国珠宝首饰的发展史
032 / 第四节　现当代珠宝首饰设计趋势

037　第二章　慧心巧思 / Clever Design

038 / 第一节　珠宝首饰设计构思的过程和方法
041 / 第二节　珠宝首饰设计素材的收集与提炼
045 / 第三节　珠宝首饰设计绘图过程及工具
048 / 第四节　珠宝首饰设计绘图原理和技法表现
052 / 第五节　珠宝首饰绘图技法和设计说明

057　第三章　朴斫之材 / Unpolished Materials

058 / 第一节　金碧辉映：金属之美
065 / 第二节　绚丽夺目：宝石之美
070 / 第三节　色彩瑰丽：贵重宝石
075 / 第四节　稀世之珍：玉石之美
082 / 第五节　奇珍异宝：有机宝石

093　第四章　牢甲利兵 / Tools

094 / 第一节　规矩准绳：基础工具
103 / 第二节　别具炉锤：基本设备

115　第五章　鸠工庀材：材料准备 / Material Preparation

116 / 第一节　焦金流石：化料
119 / 第二节　炉火纯青：退火
121 / 第三节　绵延不断：压延
124 / 第四节　千丝万缕：拉丝

127　第六章　巧夺天工：基础工艺 / Basic Techniques

128 / 第一节　裁月镂云：剪切、锯切
133 / 第二节　钻坚研微：钻孔
136 / 第三节　铿锵顿挫：锉修
139 / 第四节　错彩镂金：镂空
141 / 第五节　以柔制刚：制管、制链
144 / 第六节　严丝合缝：焊接
151 / 第七节　伐毛洗髓：酸洗
153 / 第八节　磨砺以须：抛光打磨

159　第七章　画梁雕栋：装饰工艺 / Decorative Techniques

160 / 第一节　压制纹样
162 / 第二节　錾刻工艺
167 / 第三节　金属腐蚀
170 / 第四节　化学染色
171 / 第五节　珐琅工艺

177　第八章　匠心独运：成型工艺 / Shaping Techniques

178 / 第一节　首饰花丝工艺
188 / 第二节　起版与铸造工艺
200 / 第三节　镶嵌工艺

209 第九章 博关经典：案例赏析 / Case Studies

210 / 第一节 錾刻制作案例
223 / 第二节 镶嵌制作案例
230 / 第三节 锻打制作案例
235 / 第四节 花丝制作案例
252 / 第五节 编织制作案例
261 / 第六节 综合制作案例
276 / 第七节 课程作品赏析

291 第十章 规行矩步：质量与检验 / Quality and Inspection

292 / 第一节 首饰外观质量的检验
293 / 第二节 宝玉石加工质量要求
294 / 第三节 贵金属加工质量要求
295 / 第四节 质量监控应注意的问题

298 参考文献 / Bibliography

305 附录 珠宝首饰设计需求参考图表 / Appendix: Reference Chart for Jewelry Design Requirements

306 / 附录 1 常见宝石的物理性质参数表
307 / 附录 2 常见玉石的物理性质参数表
308 / 附录 3 常见有机宝石的物理性质参数表
308 / 附录 4 宝玉石与生辰石及其象征意义参考表
309 / 附录 5 结婚纪念日对应宝玉石参考表
309 / 附录 6 常见首饰戒指尺寸表
311 / 附录 7 常见首饰手镯尺寸表

第一章　追本溯源

Tracing Origins

珠宝首饰作为人类历史发展中的重要装饰品，拥有丰富的历史文化和深厚背景。它的历史可以追溯到几千年前的古代文明，不同文化和时期的珠宝都有其独特的风格和象征意义。追溯珠宝的历史文化是一段充满魅力和故事的旅程，无论是古代文明中的象征意义，还是不同地域文化中的独特风格，都为我们提供了一个更深入了解人类历史和文化的视角。在不同的历史时期和国度、地域中，人们因为文化和就地取材的不同，对首饰的定义有着不同的看法。在追本溯源到 7 000 年前的新石器时代的首饰之前，我们先来了解一下珠宝首饰的定义和艺术起源。

第一节　珠宝首饰的定义及艺术起源

一、珠宝首饰的定义

“首饰”一词在《辞海》中的释义为，“男女头上的饰物”。《后汉书 · 志 · 舆服下》载：“后世圣人……见鸟兽有冠角髯胡之制，遂作冠冕缨蕤，以为首饰。”古人称头为首，所以首饰本指头上的饰物。[①]

现今，“首饰”一词的含义仍然在不断地扩展，不仅成为全身装饰物的总称，甚至还打破了首饰装饰功能的界定。特别是在商业贸易活动中，为了提升首饰的价值和突出材料的珍贵，人们经常使用更加容易被消费者接受的复合称谓“珠宝首饰”，或者更直接地认为“首饰”是“珠宝首饰”的简称。有时，为了强调首饰的某些商品或时代特性，又引入了“艺术首饰”“商业首饰”“古董首饰”“时尚首饰”“概念首饰”“时装首饰”“表演首饰”等更体现专业性特征的名称。

现代首饰设计创作已经打破首饰功能性的体现，艺术家以表达情感或者叙事性为主，将艺术创作以首饰为载体进行呈现。打破传统贵金属和宝石的材料属性，首饰的界定范围越来越宽广。特别是具有艺术设计的概念首饰的产生，拓宽了大众对原有珠宝首饰的

① 干大川 . 珠宝首饰设计与加工 [M]. 北京：化学工业出版社，2005.

认知与界定。

总之，实践表明，在经济社会高速发展的当代，大量涌现的新理念、新材料、新工艺，使首饰的呈现方式大大突破了原有的题材和装饰功能。[①] 可以认为，今天人们所说的首饰，乃是指文化艺术与科学技术相互融合的工艺美术品。它集实用与装饰为一体，既打破了传统首饰的佩戴功能，又是装饰和价值的体现。

二、珠宝首饰的艺术起源

珠宝首饰的演变反映了人类文化、审美和技术的进步。从最早的天然材料到金属、宝石和珍珠等更加昂贵的材料，从装饰身体和防御野兽到权力和地位的象征，再到现代的个性化和艺术化，珠宝首饰的历史和文化内涵丰富多彩，充满着人类智慧和创造力的印记。对于珠宝首饰起源的研究不仅可以帮助我们了解人类文明的发展历程，也可以为今后的首饰设计提供灵感和借鉴。

珠宝首饰艺术的起源可以追溯到早期人类时代，人们在距今 1.5 万～ 7 万年的文化遗址中发现了用骨、角、石、贝壳等制作的首饰。随着人类社会的发展，珠宝首饰逐渐演变成一种表现人类美学和文化的艺术形式。在史前时期，人们开始用一些自然的物质如贝壳、兽齿、动物的皮毛、草叶等作为装饰，这也是一种象征意义的体现。随着时间的推移，人们开始使用金属、宝石、珍珠等制作首饰，使得珠宝首饰艺术得到了更加充分的展现。

在我国，珠宝首饰的制作和使用历史悠久。旧石器时代晚期就有作装饰用的石、骨、牙、贝（蚌）、壳，做工相对粗糙，穿有小孔或涂染红色颜料。新石器时代的首饰简单朴素，绝大多数有孔眼，可以以串挂的形式组合；质地上有石、玉、骨、贝质之分；造型上有圆形、扁形、管形、长方形、葡萄形、水滴形等。从我国历史文献记载及出土文物来看，古代首饰虽比不上陶瓷和青铜器那样丰富，但是它们的问世却先于陶瓷和青铜器。随着时代的变迁，珠宝首饰的材料与工艺不断发展和演变，成为当今世界各国都很重视的艺术领域。

西方国家的首饰起源于远古时代，远古人类将鱼骨、兽齿、石珠等凿出孔洞，有些表面还染有赤铁矿粉末，用绳索串起戴于颈项。公元前 4100—公元前 2000 年，产生了目前所知的全世界最早的文明——苏美尔文明。苏美尔首饰造型稚拙朴实，常呈现叶片形、谷物形、螺旋形以及葡萄串形，多由薄的叶形金片镶嵌玛瑙、青金石、玉髓、碧玉等彩色宝玉石制成。公元前 3000—公元 400 年，古埃及、古希腊和古罗马时期的珠宝首饰便以金、银、宝石、珍珠等为材料，经过精细的雕刻和镶嵌工艺，创造出了独具特色的艺术品。

① 黄云光 . 首饰制作工艺学 [M]. 武汉：中国地质大学出版社，2005.

珠宝首饰艺术是一门古老的艺术，它体现了人类文明的进步和发展。珠宝首饰不仅具有装饰性质，还可以成为一种价值传承。在古罗马时期，珠宝首饰的外观和材料有了很大的提升，金属和宝石被广泛使用，对装饰珠宝制作技术的进步起到了极大的推动作用。古代的珠宝制作已经有了面向市场的考虑，附加上时尚的理念，成为一门独立的工艺。

在近代，珠宝首饰制造工艺进一步完善。这和欧洲近现代社会的变化密切相关。18世纪和19世纪期间，珠宝首饰在欧洲的流行程度大大提升，珠宝首饰制造开始进入工业化时代。与此同时，珠宝首饰在中国也呈现逐步发展的趋势，首饰不再是价值和财富的体现，多样性的首饰作品呈现打破了首饰作为装饰品的局限性。综上所述，珠宝首饰艺术的特点具有以下两个方面：

第一，材料的稀缺性。

制作珠宝首饰所使用的材料在当时都具有稀缺性。例如，河南省新郑市墓葬中发现了大量的玉器首饰，这些首饰在公元前5000年左右就已经存在了。在四川省的三星堆遗址中，出土了大量的金面罩铜人头像等。

第二，延续和传承。

珠宝首饰艺术本身代表着一种特定的文化和传统。珠宝首饰不仅是一件装饰品，还具有丰富的历史和文化背景，传承着一种特定的价值观。珠宝首饰艺术的发展历程也展现了人类文明的进步和发展，从而让人们从中体验到生活的意义和价值。

随着人类社会的不断进步和时代的飞速发展，人们对珠宝首饰设计风格和艺术形式的追求也在不断变化、更新。首饰设计呈现的艺术形式同文化、历史背景结合在一起，谱写出人类的首饰设计史。

珠宝首饰艺术作为艺术文化的一部分，是社会政治、经济、文化要素的综合体现。在不同的历史时期、地域和民族，由于文化背景和宝玉石资源种类的差异，首饰展露出各个民族和时代的文化特征与审美意象，并表现出各自的文化属性。下一节将从珠宝首饰艺术的发展历程及美学价值方面讲述我国珠宝首饰在各个历史时期的面貌特征。

第二节　中国珠宝首饰的发展史

中国珠宝首饰有着悠久的历史，可以追溯到中国古代的玉器文化和金银器文化。中国的玉器文化可以追溯到约6 000年前的新石器时代。那个时期就有很多玉器，比如玉璧、玉饰等。玉在中国文化中有着重要的地位，被视为吉祥、美好和不朽的象征。玉石被用来制作各种各样的首饰，比如项链、手镯、耳环等。在中国早期的传统婚礼中，玉戒指也是一种常见的结婚戒指。

金银器文化在中国的历史同样悠久。考古发现，中国最早的金器可以追溯到夏、商、周时期。金银器在古代中国是身份和地位的象征。例如，皇帝会佩戴龙图案的金饰，表达君权神圣不可侵犯；而富商和贵族也都喜欢佩戴金银首饰，以展示他们的财富和地位。

随着时间的推移，中国的珠宝首饰不断演变和发展。如今，中国已经成为全球最大的珠宝首饰市场之一，中国的设计师和工匠们创造出了许多别具一格的作品，融合了传统与现代的元素，展现了中国千年文化的魅力和创新精神。

总的来说，中国珠宝首饰的前世是古代玉器文化和金银器文化，它们代表着中国古代文明的繁荣和灿烂；而今生，中国的珠宝首饰以其独特的设计和工艺，成为时尚与文化的结合，成为展示个人品位和风格的重要元素。接下来，我们就看看各个历史时期珠宝首饰的风格特点和代表作品。

一、原始社会

（一）旧石器时代

在旧石器时代晚期，华夏祖先开始使用磨制和穿孔技术。随着这些技术的日渐成熟，华夏祖先逐渐将该技术应用于饰品加工，并利用动物骨骼、牙齿以及形态各异的角等天然材料加工成精美的饰品。

在山顶洞人、仰韶文化、辽宁海城小孤山等旧石器时代遗址中出土了许多用兽牙、贝壳、石珠和鸟骨做成的穿孔串饰。例如，北京房山周口店出土的 125 枚穿孔兽牙，这些兽牙的牙根均有一个用尖状器刮挖而成的穿孔。出土时，还有 5 枚兽牙排列成半圆形，显然是串在一起的串饰。另外，在山顶洞遗址中还发现了十余枚钻了孔的骨管、蚌壳、砾石、石珠，足见当时的穿孔技术已经发展到了一定水平。

此外，考古队员在山顶洞人的遗址中还发现了大量的色彩艳丽的饰品。通过对饰品染色技艺的分析发现，当时的人们已经熟练掌握了赤铁矿粉末的染色技术，这就使饰品的审美价值逐步凸显出来。有时贝壳也会和兽牙串在一起，如在辽宁海城小孤山出土的穿孔项饰中就有 2 枚扁圆贝壳，其中心有穿孔，边缘有放射状刻沟。这些兽牙和贝壳的边缘光滑且留有红色痕迹，可见这些饰品曾被长期佩戴，因绳索磨损而使孔眼边缘光滑，串挂这些兽牙和贝壳的可能是赤铁矿染成的红色系绳。

穿孔、磨制和染色技术，都是以前时期所没有的，这些新技术的运用显示出旧石器时代晚期华夏先民生产技能的提高和物质生活财物的丰富，以及审美意识的出现。在这一时期，首饰不仅是人们身份的象征，也成为当时人们美化身体的装饰物。

（二）新石器时代

在新石器时代，骨器在人们的社会活动中占有重要地位。畜牧产品是人们赖以生存的重要生活来源，丰富的动物骨骼为骨器的制造提供了充足的原材料。大体而言，当时的骨器可分为两类：一类是用骨料制成的刀、匕、铲、锥、镞等骨制工具；另一类是骨珠、骨管、骨梳等骨制饰品。无论是兽牙、羽毛还是骨器、石珠，新石器时代的饰物均呈现出光滑、规则、小巧、美观的特点。在出土的骨器饰物中，最引人注目的是数量庞大的骨质扁珠串饰，其中，最具代表性的当属陕西临潼姜寨一少女墓出土的 8 577 颗骨珠串饰。这些骨珠外径不一，最大的外径有 7cm，最小的外径有 3cm。饰品主要采用磨制工艺，然后将磨制好的兽骨成器打孔串到一起。从出土的这串饰品可以看出，当时的人们在穿制饰品时极为细心，穿制样式统一，并且每一颗骨珠均呈现规则排布状态。由于这串饰品的长度达到了 16m，由此可以推断出，这一象征尊贵地位的骨珠饰品主要圈绕在人的颈部或者腰部等显眼部位。原始人一般用细石器切锯骨片，这是非常费时费工而又细致的工作，因此这件串饰十分难得。

良渚文化时期的项链

从青铜器时代进入铁器时代以后，金属制品逐步取代了骨制品。当时的人们在金属制品加工领域不断摸索并逐渐掌握了金属饰品的加工技艺，骨制品的附加价值越来越小。

新石器时代中国先民已经开始佩戴耳饰。在甘肃玉门市出土了一件新石器时代的人形彩陶罐。其头戴帽箍，上身赤裸，胸部有网纹饰，腰部系网状带，下身穿不连裆的长裤，足蹬翘头靴，尤为引人注目的是在其耳垂部有一个穿洞。相似资料还有很多，如甘肃礼县高寺头仰韶文化遗址和陕西宝鸡北首岭仰韶文化遗址出土的陶塑人头像的耳部都有穿孔痕迹。这些穿孔痕迹是当时人们佩戴耳饰的证明。

二、夏

夏是中国史书中记载的第一个世袭制朝代。这一时期，可参考的文献资料少之又少，尤其是在首饰方面，相关参考资料更是凤毛麟角。在当时的社会背景下，从人们身上佩戴的首饰便可以判定其所处的社会阶级。结合这一点可以看出，首饰是划分贫富贵贱的一个重要标志物。其中最为流行的当属颈饰，其材质以绿松石为主，镶嵌物主要包括玉石与金属材料。在河南、陕西、山西等地发掘出很多夏王朝的重要遗址，说明这些地方是夏人活动的主要区域。

如偃师二里头遗址发掘的 56 座墓葬中，平民百姓墓中并未发现饰品，而贵族墓葬群中的饰品以串珠颈饰为主。这就说明当时的上流社会已经对饰品佩戴做了严格的规定。

1980 年发现的一处贵族墓，虽有盗掘，但仍有 200 多件绿松石管和绿松石片出土[①]；1981 年发掘的一座贵族墓，墓主颈部佩戴两件精工绿松石管串饰，胸前还有一件直径 17cm、厚 0.5cm 的圆形铜片饰，四边镶嵌 61 块长方形绿松石，中间用绿松石嵌出两圈十字形的图案。[②] 这是我国早期“铜嵌玉（石）”的代表。

夏代的服饰已有了尊卑贵贱之分。贵族的服饰非常华丽，首饰制作精美。那时的人们似乎特别喜爱用艳丽的绿松石作为装饰。绿松石的色彩蓝得像天、绿得像海，如同雨后的清新植物，象征着和平和生命。当时已经有了最早的青铜器和最早的绿松石器作坊，绿松石的加工水平已达到了相当高的程度。2002 年发现的二里头文化早期的一座贵族墓中，在墓主人的骨架上，由肩部至髋骨处斜放着一件大型的绿松石龙形器，在龙尾的下方还有一件绿松石条形饰。龙形器长 64.5cm，由两千余片各种形状的绿松石片组合而成，每片绿松石的大小只有 0.2cm ～ 0.9cm，厚度仅 0.1cm 左右。它制作之精、绿松石用量之大，显示出这座墓葬是迄今发现的二里头文化时期最高等级的贵族墓之一，墓主人是一名年龄三十多岁的男子。

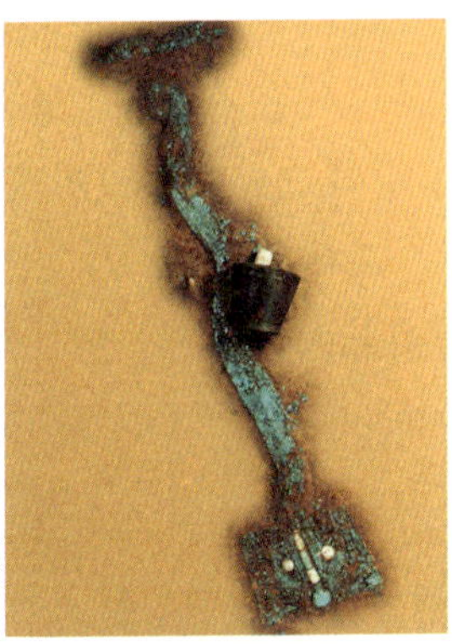

绿松石龙形器

嵌绿松石兽面纹铜牌饰

约在夏时期，周边西北地区的先民已懂得利用黄金和白银加工成纯粹的装饰品。在甘肃玉门火烧沟墓葬中出土的金、银鼻饰，是我国最早的人工黄金、白银饰品。

三、商

殷商时期，物质生活资料的丰富助长了贵族服饰的奢靡之风。通过细致分工和规模生产，中国先民的手工业生产水平，尤其是青铜器的铸造技术，无论是造型、纹样还是铸造工艺都达到了登峰造极的水平。此时的金属成型和金属雕刻等工艺也都已比较成熟。四川广汉三星堆出土的大型青铜立人像，便是中国也是世界迄今为止发现的最早且最为宏伟的

① 中国社会科学院考古研究所二里头工作队 . 1980 年秋河南偃师二里头遗址发掘简报 [J]. 考古，1983（3）: 201.

② 中国社会科学院考古研究所二里头工作队 . 1981 年河南偃师二里头遗址发掘简报 [J]. 考古，1984（1）: 38.

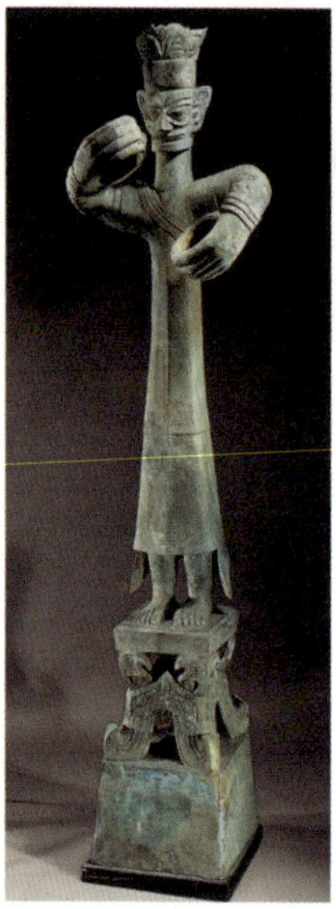

三星堆出土的大型青铜立人像

青铜立人雕像。

商代珠宝首饰的特点是材质多样，其中以玉器最为著名。在商代，玉器被奴隶主阶级视为权力和地位的象征，成为奴隶主阶级的标志。商代玉器的造型各异，包括玉璋、玉琮、玉虎、玉龙、玉鸟等。除了玉器之外，商代首饰形制工艺比较简单，小巧简约，多为素面。

商代善用锤揲工艺，将金敲打成金箔、金叶或金片用于器物装饰，也有颇为独特的金面罩、金杖和各种金饰件。这些珠宝首饰的制作工艺非常精湛，近期的商代考古发掘也证实了商代珠宝首饰的丰富和多样性。例如，北京丰台新宫发现的大坨头文化遗址出土了许多玉玦、绿松石项链、红玛瑙串珠等佩饰，其中扣针形带翼喇叭口金耳环和靴形足彩陶尊更是精美而少见的珠宝首饰。这些发现也验证了商代珠宝首饰的材质丰富、制作精美，具有浓厚的文化艺术氛围。此外，在商代，佩戴饰物也非常流行，尤其是佩玉成为一种风尚。除了玉器之外，还有贝类、蚌类、骨制品、石制品等饰物。河南安阳殷墟出土的佩饰器就很多，其中玉器有佩玉、玉人、玉象、玉虎、玉鸟、玉龙、玉鱼、玉蝉、玉蚕、玉珠及专用于头部的笄、簪、钗，用于颈部的串、项链，用于腕上的环、镯等。可以看出，商代珠宝首饰和佩戴饰物的发展水平都非常高，具有丰富的文化内涵和巨大的历史价值。

北京丰台新宫发现的大坨头文化遗址

四、周

周朝是中国古代历史上的一个重要时期，其珠宝首饰的发展也具有鲜明的特点和独特的价值。在周朝，珠宝首饰的种类比商朝更为丰富，包括玉器、金银器、贝类器、骨角器等。其中，玉器是周朝珠宝首饰的代表，其在造型、纹饰等方面都有较大的改进和发展。周朝玉器的特点主要表现在以下几个方面：首先，在制作工艺方面，周朝玉器的加工工艺更为精湛，技术更加成熟；其次，在设计造型方面，周朝玉器的形态更加立体、生动，呈现出更为自然的美感；最后，在纹饰方面，周朝玉器的纹样更加多样化，包括龙、凤、虎、象、鸟、蝉等各种动物的形象，其纹饰的图案更加清晰、精细，寓意深刻。珠宝首饰在当时的社会中具有极高的地位和价值，既是奴隶主阶级权力和地位的象征，也是一种文化精神的表现。例如，在墓葬中出土的组玉佩、玉器等，不仅具备实用价值，还反映了当时社会的审美观念和文化艺术水平。此外，珠宝首饰的制作需要经过多道工序，需要耗费大量的人力、物力，因此其在当时的社会中也是一种奢侈品，具有较高的经济价值。以山西省曲沃县曲村–天马遗址为例，出土的西周晋侯夫人组玉佩就是周朝珠宝首饰的典型代表。组玉佩由玉璜、玉珩、玉管、料珠、玛瑙管等 204 件组成，复原长度达 15.8cm，华丽无比，代表了当时最高的治玉水平。其中，玉璜、玉珩等形态立体、纹饰丰富，体现了周朝玉器的特点。此外，同墓出土的其他玉器如玉马、玉牛、玉鹿、玉螳螂等，工艺精湛，也是周朝玉器中的精品。

五、春秋战国

春秋战国时期，珠宝首饰在社会生活中扮演着重要的角色，它不仅是装饰品，还具有表征社会等级和政治地位的内涵。春秋战国时期的珠宝首饰材质丰富，包括金银器、玉器、翡翠、琥珀、珍珠等，其中玉器是最为常见的一种。在春秋战国时期，玉器制作技术和工艺水平都得到了极大的提高。玉器的种类非常多样化，包括玉佩、玉璧、玉环、玉镯、玉饰等。玉器的纹饰也更加精美，有的是动物、植物的形象，有的则是吉祥图案，寓意深刻。例如，出土于湖北省随州市的曾侯乙墓中的玉璧，其上雕刻了神龟、神鸟等图案，寓意吉祥如意，以及透雕龙纹玉璜，都是春秋战国时期玉器中的代表。除玉器外，金银器也是春秋战国时期珠宝首饰的重要组成部分。金银器的制作技术和工艺水平也得到了很大的发展，其种类多样，包括金环、金镯、金带钩、银饰等。其中，金饰的造型非常精美，有的是动物形象，有的则是花草纹饰，呈现独特的艺术风格。此外，春秋战国时期的珠宝首饰还包括各种佩饰、耳饰、发饰等。

曾侯乙墓中的透雕龙纹玉璜

例如，出土于湖北省江陵县的马山战国墓中的一件翡翠佩饰，其形状呈扁平长方形，表面雕刻有鸟兽纹饰和浮雕图案，充满了艺术感染力。此外，春秋战国时期的耳饰也非常流行，种类繁多，包括玉玦、珠串、金银耳环等。总之，春秋战国时期的珠宝首饰在材质、种类、工艺等方面都得到了极大的发展和提高。其精美的造型、丰富的纹饰和寓意深刻的图案，不仅具有实用价值，还体现了当时社会的审美观念和文化艺术水平。

战国时期，关于工艺品加工制作技艺，多收录于《考工记》中。这部著作不仅详细记载了历代工艺品的加工制作技艺，还对这些技艺的优缺点进行了归纳与总结。《考工记》以简短精练的语言提炼出了衡量工艺品审美价值的标准，即“天有时，地有气，材有美，工有巧，合此四者，然后可以为良”。这一时期，受到连年战火的影响，佩戴首饰、饰品的人以征战疆场的男子为主。在考古遗址中出土的首饰及饰品当中，象征着阳刚之气的首饰占据出土饰品的大半。

六、汉代

汉代国家兴旺、人民富足，是中国历史上较为辉煌的时代之一。特别是在城市中，文化生活的丰富多彩使人们有时间来修饰自身，供人理容的铜镜已不是仅供贵族们享用，富有的商人和舞女也可拥有。尤其是在汉武帝继位之后，为了加强与西亚各国的经济往来、促进社会经济的快速发展，汉武帝派著名的外交家张骞两次出使西域。在公元前 119 年第二次出使西域时，张骞不仅将西域物产带入内地并且打通了丝绸之路，而且使我国的丝绸制品也被源源不断地运往西域和中亚。在经济往来过程中，黄金、玉石、银象牙等贵重的天然材料也成为主流社会的奢侈品，从这些贵重物品的使用人群便可以看出其地位的尊贵。

特别值得一提的是，汉代金银饰品的流行趋势已逐渐明朗，其工艺水平日渐成熟，并形成了一个独立的技术体系。这期间产生了一些新的技法，如掐丝、炸珠、焊接、镶嵌等。

汉代的首饰大多沉朴静郁，精致的首饰很少，显示出一种清新而淡泊的朴素美。甘肃出土的汉代双鹿纹金牌饰呈长方形，镂刻着两只相对而立的鹿，鹿身上各立一只鸟，整个画面充满宁静、和谐之感。

双鹿纹金牌饰

黄金在汉代主要用于制作印玺和货币。例如，广东省广州市象岗山西汉南越文王墓出土的“文帝行玺”金印、“右夫人玺”龟钮金印和“泰子”金印；江苏省邗江区甘泉二号汉墓出土的“广陵王玺”金印。除了货币与金印，我们也能见到其他一些金银品，如云南晋宁石寨山出土的两件西汉鎏金铜扣饰，那里还出土了压花牛首纹剑鞘金饰。

“文帝行玺”金印

“广陵王玺”金印

厚葬是汉代较为流行的殡葬传统，从随葬品的厚重程度便可以窥见死者生前的地位和身份。在当时，玉制品广受推崇。人们认为玉具有防腐的功效，将玉和死者同葬可以保证尸体不腐。在这种理论的影响下，当时上流社会的贵族在死后都会以玉着身。其中最为著名的是河北满城汉墓出土的“刘胜金缕玉衣”。这件玉衣共由 2 498 块玉片编织而成，甚至编织所用的线都用黄金打造，其加工制作工艺举世罕见。

刘胜金缕玉衣

七、三国两晋南北朝

三国两晋南北朝时期，先后建立了三十多个政权，是一个动荡的历史时期，也是一个富于变化的时代。这一时期，古时候“礼制”“礼玉”的观念也被抛到了九霄云外，统治阶级显示富贵的已不仅仅是玉器了，更多的是金银。其他可供人研究和观赏的艺术品种的逐渐增多，也在很大程度上冲淡了人们对玉的喜爱。另外，艺伎职业的兴起使服饰更加华美。

佛教在两汉时期从西域传到中国，在南北朝时盛行全国。同时，外来文化也悄然影响着当时的中国社会，尤其在装饰艺术方面，其加工制作工艺与审美内涵都发生了巨大变化，首饰、饰品的风格也带有明显的西方特色。

在十六国初期，草原民族进入了汉族人长期生活的中原地带，其民族风俗极大地影响着整个中原地区，促使北方的社会生活和习俗发生了很大的变化。同时北方人口大量南迁，加快了中原与江南的文化交流。这种人口的大流动与民族关系的大变动，也给当时的服饰风尚带来了很大的变化。

这个时期的首饰需求量大、种类丰富，礼制的佩玉减少的同时，一些名贵宝石等材料相继传入中国。于是，一些精良的首饰开始盛行，其中最为瞩目的标志是各种饰物上面添加了象征着佛教文化的莲花图案，这一题材的饰品在市面上随处可见。

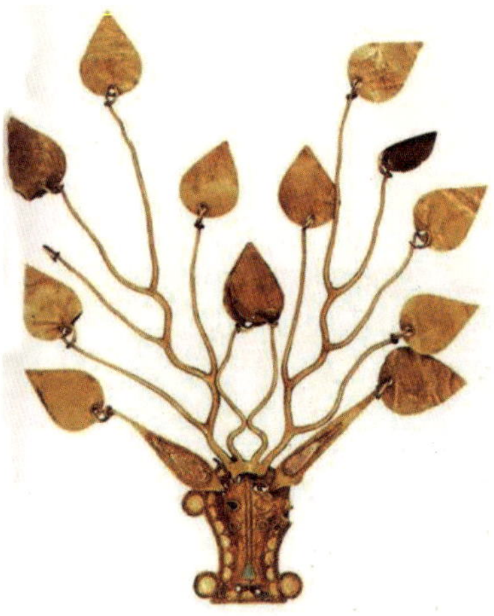

北齐时期的金步摇

魏晋南北朝时期，贵族生活豪华奢侈，出现了许多黄金首饰，如内蒙古包头美岱召村出土的北魏嵌松石立羊形金戒指，戒面上饰一立式盘羊角，表面饰连珠及宝石，戒面两侧为兽面图形，虽然上面镶嵌的松石大部分已脱落，但是仍不失雍容华丽。此时女性的发饰日益丰富，步摇的造型也趋于多样化。除了步摇、花钗，魏晋时期还开始流行一种名为“金钿”的装饰品。所谓金钿，泛指用金、银、铜等材料制成的嵌以珠宝的首饰，又称金花。因其多以花卉为形，故也称花钿。到了唐代，女子的发髻造型夸张，装饰极其繁多，尤其是金钿，更是繁复至极，达到鼎盛。

八、隋唐

隋朝时中国又一次完成了大一统，经济、文化进一步发展。唐代是我国古代空前强大的一个时期，统一了我国广大的疆域，社会开放，与周边国家的交往也很频繁，熔铸古今，汇通中外，创造了灿烂的盛唐文化。唐代社会经济繁荣，金银产量增加，使大量制作金银首饰成为可能；加之上层人士崇尚奢华，刺激了珠宝首饰制作的发展，成为我国金银首饰制作和使用的鼎盛时期。

唐代的金银艺术与传自中亚古国粟特、波斯萨珊、印度、东罗马的金银艺术相融合，使得当时的金银首饰加工制作工艺更加纯熟，比如锤揲、浇铸、焊接、切削、抛光、铆、镀、錾刻、镂空等工艺已经在金银首饰加工领域得到广泛应用，把金、银、珍珠、宝石相互搭配，发挥不同材料的特点，充分展示出首饰绚丽多姿、富丽精美的风采。唐代的首饰风格具有博大清新、华丽丰满的特点，并富于情趣。当时流行簪、钗、步摇等发饰，样式和纹饰丰富华丽，工艺技术极其复杂精细。

唐代镂空飞鸟葡萄纹银香薰

唐代首饰面向自然、面向生活，富有浓厚的生活情趣，摆脱了拘谨、冷静、神秘、威严的气氛，使人感到自由、舒展、活泼、亲切。美丽盛开的花朵、卷曲丰满的草叶、自由飞翔的禽鸟、翩翩起舞的蜂蝶都是常见的首饰题材。

沿袭前代传统，钗和步摇仍是唐代妇女的重要发饰类型。唐代很重视发钗顶端的花饰，花饰愈做愈大，几乎与钗股等长；样式和纹饰更加丰富，有凤形、摩羯形、花鸟形、缠枝花卉形等多种花钗；往往是一式两件，花纹相同，方向相反，以多枚左右对称插戴。步摇在唐代社会的各个阶层都很受欢迎，以达官贵人为甚。下图中的钗为银质，通体鎏金；钗头像展开的蝶翅，上有镂空菊花形纹饰；钗头下连两根粗银丝，盘纽后又绕成对称的两个环，然后用银套束紧，穿过银套的银丝并列下延即为钗尾。盛唐时，梳也成为妇女的重要发饰。晚唐妇女盛装时，有的会在髻前及其两侧共插三组梳。同时，梳背的装饰亦日趋富丽，如在金质地上镂刻、錾刻出花朵和凤凰纹饰，或者用金丝和金粒掐焊出缠枝卷草纹等各种花纹；也有玉质梳，镂刻出花鸟图案。

唐代鎏金菊花纹银钗

唐代鎏金花卉纹银梳

九、宋代

到了宋代，随着社会经济的蓬勃发展，金银饰品加工行业开始兴盛，这在考古发现的敦煌莫高窟壁画中可窥见一斑。比如花钗、梳篦这种饰物，多见于当时的贵族妇女头上。佩戴这种饰物不仅是高贵身份的象征，同时也给贵族妇女增添了一分高雅之气。

宋代妇女的首饰种类大体沿袭唐制，仍以钗、梳等发饰为主，顶端带花饰的簪增多。通过对出土饰品的分析发现，传统的制作工艺在这些饰品上已悄然消失，代之以锤揲、錾刻、镂空、浇铸、焊接等一些新颖的技法。宋代的首饰风格具有清新秀美、典雅平易的特点，以质朴的造型取胜，很少有繁缛的装饰，使人感到一种清淡的美。下图中的金耳饰，金环和下面的月牙形装饰形成优美的S形，造型简洁，月牙上浮雕菊花纹，以菊花为中心，枝叶向左右两方铺展，工艺精湛。北宋梅花纹鎏金银梳主花上下另有繁缛的边饰陪衬，下层由花瓣纹连接成花边，与梳齿浑然一体，精工富丽，依然保持唐代风格。

宋代金耳饰

北宋梅花纹鎏金银梳

在玉雕首饰中，花鸟题材构成宋代玉饰艺术的一大特色，以写实造型见长，抓住刻画对象瞬间情态的主要特征，惟妙惟肖，形神兼备，尤其是各种透雕花鸟玉首饰令人赏心悦目。宋代首饰风格对辽、西夏、金的首饰工艺也产生了直接影响。这些首饰精细的做工颇有唐宋时期的遗风，兼备本民族的特色，使得这些首饰的艺术价值充分地展现了出来。

十、明代

明代各种技术条件的成熟促进了首饰工艺的发展，无论是在做工、形制还是在选材方面都取得了突破性的成就。首先，在出土的明代首饰中，其纹饰所选择的题材沿袭了前代的风格，并在此基础上有了进一步改良和发展。比如，首饰上面的纹饰大多以植物为主并增添了各种形状的枝叶元素，这就使首饰的厚重感一览无余。下图中的牡丹形金簪，以锤揲的两重金叶构成舒展的牡丹花瓣，四周以叶相扶，栩栩如生。此外还有梅、兰、竹、菊等象征君子清雅高洁的花卉纹样。首饰的纹样大量采用象征吉祥美好的图案，如龙凤、莲花、彩云、蝴蝶、鹦鹉、蜜蜂等，以及汉字等中华民族特有的题材。①

① 姜倩 . 传统金属工艺再研究：珠宝首饰花丝设计 [M]. 济南：山东美术出版社，2021：56.

明代牡丹形金簪

明代梅花竹节纹碧玉簪

明代鹦鹉形水晶环

明代玛瑙佛手蜜蜂形金簪

明代首饰的造型款式与首饰工匠的设计构思以及当时人们的审美情趣密切相关。与前朝及宋元时期相比，明代出土的首饰当中，其纹饰过于繁茂，浮雕形装饰较为多见，并且这种纹饰的处理方法也一直沿用到清代。右图的金多宝串也是一件构思奇巧之物，它将日常用的耳挖、牙签、镊子、勺子用金链串起，装入圆筒内随身携带，使用方便。这种多宝串在明代极为流行，有金质的，也有银、铜、木质的。有的一串三件，有的一串四件，称为“金三事”或“金四件”。令人称奇的是装小件的圆筒，仅 8cm 长，上面浅刻一幅山水人物图，布局舒展，很有绘画中线描的韵味，小巧玲珑，令人爱不释手。

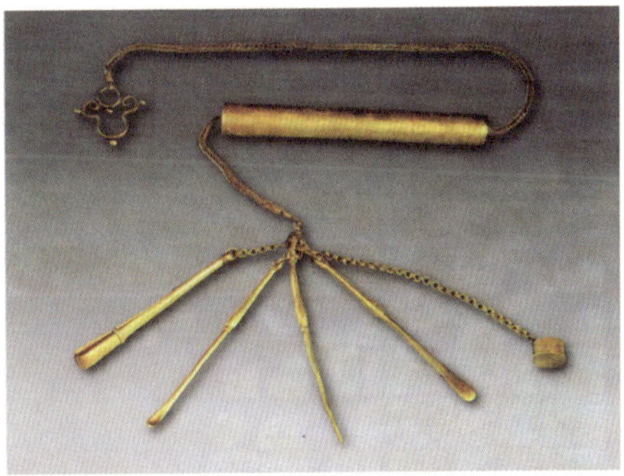

明代金多宝串

明代首饰特别是金首饰的工艺，较前代也有很大的发展。明代首饰的加工制作工艺较为成熟，一件作品中常常有多种工艺的体现。其制作工艺以花丝工艺为主，有时也配以锤揲、錾刻、累丝、掐丝、炸珠、镂空、焊接、浇铸等工艺，做工精细，古色古香，有浓厚的宫廷气息。[①] 特别是金簪，主体进行焊接，再用极细的金丝编织成金托，配以镶嵌各色

① 姜倩 . 传统金属工艺再研究：珠宝首饰花丝设计 [M]. 济南：山东美术出版社，2021：56.

宝玉石及珍珠，鲜艳的宝石与灿烂的黄金交相辉映，富丽华贵。[①] 明代嵌宝石葵花形金簪，在两重花瓣上做若干金托，内嵌红蓝宝石，配上金色的缠枝花叶，既有雍容之气，又有耀目之色。明代累丝嵌宝珠金凤簪是一件典型的综合多种工艺的首饰：凤凰的身体和翅膀用金丝掐制成小卷纹密密堆垒而成，凤眼、凤喙则以锤揲方法加工。经组装焊接而成的凤凰，立于云端，轻轻颤动，展翅欲飞，精巧别致，惹人喜爱。

明代嵌宝石葵花形金簪

明代累丝嵌宝珠金凤簪

十一、清代

清朝推行满族服饰，使得本来只存在于满族人中的某些服饰和首饰逐渐渗透到了其他民族中，因此，清代首饰无论是种类还是造型都比以往朝代更丰富。清代首饰种类有朝冠、花翎、顶戴、钿、扁方、簪、耳饰、朝珠、领约、手串、手镯、金约、指甲套、环佩、领针等。[②]

很多首饰是清代所特有的，如朝珠、顶戴、花翎、领约等冠服配饰。这些冠服配饰是只有君臣才可以佩戴的礼制首饰，不允许百姓佩戴。即使是皇室贵族，对于佩戴何种质地、何种颜色和何种数目的首饰，也有严格的区分和等级规定。[③]朝珠由佛教数珠发展而来。朝珠的材质有珍珠、翡翠、玛瑙、蓝晶石、珊瑚等，材质的优劣代表官品的高低，而最好的朝珠只有皇帝、皇后、皇太后才能戴。由此，可以看出清代首饰有很多是和冠服相联系的，并且具有很强的阶层等级性。[④]

清代首饰的题材相较以往更为丰富，在明代宫廷首饰纹饰中占有极重要位置的龙凤形

---

① 徐爽 . 燕京八绝 · 花丝镶嵌 [M]. 南京：江苏凤凰美术出版社，2018：6.

② 周桐羽 . 清代宫廷珠宝首饰设计的独特背景 [J]. 现代装饰（理论），2013（7）：209.

③ 姜倩 . 非物质文化遗产花丝工艺在现代珠宝设计中的应用 [J]. 设计，2018（19）：57–59.

④ 同①.

象到了清代更加走向极致。此外，除了蝴蝶、鸳鸯、蝙蝠、蟾蜍、荷花等传统题材外，还出现了松鼠、蜻蜓、螃蟹、蝈蝈、葡萄、兰花等动植物纹样。[①]

在首饰工艺上，清代制作水平远远超过前代，技法有了飞跃式的发展。清代首饰制作工艺包括浇铸、锤揲、炸珠、焊接、掐丝、镶嵌等，并综合了阴线、阳线、镂空等各种手法。此外，清代还出现了新工艺“点翠”。[②]点翠，就是把翠鸟的羽毛依设计要求剪裁备用，然后用胶粘于金、银首饰上，要求贴得平整、匀称且不露底。翠羽根据部位和工艺的不同，可以呈现出蕉月、湖色、深藏青等不同色彩，加之鸟羽的幻彩光芒，使整件作品富于变化，生动活泼，与金、银等材质的色泽形成鲜明对比，华贵富丽。右图中的点翠凤形银簪，除了采用拉丝、累丝、錾刻、镶嵌、焊接等技法外，凤鸟的羽毛采用的就是点翠工艺，蓝白相间，素雅相宜。[③]

清代点翠凤形银簪

从风格上看，清代首饰既有传统风格的继承，也有其他艺术及外来文化的影响。从整体上看，清代的首饰风格繁缛、精巧，尤其是为封建贵族统治者服务的宫廷首饰工艺，做法细巧严谨，不惜工本，极尽奢华，如银镀金嵌珠宝五凤纹钿尾。综观清代首饰，技艺成熟，题材丰富，集合多种工艺呈现。比如清代蜻蜓形簪，采用了镶嵌工艺将圆形碧玺、珍珠等和花丝工艺相结合，塑造的蜻蜓轻盈灵动。

清代银镀金嵌珠宝五凤纹钿尾

清代蜻蜓形簪

十二、中华民国时期

晚清至民国时期，各种工艺美术在总体上出现了严重衰败的景象。在这短短的几十年

① 欧云波．花丝工艺在现代首饰设计中的应用和发展 [D]. 北京：中国地质大学（北京），2008.

② 厉宝华．花丝镶嵌 [M]. 北京：北京美术摄影出版社，2015：32.

③ 周桐羽．清代宫廷珠宝首饰设计的独特背景 [J]. 现代装饰（理论），2013（7）：209.

间，人们的衣饰发生了极大的变化，特别是城乡之间产生了巨大的差别。在城市中，国外的各式新型服饰受到人们的欢迎，中国的许多传统观念都遭到否定，特别是大都市的男女青年都争相崇洋，各种首饰制品也迅速洋化；而在小城镇和农村以及一些偏远地区仍保留着一些中国传统的风俗习惯。

从 20 世纪 20 年代中期起，女装中的一种新式服装——旗袍诞生了；到了 20 年代末，旗袍在制作上开始收腰，变得十分合体。由于受西方的影响，妇女的整体装束显得十分简洁方便，再配以小巧的饰物。

民国时期的贵妇人同样也离不开各种各样的珠宝首饰，加上当时的女权观念逐渐建立，女性的社会地位也越来越高，很多女性开始拥有自己的审美，不再依附于男性，因此也出现了很多风格不同的饰品。

在民国时期十分流行各种各样的短发和烫发，清朝时的发髻已经被摒弃，所以发簪也变得非常少见；各种各样的发夹和发带更加受欢迎，所以民国时期的发夹款式也十分多样。当时很多人十分喜欢西方元素，这一点在女性的珠宝饰品中也有所体现；发夹也带有明显的西方特点，除了传统的花卉图案之外，还有很多英文字母图案款式的发夹。

民国时期各式各样的发夹

各种各样的发簪消失之后，耳饰和项链开始流行。除了传统的耳坠之外，耳夹以及耳线逐渐出现，耳环的制作原材料也变得十分丰富。那时西方的钻石以及宝石也已经进入中国，被运用到耳环的制作中，各种各样的钻石耳环十分受欢迎，很多贵妇以佩戴钻石耳环为荣。

民国时期耳环的样式很多，以长且大的耳环为主；不管是用什么材料制作，其款式都会较为夸张，很少见到小巧玲珑的耳钉。当时的流行元素至今仍十分常见，比如说民国时期最常见到的流苏及星星。

除此之外，玉石和玛瑙也被运用到耳环的制作中，甚至有很多珠宝设计师将塑料和玻璃运用于耳环的制作。值得一提的是，在民国时期就已经有耳夹了，不过那时需要用到耳夹的女性还是比较少见的，大多数女性都有耳洞。

民国时期的项链以珍珠材料为主，那时的贵妇们所佩戴的项链都较为夸张，很少会有人佩戴比较小巧的金银项链。那时翡翠也很少用于项链的制作，而珍珠项链的价格十分昂贵。虽然说项链的制作材料比较单一，但是款式还是比较多的。

项链除了在长短上有所区别之外，在佩戴的方式上也有所区别，最常见的就是单链，还有很多人会将项链叠加在一起佩戴，既能够更好地搭配衣服，还能够凸显美丽的颈部线条。

民国时期手镯的款式也十分多样，除了传统的玉镯之外，金银手镯也十分常见。还有很多设计师会将钻石融入手镯的制作中，宝石手镯也成为人们追逐的新潮流，一些女性会佩戴以金属为底、镶嵌各色宝石的手镯，这种手镯成功地将传统制作工艺和西方材料结合起来，别有特色。但是当时钻石十分昂贵，并不是普通家庭能够消费得起的。

在当时还有很多女性会将手镯当成“臂钏”佩戴，直接将其戴在肩膀往下的部位，用来展现女性丰满的身姿。民国时期同样十分流行“鸽子蛋”，“鸽子蛋”其实就是大克拉的宝石戒指。很多贵妇们对“鸽子蛋”都有执拗的喜爱，各种颜色的“鸽子蛋”戒指也十分常见。硕大的“鸽子蛋”除了是一种装饰之外，也是财富的体现。

民国时期女子的首饰及首饰盒

第三节　外国珠宝首饰的发展史

珠宝首饰艺术是人类文明发展过程中不可或缺的一部分。古埃及、古希腊、古罗马和古印度等文明时期珠宝首饰艺术的发展历程，承载着文化、宗教、传统和审美意识等多个方面的历史和文化背景。这些文明时期的珠宝首饰艺术都具有不同的风格和特点，同时也透露出各个时代的精神和文化意义，反映出人类对于美的不断追求和探索。

一、古代社会的首饰

随着历史车轮的前行，人类社会逐渐从茹毛饮血的原始时代步入文明时代。在世界的一些地方相继出现了文明的火种。两河流域的美索不达米亚地区出现了古代农业公社；在尼罗河流域，古代埃及人建立了国家，古城特洛伊正在兴建中；印度河流域的公社部落正在逐渐演变进化。

在这一时期，首饰的发展总体上处于早期阶段，珠宝首饰制作的核心工作是手工制作，使用的材料包括金、银、铜、宝石、珠子及象牙等。当时的珠宝首饰以花卉和动物形象等为主题，注重刻画和细节处理，用于装饰和舞蹈等场合。但是即便用今天的眼光来看，这些首饰也算得上构思巧妙、结构精美，反映了当时人们的审美特点和工艺水平。由于当时科学技术落后，人们对自然的疑问和对超自然力量的崇拜也体现在首饰的题材上。

（一）苏美尔人的首饰

苏美尔人原是波斯高原的游牧民族，当他们流浪到西南亚的底格里斯河和幼发拉底河的两河流域之间的美索不达米亚地区后，结束了迁徙的生活，逐渐演变成了一个以农耕为主的民族，造就了古代苏美尔文明。科学考证表明，苏美尔文明的开端可以追溯至公元前4000年，大约结束于公元前2000年，被古巴比伦文明所代替。

苏美尔文明是全世界最早产生的文明。此时世界上的其他地方还处于石器时代，唯独苏美尔人率先开始铜石并用。在幼发拉底河、底格里斯河两岸的地方，出土了铜珠、铜线，还有炼铜遗址。

苏美尔人，无论男女，都佩戴大量的首饰，包括护身符、脚镯和多层项链。苏美尔人已经掌握了相当高超的金属工艺，如珐琅、雕刻、金珠工艺和金银细工术。这一时期的首饰造型稚拙朴实，常呈现叶片形、谷物形、螺旋形及葡萄串形，大多由薄的叶形金片镶嵌玛瑙、青金石、玉髓、碧玉等色彩鲜艳的宝玉石制作而成。首饰的主题主要反映当时广为流传的古老传说的内容，以及虔诚的原始宗教崇拜。这些首饰十分强调精神上的作用，包括其他工艺品在内，几乎都不具有实用功能，而是为死者能够在来世继续“享用”而存在。生和死在苏美尔人的精神世界中占据着同等重要的地位。

苏美尔普阿比女王的华丽头饰是由极薄的金箔制成的，薄薄的叶片形和圆片形金箔编织起来可以像流苏一样悬挂，成为头饰的主体。金箔上还点缀了青金石圆片，头饰的顶上装饰有三朵盛开的金花。女王的耳朵上戴着硕大的空心耳环，脖子上环绕着一圈圈用黄金、青金石和玉髓珠子串成的项链。

苏美尔普阿比女王的头饰

（二）古埃及的珠宝首饰

古埃及文明时期，珠宝首饰被认为是一种重要的装饰艺术。在古埃及，珠宝首饰在政治、宗教和社会等方面都扮演了重要的角色，被广泛应用于宗教仪式、官方活动和贵族社交等场合。古埃及人对于珠宝首饰品质和艺术价值的追求，使得这一时期的珠宝首饰艺术呈现出了许多鲜明的特点。

1. 古埃及珠宝首饰的材质

在古埃及文明时期，珠宝首饰的材质主要为金、银、铜、白玉石及各种稀有宝石。其中，金被当作最重要的材质之一，是贵族身份和荣华富贵的象征。在一些著名的古埃及陵墓如图坦卡蒙的陵墓中就有大量使用金饰品的例子。此外，铜和银被用于制作更具质感和金属感的首饰，而白玉石和宝石则用于制作更显高贵的首饰。

2. 古埃及珠宝首饰的特点

古埃及文明时期的珠宝首饰具有鲜明的特点，体现了古埃及文化和宗教信仰的精髓。首先，珠宝首饰的形态和造型呈现出极具装饰性和讲究细节的风格。例如，古埃及女性常佩戴手镯、手链和腰链等饰品，这些饰品都特别注重细节的刻画和工艺的精致。例如，在阿布胡赖拉遗址的考古挖掘中发现了“卡尔纳克戒指”，这枚戒指由红玛瑙和黄金制成，并在戒面上镶嵌了神祇赛特的形象。戒指的细节处包括神祇形象的刻画、戒面上的纹饰以及对于材质的精致处理等方面，都展现了古埃及珠宝首饰的精湛制作工艺和审美特点。珠宝首饰艺术在宗教文化和神话传说中有着举足轻重的作用。古埃及人将珠宝首饰视为对于神灵的供养和礼仪。因此，许多古埃及珠宝首饰上都雕刻着象征神祇的符号和图案。在图坦卡蒙陵墓的发掘中，也发现了大量珠宝首饰，例如金面具、金披肩、金项链、青金石戒指等。这些珠宝首饰的设计和制作都体现了古埃及文明时期的艺术特点和文化价值。例如，金面具的刻画精致，富有神秘气息，并展现了对于王者地位和宗教信仰的特殊关注；金披肩则以其华丽、奢华的装饰风格，展现出女性贵族的社交与文化地位。

图坦卡蒙的陵墓

3. 古埃及珠宝首饰的发展历程

古埃及的珠宝首饰从古王国时期的简约、传统逐渐发展到新王国时期的多样、丰富。在早王朝时期，珠宝首饰以简约、神秘的方式呈现，主要表现为用金和银等贵重金属呈现的造型。而到了中王国时期，珠宝首饰更多地呈现出具有动物、鱼、鸟等图案的装饰。到了新王国时期，珠宝首饰的样式和数量都得到了进一步丰富和扩展，并增加了不少宝石的使用，拥有更加多样化、生动活泼的艺术表现形式。

此外，材料的使用也反映了古埃及人的聪明才智。法老、贵族的首饰多用贵重金属和半宝石制成，而平常百姓所戴的首饰一般用釉料制成，通常以石英砂为胎或在石子上涂釉彩制成。

古埃及首饰带有很强的精神意识，圣甲虫的造型被广泛地应用于首饰中。古埃及人认为甲虫的力量来自冥界、来自神，于是尊封其为“圣甲虫”，并将甲虫图案装饰在戒指、吊坠、手镯上，作为护身符随身携带。①

古埃及人将金属工艺和彩色玻璃相结合，形成了珐琅镶嵌工艺。如图坦卡蒙黄金面具是为年仅 19 岁就去世的国王图坦卡蒙铸造的。这个用宝石和玻璃进行镶嵌的面具做工极

① 李中豪 . 珠宝首饰设计中仿生元素的应用研究 [J]. 设计，2014（7）：21–22.

其精细，宝石的镶嵌方式就是传统的珐琅镶。据说，在古王国时期，埃及就已经出现了铸金技术。

图坦卡蒙黄金面具

（三）古希腊的珠宝首饰

古希腊珠宝首饰艺术是古希腊文化的重要组成部分，随着时间的推移和地域的不同而呈现出了不同的特点。下面将从古希腊珠宝首饰的特点、材质和发展历程三个方面进行介绍。

1. 古希腊珠宝首饰的特点

古希腊珠宝首饰在艺术风格上呈现出了高贵、雅致和简约的特点，充分表达了古希腊文化所追求的美学理念和精神内涵。古希腊珠宝首饰的造型以经典主义和几何抽象为主，例如三角形、圆形、方形等几何形状的构图。这种风格以精准的线条、比例和对称为基础，强调整体的和谐与统一感。另外，古希腊珠宝首饰也善于运用石头、珍珠等宝石和金银等贵重金属的材料，形成高贵、典雅的风格，充分反映了古希腊文化对于身份、美学、品位以及生活方式等方面的追求。

2. 古希腊珠宝首饰的材质

古希腊珠宝首饰的主要材质为金、银、铜、宝石以及有机物质等。其中，金是古希腊珠宝首饰中最常见和最受欢迎的材质之一，被用于制作戒指、耳环、项链和手镯等首饰，展现出高雅、独特、富有神秘感的艺术风格。银和铜也常被用于制作珠宝首饰，呈现出简洁、明亮、自然的特点。宝石方面则有珍珠、红玛瑙、琥珀、绿松石等，这些宝石多被运用于装饰首饰的中心部分，所展现的光芒与颜色搭配独具匠心。此外，有机物质也被用作珠宝首饰材料，如象牙、龙骨、贝壳等。

3. 古希腊珠宝首饰的发展历程

古希腊珠宝首饰的发展从青铜时代起步，经过古典时代、希腊化时代等不同时期的发展，形成了不同的风格和特点。其中，古典时代（公元前 5 世纪—公元前 4 世纪中叶）的珠宝首饰艺术最为杰出，它呈现出雅致和简洁的风格，展现了优美形态、高雅品位和完美比例。在这个时期，珠宝首饰表现了对于几何造型、裸露之美和精致手工艺的追求。

在古希腊，最有名的首饰品类当属戒指。那时的人们为炫耀而佩戴的刻面型宝石戒指特别讲究，造价极其昂贵。为保证戒指的独一无二性，当时的政府还规定一枚戒指做好之后，匠人们必须把模具销毁，不得私藏。后来，戒指在古罗马时期成为人们订婚结婚的标志。[①]

---

① 钱仲韵. 探析西方首饰艺术的演变和发展历程 [J]. 现代装饰（理论），2016（3）：169.

古希腊印章戒指

（四）古罗马的珠宝首饰

古罗马珠宝首饰艺术是古罗马文化的重要组成部分，它经历了从古埃及、古希腊和迦太基的吸收和借鉴，逐渐形成了自己独特的风格。下面将从古罗马珠宝首饰的特点、材质和发展历程三个方面进行介绍。

1. 古罗马珠宝首饰的特点

古罗马珠宝首饰在艺术风格上呈现出了贵重、奢华和复杂的特点，展现了帝国时期的荣耀和权力。它呈现出线条、对称和重复的美感，纹饰细节丰富，宝石切割精致，充满雕塑感。此外，古罗马珠宝首饰还运用了很多符号和象征，例如经典图案、半人马、神话英雄、神祇等。这些设计注重比例和对称，强调整体的协调和统一。

2. 古罗马珠宝首饰的材质

古罗马珠宝首饰大多以黄金、白金、银、宝石、琥珀、玛瑙和象牙等贵重材料来制作。其中，黄金和白金是古罗马珠宝首饰价值最高的材质，使用率最高，被用于制作首饰和衣着配饰等，富有装饰价值和可塑性；银在制作钱币、服饰、餐具及饰品等方面占据了重要位置；琥珀和宝石也被广泛应用于古罗马珠宝首饰，常见的有绿松石、翡翠、红玛瑙等，其色彩鲜艳、容易切割和雕刻，因而成为珠宝首饰中的重要组成部分。

3. 古罗马珠宝首饰的发展历程

古罗马珠宝首饰的艺术发展有三个时期，即王政时期、共和国时期、帝国时期，每个时期都有不同的发展特点：王政时期简单朴素，共和国时期开始出现多样化，帝国时期进入了欧洲历史上最辉煌、奢华的时期。帝国时期首饰设计风格多样，以黄金和各类宝石、半宝石、珍珠为主要材质。项链在当时成为古罗马女性最昂贵的首饰，通常饰以各种吊坠，有时还和耳坠成套佩戴。紫水晶作为奢华象征的宝石，在这一时期被广泛采用。此外，艺术浮雕珠宝饰品成为这一时期的特色之一，浮雕画面多为神话故事。

（五）古印度的珠宝首饰

古印度珠宝首饰艺术历史悠久，经过了长期的发展和传承，珠宝首饰逐渐成为印度文化中的一部分并走向世界。下面将从古印度珠宝首饰的特点、材质和发展历程三个方面进行介绍。

1. 古印度珠宝首饰的特点

古印度珠宝首饰以复杂多样和绚丽夺目著称，强调色彩、形状和图案的多样性，凝聚了古印度文化的美学观念和宗教信仰。在珠宝首饰设计方面，常以草图、雕塑和纤维织物为依据，使古印度珠宝首饰艺术在装饰性方面有着自己独特的艺术风格。同时，古印度珠宝首饰也突出了宝石的珍贵和光彩。宝石的大小、色彩和形状都是设计过程中必不可少的一部分，它细腻、绚丽而多样的特点深刻折射了古印度文化的多层次和多样性。

古印度珠宝首饰

2. 古印度珠宝首饰的材质

古印度珠宝首饰的主要材质包括黄金、银、铜等金属和多种宝石，例如钻石、蓝宝石、绿松石等，还有象牙、玳瑁等贵重材料。其中，黄金被广泛使用，是古印度珠宝首饰中最常见的材料之一，常被用来制作精致的项链、戒指、手镯等。银也常被用于制作珠宝首饰，其色泽柔和，透露出一种优雅和神秘的气息。宝石也是古印度珠宝首饰的重要材质之一，以钻石、红宝石、绿松石和珍贵的蓝宝石为主，多处于中心地位，所呈现的色彩和光泽都是珠宝首饰装饰效果的重点。

3. 古印度珠宝首饰的发展历程

古印度珠宝首饰艺术发展经历了不同时期，各个时期的珠宝首饰艺术风格和特点各异，而共同之处是它们存在于古印度文化和世界文化中，是古印度社会、文化和宗教信仰的重要部分。古印度珠宝首饰的造型和设计呈现出丰富多彩的图案和颜色，宗教元素经常作为珠宝首饰的主题或图案被引入。这些珠宝首饰经由历史的传承，也成为古印度文化的具体表现形式。

二、中世纪的首饰

大约公元 400 年，古罗马帝国走向衰亡，由此开始至 13 世纪，欧洲进入中世纪。中世纪首饰的种类主要是胸针、带扣和坠饰，并且显示出为宗教服务的功能性。圣骨匣和十字架被装饰得越来越华丽，而项链和戒指等日常首饰却变得越来越简朴。从某种意义上说，中世纪限制了首饰艺术的发展，使其处于停滞甚至倒退的状态。

12 世纪到 15 世纪的欧洲，珠宝首饰制作以手工打造为主，受到拜占庭文化和中东文化的影响，珠宝首饰的款式大多基于宗教题材，同时也采用寓意化的图案。

拜占庭时期首饰的种类和古罗马时期的差不多，但首饰造型一反古罗马首饰简单朴素的风格，图案和款式极尽华丽。耳环主要有船形和悬垂式两种基本造型；垂饰有透空的、镶嵌宝石的，也有圆形或六边形浮雕式的。随着服装面料变得越来越轻薄，原本用于扣住粗重斗篷的别针变成纯粹的装饰品。这一变化不仅体现了服饰风格的转变，也反映了当时人们审美观念的变化。拜占庭时期首饰的这种华丽风格与其宗教色彩浓郁的艺术特征密切相关。

拜占庭时期的首饰

三、文艺复兴时期的首饰

人物形象首饰

文艺复兴时期，资本主义开始萌芽，在文化的各个方面与封建制度和教会展开斗争。政治上，民族意识开始觉醒；文化上，意大利成为文艺复兴的摇篮。15 世纪中叶，人文主义者掀起了一场复兴古典文化、重视人文价值的革命。[①] 所谓人文主义，是指以人为本，重视人的价值，提倡个性与人权，主张个性自由，反对天主教的神权，主张享乐主义，反对禁欲主义，提倡科学和文化，反对迷信。这一人文主义精神与中世纪的禁欲主义形成鲜明的对比，成为文艺复兴的内在精髓。

这一时期的艺术呈现一片繁荣的景象，出现了许多著名的画家、雕塑家。著名画家达·芬奇、米开朗琪罗、拉斐尔就出现在文艺复兴时期，被誉为文艺复兴“后三杰”。从中世纪长期的禁锢中走出来，艺术家们开始专注于人体的研究。艺术家们在各个领域对于未知世界的

① 唐一苇，闫黎．首饰发展简史 [M]. 北京：化学工业出版社，2022：135.

探索同样影响着首饰艺术的新突破，这使得首饰艺术在这一时期开始出现新的艺术表达形式。

第一，从首饰主题上看，由于人文主义的思想充斥着艺术的各个领域，受纯艺术领域的影响，首饰设计也开始关注人体，一些人物形象开始出现在首饰艺术中，采用不同的材质来表达设计意图。如用白玉髓雕刻浮雕面部，用异形珍珠表现各种躯体。丰富的传说成为创作的主题，人体成为首饰艺术家创作的主要对象。[①]

第二，从首饰材料类别上看，珍珠成为首饰制作最为重要的材质。同时，项链和胸针成为最为流行的首饰种类，各种造型的珍珠项链和胸针与服装进行搭配。[②]

珍珠项链

珍珠胸针

勋章

这一时期，勋章演变为帽徽的一部分，上面还镶嵌着各种钻石、红蓝宝石等贵重材料。这种贵重的帽子成为有地位的人的象征和贵重的财产。

直到 16 世纪，珠宝首饰制作仍然是以手工打造为主，同时也开始引入机械生产技术。文艺复兴时期珠宝首饰的设计更加注重对称和比例，风格上突出装饰豪华、精美，也开始出现一些个性化的珠宝首饰。

四、17—18 世纪（巴洛克和洛可可时期）的首饰

17—18 世纪的欧洲艺术是艺术史发展的一个重要阶段，它上承文艺复兴时期，下启欧洲的 19 世纪。这一时期，艺术史上经历了从古典主义到新古典主义的演变，17 世纪的巴洛克艺术、18 世纪的洛可可艺术与 16 世纪文艺复兴时期艺术的庄重典雅相区别。这一时期的艺术形式热情奔放、动感强烈、装饰华丽，使得 17 世纪的巴洛克艺术在一定程度

① 钱仲韵．探析西方首饰艺术的演变和发展历程 [J]. 现代装饰（理论），2016（3）：169.

② 唐一苇，闫黎．首饰发展简史 [M]. 北京：化学工业出版社，2022：152.

上发扬了现实主义的传统。此外，由于巴洛克艺术符合当时天主教会利用宣传工具争取信众的需要，也适应各国宫廷贵族的爱好，于是在 17 世纪风靡欧洲，影响了包括首饰艺术在内的各个艺术领域。而 18 世纪的洛可可艺术追求优雅、和谐、稳定的复古风，也成为首饰领域开始探寻、关注自然的萌芽时期。[①]

从历史背景看，在 16 世纪后期文艺复兴运动的影响下，首饰的装饰艺术进入以身体、服装和饰品三者和谐统一的时期。然而，17—18 世纪，由于战争和经济困难，一些不再流行的旧首饰被熔化、拆卸并重新设计改造。这一变化反映了当时社会经济状况对珠宝设计的影响。与此同时，首饰艺术背后的象征意义淡化，装饰意义变得越来越重要，首饰作为装饰艺术品频频出现在服装、挂表以及金属摆件中。[②] 受当时巴洛克艺术整体氛围的影响，这一时期的首饰也形成了独有的艺术特色。

第一，从首饰外观形式上看，花卉植物及昆虫动物的图案频频出现在金工首饰艺术品中，成为一种装饰时尚。与当时巴洛克风格的夸张造型相比，首饰更加贴近自然主义的装饰风格，造型也多选用对称式的均衡造型，一些花朵、蝴蝶结的形象常常出现在 17、18 世纪的首饰中。[③]

花卉植物胸针

昆虫动物手镯

第二，从首饰制作技术上看，宝石小平面琢磨法即玫瑰形琢磨法诞生，使得宝石光芒四射而成为 17 世纪最为流行的首饰材料。直到后期，钻石的玫瑰形切磨法诞生，钻石才开始取代宝石而流行。

钻石的玫瑰形切磨法

① 吴璟怡. 谈巴洛克时期音乐与器乐音乐 [J]. 青春岁月，2023（1）：69–71.

② 杨筱静. 红木在首饰设计中的应用研究 [D]. 昆明：昆明理工大学，2015.

③ 钱仲韵. 探析西方首饰艺术的演变和发展历程 [J]. 现代装饰（理论），2016（3）：169.

第三，从首饰材料上看，17 世纪早期，战争及基督教的运动带给欧洲一片死亡的气息，使得“死亡首饰”出现。

五、新艺术主义风格首饰

19 世纪末兴起了一种被称为“新艺术主义”的艺术革命运动。它源于 19 世纪 80 年代的工艺美术运动。运动的倡导者认为：工业革命带来的技术进步毁掉了艺术，特别是手工艺术。机械化生产的工艺品千篇一律，没有了艺术品的独特性。运动的宗旨是复兴手工艺术，为普罗大众提供独具个性的实用艺术品。19 世纪末，清新的日本风格艺术形式受到西方艺术家的推崇。日本珐琅因清澈透明的色彩、简单朴素的结构、清瘦颀长的图案、相互缠绕的线条而在欧洲变得时髦起来。

新艺术主义在法国、德国、意大利、西班牙和奥地利各有不同的表达方式，但是其主题和宗旨都是一样的，它完全摒弃了由于工业革命的影响而在艺术中呈现出的千篇一律，其作品充满独特风格。这个风格的作品有一个共同特点，就是具有无拘无束、平滑流畅的线条。这些自由平滑的鞭索般的线条表达了世纪末艺术的抗争，是新艺术主义的精髓所在。新艺术主义风格在艺术领域内的影响引发了首饰艺术的变革，形成了新艺术运动时期具有跨时代意义的世纪末首饰风格。

新艺术主义风格的首饰艺术具有以下特点：

第一，新艺术主义风格的首饰线条极具装饰性。弯曲的线条像抽出去的鞭索，象征着生命的激情和世纪末的抗争。那些自然界中的植物茎蔓、叶脉形状、鸟类羽毛以及昆虫翅膀等，都是新艺术主义风格首饰线条借鉴的蓝本，甚至于拉斐尔笔下丰满的美女形象都频频出现在新艺术主义风格首饰中。这种放荡不羁、弯曲流动的线条正是新艺术主义风格首饰的内在精髓。

第二，新艺术时期首饰的主题主要有昆虫、鸟类、怪兽、美人鱼、自然景色、女性等。这些首饰的主题多来源于自然界或神话传说中的形象。这些充满气韵的首饰成为继古埃及之后首饰艺术追求外在形式美的又一高峰，充满了自然的气息。

第三，新艺术主义风格首饰注重表面装饰，过于形式主义。这种追求表面装饰而忽视内在造型的做法十分矫揉造作，使得首饰作品缺乏值得品味的内在韵味。

第四，首饰造型追求变化，敢于推陈出新，多采用不对称的、上宽下窄的、夸张的、与众不同的设计，具有飘逸、运动、虚幻之美。这也是该时期的首饰相对于 18 世纪追求复古的对称式造型的首饰形态的一大突破。

在新艺术时期，涌现出了一大批才华横溢的设计师，包括法国的勒内 · 拉利克（René Lalique）、乔治 · 富

新艺术时期贝壳浮雕吊坠

凯（Georges Fouquet）、亨利·维弗（Henri Vever）和卢西恩·盖拉德（Lucien Gaillard），比利时的菲利普·沃尔夫斯（Philippe Wolfers）和美国的路易斯·康福特·蒂芙尼（Louis Comfort Tiffany）等。他们的首饰作品蕴含着灵动的自然主题和精湛的制作工艺。

新艺术时期的首饰除了以常见的动植物如鸢尾、孔雀等作为主题外，蝴蝶、飞蛾、黄蜂、甲虫和蚱蜢也是拉利克及其同时代艺术者作品的重要主题。

新艺术主义的巅峰时期是 1895 年至 1910 年。就像它的突然兴起一样，新艺术主义于 1914 年倏然而逝。[①] 这是因为新艺术主义完全依赖于艺术家的创作，产品不能成批生产。同时，市面上充斥着大量仿冒的廉价劣质品，导致了它的没落。拉利克等设计大师也不再采用珍贵材料制作珠宝首饰，而是使用相对廉价的玻璃、非贵金属等材质。以曲线为代表的新艺术主义风格逐渐让位于以直线为代表的装饰艺术风格。

新艺术时期 18K 金珐琅七星瓢虫胸针

六、装饰艺术风格首饰

装饰艺术运动从 1910 年前后开始萌芽，是继新艺术主义运动之后的一场国际性的设计运动，起源于法国巴黎，并席卷了欧美的许多国家。[②] 其名称来自 1925 年在巴黎举办的国际装饰艺术与现代工业博览会。

装饰艺术时期的首饰

装饰艺术运动实际上是对新艺术主义运动的一种强烈的“反对”。它反对新艺术主义风格所遵循的强调中世纪的手工美，追求自然风格的表面装饰的古典主义。它尝试抹去饰品表面烦琐而没有实际用途的装饰，开始运用抽象造型和几何线条作点缀，使用优美的几何图形和流线形。在首饰艺术中，常常可以见到以方形、椭圆、环状等几何图形为基础的作品，设计简洁、严谨，极具现代意识。受苏联芭蕾舞的影响，首饰不再强调材料的贵重，开始以装饰为目的。同时，时装首饰作为首饰的类别之一开始频频出现。这一切都促成了装饰艺术风格的产生。

① 袁小伟．时装化首饰的特征与表现 [D]. 北京：中国地质大学（北京），2007.

② 陶姜力．欧洲古董珠宝通典 [M]. 北京：中国画报出版社，2022：194.

装饰艺术运动几乎和现代主义运动同时发生、发展，并受到现代主义的影响，但两者又有着根本的区别，那就是装饰艺术只为富裕的上层阶级服务，而现代主义运动则强调为大众尤其是低收入的阶层服务。

装饰艺术风格的首饰在形式及内容上受到许多因素的影响和启迪，比如对古埃及装饰风格的借鉴，那些 3 000 年前的建筑装饰图案、简单的几何图形以及高度装饰的色彩效果，都赋予了装饰艺术丰富的设计源泉；来自非洲和南美洲的原始部落艺术，夸张的舞蹈面具，抽象、简洁、明快的非洲木雕，都给了设计师极大的启发；汽车等交通工具的发明，让设计师感受到了未来，设计的作品体现出速度与时代感；此外，苏联的芭蕾舞剧鲜明的舞台设计，美国的爵士乐强烈新鲜的节奏感，都赋予了装饰艺术新鲜刺激、富有现代感的意识。

总结起来，装饰艺术风格的首饰在反对古典主义的同时，更加具有未来主义的现代感。①

第一，从造型上看，装饰艺术风格的首饰多采用几何造型和一些平直的线条。简洁抽象的几何造型与热情奔放的色彩相搭配，充满异国情调，看上去像马蒂斯笔下的绘画作品。

第二，首饰艺术发展至 20 世纪，在首饰用材上表现出极大的包容性。多种材料应用到设计中，增强首饰的艺术效果。

第三，从首饰设计的主题看，受 19 世纪末艺术风格的遗风影响，一些古典气氛浓郁的叙事性题材还会常常出现。此外，受汽车、飞机的影响，一些表现未来主义的新题材也受到设计师钟爱。

在欧洲整个设计界由新艺术主义风格向装饰艺术风格转变的过程中，勒内·拉利克也成功做出了转型，成为跨越新艺术运动和装饰艺术运动的大师。在这一时期，拉利克设计了一款蜻蜓吉祥物，看似粗糙的雕刻却具有一种别致的情趣，富含棱角的立体感体现出明显的装饰艺术风格。蜻蜓身体采用喷砂工艺呈现出朦胧的霜冻效果，更衬托出蜻蜓翅膀的晶莹、透明。同为拉利克的作品，同样以蜻蜓为主题，相比起唯美的新艺术主义风格的蜻蜓女人胸针，这件蜻蜓吉祥物有着与新艺术主义风格迥然不同的简洁明快的艺术美感。

装饰艺术运动提倡功能大于装饰的原则，这一原则成为装饰艺术超越新艺术运动并具有现代特征的一种体现。在装饰艺术运动时期，机器生产的意识已然萌芽，这一时期的艺术家不再极端地排斥工业化生产，但是也没有进入批量化生产。装饰艺术的几何形首饰看似是由机器制造的，其实是由艺人们手工精心制作的，复制数量十分有限，它强调的装饰美是当时的工业水平所无法企及的。

---

① 宴荣. 基于蒙古族审美取向下的当代首饰设计研究 [D]. 呼和浩特：内蒙古师范大学，2019.

拉利克的蜻蜓吉祥物

拉利克的蜻蜓女人胸针

第四节　现当代珠宝首饰设计趋势

一、现代珠宝首饰艺术

20世纪中叶，先进的科学技术促进社会飞速发展，伴随着社会中产阶级的产生，各种珠宝首饰艺术的新观念、新思维层出不穷，在继承传统工艺和技能的同时，人们对于珠宝首饰的艺术性、个性化和独创性的呼声越来越高。在西方，艺术家开始追求新的艺术风格及新形式的创新。画家与雕塑家们开始不局限于手中的画笔和刻刀，在追求各种新材质运用的同时，他们也加入首饰制作的行列中，为现代珠宝首饰艺术注入新鲜的血液。甚至毕加索、达利等著名画家也曾醉心于珠宝首饰的设计制作，为后世留下了不朽的作品。[①]

达利设计的首饰“皇者之心”

另外，现代机器工业带来新的设计视角的同时，它的情感荒漠也使得人们开始怀念手工时代的宁静生活，于是伴随着现代文明的发展，现代珠宝首饰艺术也表现出前所未有的多样化。[②] 包豪斯在艺术和技术、工业机器师和手工技师之间架起了桥梁，为现代珠宝首饰艺术的发展繁荣做了充分的

①② 陈素文 . 首饰中的平面设计语言研究 [D]. 苏州：苏州大学，2017.

准备。批量化的珠宝首饰产品在满足新兴阶级需求的同时，那些对手工艺术满怀思念的艺术家们继续着充满情感的手工艺创作。

此外，艺术领域内各个艺术方向之间兼容并蓄，不断交流融合，产生了许多充满个性的作品。建筑、雕塑、绘画、纤维艺术、广告招贴甚至音乐与文学等各个方向不断融合，互相影响，使得艺术创作的视角无论是在原始材质方面还是在创作思维方面，都得以大大拓展。它们与珠宝首饰设计领域的相互渗透，同样为现代珠宝首饰艺术带来了新气象。

现代珠宝首饰艺术表现出以下几个特点：

第一，从珠宝首饰造型方面看，现代珠宝首饰已经跳出新艺术和装饰艺术时期的纯装饰性框框，打破了珠宝首饰装饰功能的局限性；造型形式由平面装饰走向立体空间，由一维、二维走向三维、四维。包豪斯总结的艺术造型构成规律在现代珠宝首饰艺术中体现得淋漓尽致，大量夸张、变形、抽象的语言被运用到设计中。此外，现代建筑的立体空间、秩序构成、力学美感等概念也被珠宝首饰造型艺术所吸纳，珠宝首饰造型向多元化、抽象化、个性化迈进。①

瑞士珠宝品牌 **Swiss Bernina** 的“**Independent Lady**”系列

第二，从珠宝首饰材质方面看，现代珠宝首饰设计材料已不再局限于早期的贵金属和天然宝石，现代珠宝首饰设计师更加重视主题的表达以及材料本身的视觉、触觉美感，只要符合设计需要，任何朴实无华的材料都可以运用到设计中。②非贵金属材料、树脂、陶瓷等综合材料组成了现代珠宝首饰艺术创作丰厚的材料宝库。在取材方面，设计师常常将不同质地、光泽的材料用在一起，以体现材质本身的对比美；还有的设计师为取得设计需要的效果，尝试对材料表面做特殊效果处理，比如对金属表面进行化学腐蚀等。许多著名的珠宝首饰艺术家醉心于新材料的研究，在原有艺术素养的基础上向材料艺术的科学领域进军。各种学科的交流互动，将为珠宝首饰艺术带来前所未有的高科技产品。

第三，从珠宝首饰色彩方面看，受时尚文化的影响，时装首饰作为服装配饰，越来越受到大众尤其是女性消费者的欢迎。国际流行色彩的预测由纤维纱线到纺织面料，之后推及到服装，而作为服装配饰的首饰，色彩的流行开始受到服装流行色的引导。③

第四，从珠宝首饰艺术的风格流派来看，包豪斯以来的现代珠宝首饰艺术呈现出多种

①②③ 张娜 . 基于汉唐文化的首饰体验设计研究 [D]. 西安：西安工程大学，2016.

风格并存的新风貌。新古典风格、自然主义风格、未来主义风格、概念主义风格等各种艺术风格层出不穷。[①]

第五，现代主义珠宝首饰表现出为艺术而艺术的精神，它通过反对古典主义对于形式和理想化的追求而表现人性和艺术的回归，回归到未被世俗化所“污染”的原始状态。

二、当代珠宝首饰设计

国际当代珠宝首饰运动开始于1960年的德国、荷兰、奥地利等欧洲国家，这标志着当代珠宝首饰艺术的一个重要起点。作为艺术品和装饰性物品，珠宝首饰经历了各个历史阶段的变迁，与时代和社会的发展紧密相关，由此形成了多样性的设计和制造技艺。而当代珠宝首饰设计，在这一传承的基础上，正在呈现出新的发展模式。奥托·昆兹利（Otto Künzli）是这一时期的关键人物之一。他是德国慕尼黑美术学院珠宝艺术专业的主席，被认为是当代乃至世界上最重要的珠宝首饰艺术家之一，他首创了概念首饰，彻底改变了人们对艺术首饰的理解。

首先，当代珠宝首饰设计中的材质选择已经跳出传统贵金属和珠宝玉石等常规选项，开始寻找更加新颖和出彩的材质来表达设计师的感性思维和创新意愿，并将其与传统材质结合在一起，营造出更加强烈的对比与张力。例如，钛金属、树脂、钨钢、木材、陶瓷、竹子、毛皮、骨头等材料都成为现代珠宝首饰设计中借鉴的选项，这些材料极大地丰富了珠宝首饰的形态和造型范围。这些材料和工艺的出现，使得新一轮珠宝首饰制作的热潮再次出现，同时也促进了后工业时代和环保意识的飞速发展。

钛金属首饰

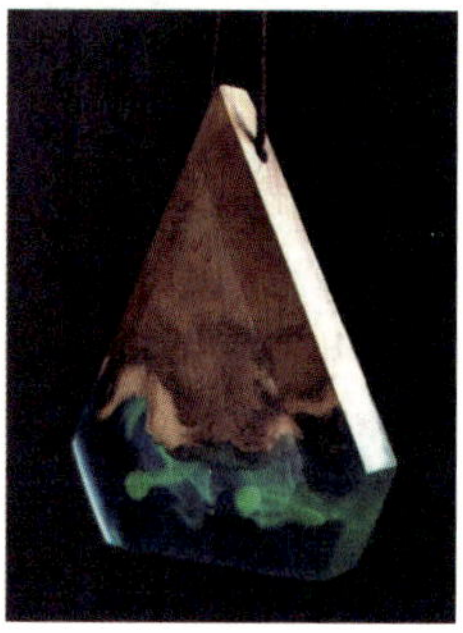

树脂首饰

钨钢首饰

其次，在设计思路上，当代珠宝首饰设计倡导独立思考，强调设计师对于社会、环境、文化等方面的深入剖析，将设计师的人文情怀和对于时代的理解融入设计当中，从而呈现出更加个性化和有文化价值的产品，让人们在珠宝首饰的佩戴过程中领悟生活的内涵和情感价值。在当代珠宝首饰设计的思路方面，设计师们倡导独立思考和深度剖析社会、环

② 陶姜力 . 欧洲古董珠宝通典 [M]. 北京：中国画报出版社，2022：194.

维基·安伯里·史密斯的作品“伦敦眼”

境、文化等多方面因素。例如，英国珠宝设计师维基·安伯里·史密斯（Vicki Ambery-Smith）的作品“伦敦眼”就将伦敦历史悠久的建筑文化和当代城市景观元素完美结合，在灵感构思和造型呈现上体现出她对于人类文化积淀和现代都市生命力的深入洞察。这样的思路和态度，使得当代珠宝首饰设计的呈现更加独具匠心，其艺术价值和文化品质也得到了大量消费者和艺术爱好者的认可和追捧。

除此之外，当代珠宝首饰设计的应用技术更加多元化和智能化。数字化设计、3D打印、激光切割等技术都被广泛应用于珠宝首饰的生产过程中，极大地提高了设计师的造型创意和制造工艺的实现难度。而这些技术的应用也囊括到珠宝首饰的销售环节，例如虚拟现实技术和在线平台销售为珠宝首饰的推广和销售提供了全新的契机和前景。当代珠宝首饰设计还大量应用多元化和智能化的技术手段，使得设计师们的造型创意得到了更为灵活的实现。数字化工具是当代珠宝首饰设计中不可或缺的一部分，例如数字化绘画、3D打印和激光切割等数字设计技术改变了珠宝首饰设计的生产流程，大大缩短了制作周期，提高了设计成品的精度和质量。其中3D打印技术对于当代珠宝首饰设计的创新和发展具有划时代的重要意义，设计师们可以在3D打印机的帮助下，完全按照自己的想法和创意自由打造出形态独特的珠宝首饰作品。在销售方面，也越来越多地应用虚拟现实技术和在线销售平台。在虚拟现实技术的应用下，消费者可以在不受时间和地点限制的前提下，通过虚拟现实设备、智能手机或平板电脑等体验到珠宝首饰的设计效果和佩戴效果，这极大地吸引着消费者。同时，在线销售平台可以为消费者提供更多的产品信息和购买渠道，为珠宝首饰设计和消费提供了更多的变革机会。

3D打印首饰（秦琳）

本章小结

主要内容：本章旨在探索珠宝首饰艺术的起源，着眼于珠宝首饰的演变如何反映人类文化、审美和技术的进步。从中国和西方国家珠宝首饰的发展历史开始，逐步梳理至现代和当代首饰的发展状况。当代珠宝首饰趋向于个性化和艺术化，而其历史和文化内涵则丰富多彩，承载了人类智慧和创造力的独特印记。本章内容不仅有助于我们了解人类文明的发展历程，也为未来的珠宝首饰设计提供了丰富的灵感和借鉴。

重点：中西方珠宝首饰发展史的时代特征和珠宝首饰特点。

难点：中西方珠宝首饰工艺特征和代表作品。

任务模块

思考任务

1. 分析并简述中国珠宝首饰发展各个历史时期的主要特征和工艺特点。
2. 分析并简述西方国家珠宝首饰发展的特征和主要代表艺术家。
3. 分析现当代珠宝首饰发展趋势，并以艺术家作品举例说明。

拓展任务

1. 分析明清珠宝首饰发展历程和代表作品。
2. 分析新艺术主义风格珠宝首饰的特点和代表作品。

设计任务

创新一件以传统文化为主题的珠宝首饰作品，通过传统工艺或传统设计元素进行再设计转化，绘制 1 : 1 设计效果图。

章节资源

1. 唐一苇，闫黎 . 首饰发展简史 [M]. 北京：化学工业出版社，2022.
2. 史永，贺贝 . 珠宝简史 [M]. 北京：商务印书馆，2018.
3. 陶姜力 . 欧洲古董珠宝通典 [M]. 北京：中国画报出版社，2022.
4. 张晓燕 . 首饰艺术设计 [M]. 北京：中国纺织出版社，2010.
5. 陈征，郭守国 . 珠宝首饰设计与鉴赏 [M]. 上海：学林出版社，2008.
6. 厉宝华 . 花丝镶嵌 [M]. 北京：北京美术摄影出版社，2015.

第二章　慧心巧思

Clever Design

珠宝首饰的呈现，离不开慧心巧思的设计与构思。设计构思是对客观物象的艺术性选择和表达，从现实素材中选取设计所需要的基本元素和材质，使首饰造型从客观物象上获得灵感，采用推理、演绎、归纳、综合、夸张等思维方式，通过思维导图的形式，形成设计主题。这就是珠宝首饰设计的构思方法和基本规律。

第一节　珠宝首饰设计构思的过程和方法

一、珠宝首饰设计构思的过程

珠宝首饰设计构思，是指首饰设计师在构思首饰设计过程中进行的思维活动。从本质上讲，设计构思是一种创造性的思维活动，包括逻辑思维和形象思维两种思维方式的交替运用。[①]

构成珠宝首饰设计构思的基本内容包括首饰设计的主题、素材、材料、色彩、肌理、形态、功能、市场、成本等因素。[②]设计构思可以分为三个阶段。

（一）设计构思的萌芽阶段

萌芽阶段的思绪是没有规律的，甚至没有一个中心目标，因而可以采用思维导图的形式，绘制整理思绪和灵感的来源。通过思维导图的绘制，整理灵感的来源并扩展思维，将设计灵感具体到词语或者符号化。通过思维导图的绘制，确定设计构思初期的基本想法和设计方向。

（二）设计构思初期

通过对设计思维导图的绘制，设计师将意识中的创意具体化、完善化。通常，设计构思总是围绕某个原始的意念或者思维中的形象，以一个意念词或者形象作为灵感的来源，

① 王彩虹 . 思维导图 [M]. 北京：金盾出版社，2019：5.

② 施敏 . 基于图形图像知识的图案创作思维模拟及应用 [D]. 杭州：浙江大学，2002.

向四周扩散绘制思维导图，可以深化或者扩展原始的意向，可以具体到图形、材料、形态、色彩等，从而使各种想法和材料的工艺都不断清晰、明确，最终具体到一个词汇或者图形。①

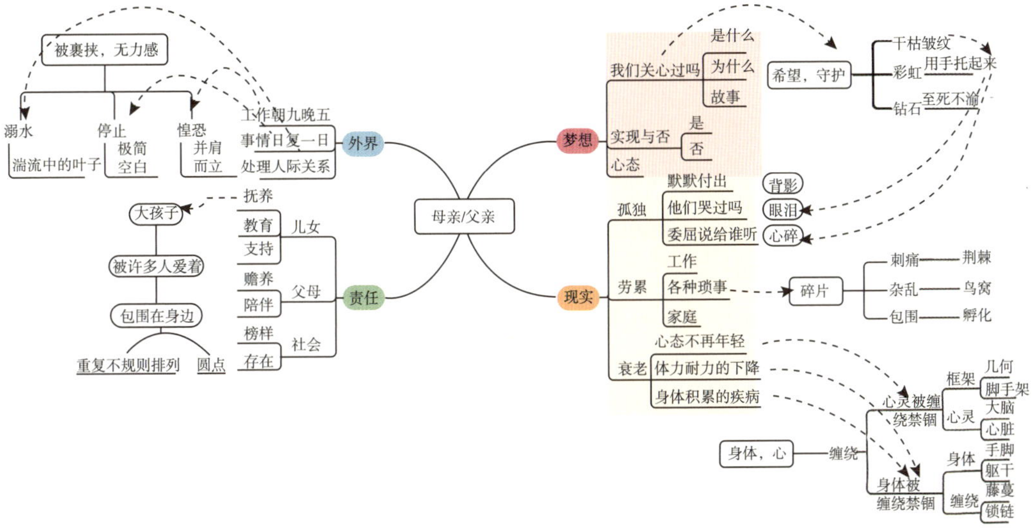

思维导图（学生李靖仪绘制）

（三）设计构思成熟期

通过设计思维导图，将设计构思明确化、完善化，具体到设计符号和设计形态。设计者根据设计构思画出设计图，确定工艺和材料后进行设计、小样制作，检验设计构思是否能够落地转化成设计作品。

从以上设计过程可以看出，首饰设计构思是一个完整思维的系统，思维中的各种要素有机地结合。在设计构思过程中，如果只是纸上谈兵而没有考虑到工艺和材料是否可行，就不能够落地转化成设计作品。设计构思的过程，从主题的选择到素材的提炼，从形式风格的确立到造型元素的表达，从工艺制作的条件到技术手段的运用以及制作成本的计算等，都必须考虑。

二、珠宝首饰设计构思的方法

珠宝首饰的设计构思有着多元的设计资源、构思方法及灵感元素。② 虽然设计构思的方法与设计目的、设计要素、设计风格等许多因素相关，并不存在固定的模式，但创造性的思维还是有一定规律可循的。

---

① 敖立琦．装饰设计思维的多元化 [J]. 大庆师范学院学报，2011（4）：148–150.

② 任进．珠宝首饰设计基础 [M]. 武汉：中国地质大学出版社，2011：11.

确定主题是首饰设计构思的首要问题，因为主题的确定是展开思维的前提，各种思维活动都围绕着这个主题进行。如果在设计的初期没有确定主题，可以通过设计思维导图来进行主题的确定。

思维导图是发散性思维的表达。作为思维发展的新概念，发散性思维是思维导图重要的表现，也是首饰设计思路的萌芽阶段方便使用的工具。大脑是发散性思维联想机器，思维导图就是发散性思维的外部表现。因为思维导图总是从一个中心点开始向四周发散，其中的每个词汇或者图像自身都成为一个子中心，整合起来以一种多分支链的形式从中心向四周发散，或者归于一个共同的中心。[①]

发散性思维是一种自然和几乎自发的思维方式，设计师可以借助发散性思维进行设计初期的灵感来源的归纳和整理。一个具有发散性思维的设计师应该以一种发散性的形式来表达自我，通过设计思维导图来反映自身思维过程的模式，在设计上理清思路、明确主题。

思维导图是借助文字将想法“画”出来，因为这样更有利于记忆。思维导图可以通过颜色、图形或者是词语来进行绘制。思维导图在确定中心图像或者词语后，从中心发散的结构进行绘制，可以使用线条、符号、词汇和图像来进行表达。颜色可以将枯燥无味的信息变成丰富多彩的图画或者图形，通过图形的绘制进行设计符号的提取和整理。[②]

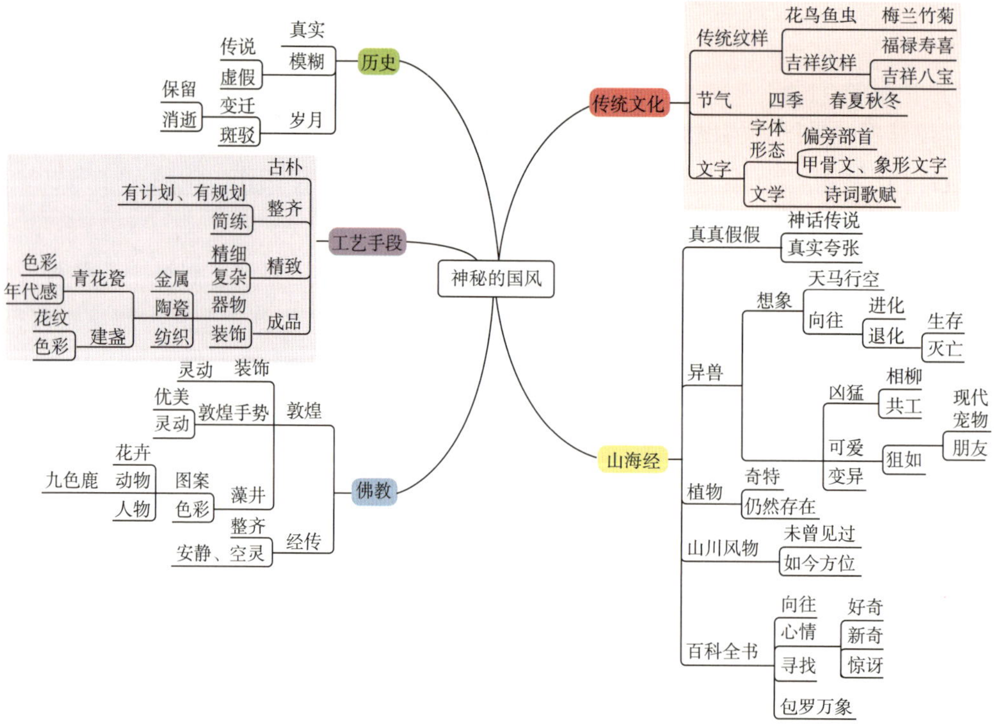

思维导图（学生巍然绘制）

① 王彩虹 . 思维导图 [M]. 北京：金盾出版社，2019：7.

② 同① 15.

绘制思维导图的步骤如下：

（1）以一张白纸的中心点进行绘图，设计师的思维可以向四周各个方向自由发散，绘制图形或者文字表达思想。

（2）在白纸的中心点用简洁的词语或者图形来表达中心思想。图形的提取和绘制优于词语，不仅能刺激创意，还能强化记忆。

（3）尽可能多地用不同颜色来区分，因为颜色和图形可以让大脑兴奋，扩展思维导图。

（4）将中心图形和主要分支连接起来，通过分支的情况绘制图形或者关键词，能够梳理脑海中的创意思维，将灵感具体图形化甚至是具体到一个词语。

（5）在每条线上使用一个关键词。所谓关键词，是指表达核心意思的词，可以是名词，也可以是动词。关键词应该是具体的、有意义的，这样才有助于记忆。每个关键词就像大树的主要枝干，然后生发出更多与它相关的次级枝干。[①]

第二节　珠宝首饰设计素材的收集与提炼

一、珠宝首饰设计素材与灵感

设计师的灵感主要来自大自然和生活体验。大自然和生活中的情景为设计师提供了灵感的素材和设计的触发点。[②]它可能是视觉的，也可能是听觉的，还可能是一种香气、一阵微风、一段慵懒的回忆、一份美好的情感以及一个突发的事件。

（一）以自然界的客观物象为灵感

大自然中，从宏观的星系、黑洞、流星雨到微观的分子、原子、细胞核，从浩渺无垠的宇宙天体到气势磅礴的山川河流，从千姿百态的陆地植物到光怪陆离的海洋生物，从形态各异的微观生命到变幻莫测的人类自身，那些充满形式感的空间形态和纹样成为首饰设计取之不尽、用之不竭的灵感源泉。

自然万物具有丰富的形态、色彩和不同的质感，不同质感的肌理呈现在物体的表面或者内部。物体的形态、色彩和肌理与空间的关系会给人不同的视觉感受，这种物体的表象特征通过设计和构思将美好的寓意赋予作品，这种设计思维的来源及转化就是首饰设计灵感输出的基础条件。

对物象“形”的认知是基于物象在特定时间和环境条件下所体现的外貌形态特征，例如物象的外形轮廓、比例和大小等。物象中的“态”主要指物象在空间中的立体状态，是

① 东尼 · 博赞 . 思维导图 [M]. 北京：中国广播影视出版社，2022：55.

② 王心莹 . 男装袖扣的设计研究 [D]. 苏州：苏州大学，2012.

体现物象动态的主要特征。从攀爬的藤蔓、绽放的花朵，到波涛汹涌的海浪、展翅翱翔的飞鸟，对物象形态的把握需要进行细致入微的观察和形态特征的归纳，同时，不仅要关注物象的形体随时间和空间的改变而发生的变化，还应对物象动态平衡、重心和稳定性的变化进行调整。

把自然物象的色彩作为丰富的设计资源库，将科学、抽象的色彩规律与感性、直觉的色彩把握相结合，为首饰色彩设计开拓新的领域，创造独特的首饰色彩视觉效果，丰富首饰语义与造型语言的表现力。①

许多自然物象还被人类赋予了丰富的主观意义与象征，例如在古埃及甲虫代表着“再生”，在古罗马蛇象征着“智慧、力量、永恒”，在新艺术时期孔雀暗含着“自恋”的意味。以物象的寓意作为首饰设计素材，大大提升了首饰的文化性，丰富了其本身的设计内涵。例如，梵克雅宝的经典款式“幸运草”项链就是以四片叶子的幸运草为灵感来源，将四叶草的形态进行设计制作成首饰。将幸运草的四片叶子代表的“信仰”“希望”“爱情”“幸运”融入首饰和品牌的营销策略中，可以提升商品本身的文化寓意和价值。

在中国传统民间艺术中，也广泛运用隐喻和象征手法来表达人们美好的意愿。② 例如用蝙蝠的谐音“福”象征鸿福吉祥，用松柏、蟠桃、仙鹤的元素象征健康长寿，用喜鹊、梅花的元素象征喜上眉梢，用莲花、鲤鱼的元素象征“连年有余”，等等。还有很多作品是根据自然事物的典型特征来歌颂人的优良品德。例如用竹子的元素来比喻人虚怀若谷和高风亮节的品格，用莲花的元素来比喻人出淤泥而不染的品格，用梅花的元素来比喻人自强不息的品格，用菊花的元素来比喻人淡泊名利的品格，等等。

传统题材首饰（李正云）

传统题材首饰（吕继凯）

古今中外有大量以自然物象为素材和灵感设计的首饰。这种设计方式有着深厚的历史积淀，表现出人类对自然万物的敬畏与崇拜，反映了人类希望与自然和谐共处的心态，寄托了人们对生活的美好诉求与向往，并且从中孕育出不同民族独特的审美、文化等传统观

① 许明星．仿生设计在工业设计中的运用 [J]. 美与时代（上半月），2010（2）：38–39.

② 过莎．中国古代雕塑的造型特征 [J]. 艺术与设计（理论），2008（1）：164–166.

念。这种设计方式是最传统的，同时又是最具活力的，是人类对当下文化和主题生活的赞美，是设计回归自然、追求人性化的具体可行的方法。[①]

（二）以图标和符号为灵感

符号方法是艺术设计中被普遍采用的构思方式之一。用图像和符号来归纳总结设计，为首饰设计提供了构思来源和设计雏形。例如徽章、标志、人像、瓦当、文字、钱币等都具有某种符号性，成为首饰设计制作的素材和灵感来源。[②] 许多象征性的符号和图标是世界公认的。例如，心形用来表达爱情和心之向往，是首饰制作中常用图形。宝格丽品牌的心形首饰系列，代表了爱情的忠贞和热烈。

综观古今中外的首饰作品，许多珠宝首饰和宗教元素联系在一起。首饰设计师会经常运用一些宗教性图形和符号进行创作，从而为首饰作品赋予更广泛的意义。但有时候，某些图标并不完全具有宗教意味。例如现代艺术首饰中常常出现的十字架，并不完全代表基督教，有时候只是作为一种装饰元素运用到首饰中，这种情形下的十字架便拥有了更广泛的意义。[③]

二、珠宝首饰设计素材的收集

首饰设计师需要建立一种适合自己的思考方式和视觉记录习惯，记录发生在当下的对自己的视觉感官、情绪产生影响的信息，并将这些信息用于首饰设计。这些信息虽然不会立刻与设计理念联系起来，但是可以折射出对事物、经历的个人反映，因而可以延续和拓展设计理念，成为设计工作的核心力量。

以对物象的直接感受为基础，从外到内多角度、多层次对其形态特征进行快速提取，为后期设计提供有价值的资料和素材。[④] 设计素材的收集也可以利用影像设备和技术，通过徒手速写、绘画，还可以剪贴和实物收藏。这些方法各有所长，可以综合应用。拍照方便、快捷，可以客观地记录物象。对于动态物象，还可以进行大量、连续的记录。画设计速写是收集、整理个人设计资料非常好的方法。它是通过设计者的头脑和双手劳动的结果，不是客观物象的视觉重复，而是融合了设计者的个人情感和理解，是自由表达和真实感受的完美结合，是基于生理、心理以及其他主观因素的一种创造性的再现。设计者在生活中接触到的各种事物和各项与设计有关的形象，都可能引发设计创意的火花。有时一个设计意念的来临会像闪电一样转瞬即逝，如果不利用速写的形式马上记录下来就会立刻消失。设计速写中包含了无限的艺术元素，真正好的设计作品往往是从中提炼出来的。经常画设

① 杨晨 . 仿生语意在锦州城市旅游工艺品资源研发中的创新应用 [J]. 艺术科技，2014（3）：32–33.

② 东尼 · 博赞 . 思维导图 [M]. 北京：中国广播影视出版社，2022：33.

③ 王心莹 . 男装袖扣的设计研究 [D]. 苏州：苏州大学，2012.

④ 王晓华 . 仿生设计在旅游纪念品设计中的应用 [J]. 艺术教育，2016（2）：233.

计速写有利于激发灵感、开发思路、积累素材。

剪贴收集素材主要是剪贴报纸、杂志等载体上的文献、图片，可以将有关的内容按照逻辑顺序放置在一起，也可以按照时间顺序安排。还有些素材可以以实物的形式保留下来，例如植物的叶片、蝴蝶的翅膀、漂亮的纽扣等。相比较之下，实物收藏的形式比较占空间，但它可以客观、完整地保存形象。这些素材被精心地收藏到一个个容纳盒里，每每取出并从多个角度仔细端详都能带给设计者新的灵感。

三、珠宝首饰设计素材的提炼

大自然是设计师最好的灵感素材库，充满了各种形态，很难将其完全捕捉到。因此，首饰设计师要学会将自然的形态提炼、概括后，再将其运用到首饰设计中。

客观物象的采集包括描绘、记录、抽象、夸张、概括等，在二维平面中表现物象形态的曲线、明暗、虚实和空间特征，以及重复、渐变、对称的结构和均衡的律动形式美感。例如植物的轮廓外形，可以根据设计的需求，概括地归纳为曲线形、直线形、圆形或者随形等；有些物象的形态可以对称轴或对称点为中心进行对称结构的提取和设计。

通常可以对物象的形态特征进行概括、提炼，然后用抽象的几何形态通过不同的设计构成要素，直接再现客观物象的个性特征。对素材的提炼，可以从以下几个方面进行考虑：

（1）从不同的维度概括提炼同一个事物；

（2）从同一类事物中寻求共同的形式感；

（3）以变形的手段产生夸张的形象；

（4）运用肌理的变化来产生视觉的差异；

（5）以轮廓、剪影的方法获得形态提炼；

（6）以放大、缩小的方法进行比例的变化；

（7）以剪切或者局部分割的方法求得新的视角；

（8）以分开或者拼凑的方法改变视觉印象。

苗族传统题材创作（李正云）

（一）具象形态

具象形态又称自然形态，是指物象完全没有经过加工和提炼的原始形态。使用原有的具象形态进行设计与提取，一般与地域文化、民族符号、宗教信仰、习俗节日等有密切关系，其主要以动植物的基本造型为设计元素，例如生肖动物、蝴蝶、兰花、玫瑰、叶子等。[1]

① 邱松 . 接触抽象形态 [J]. 装饰，2004（10）：6.

（二）抽象形态

抽象形态是指采用变形、夸张、联想、概括等艺术造型手法，在具象形态基础上进行再设计创造。它虽来源于具象形态，但又与具象形态大不相同。抽象形态既包含自然形态的外在特征，又在形式上加上设计的想法，从而使作品结构简单、形态和特点突出。从设计心理和逻辑思维上分析，抽象形态更容易引起艺术的想象，具有强烈的视觉效果、形式感和时代性。抽象形态的设计方法主要包括整体抽象法和局部抽象法。①

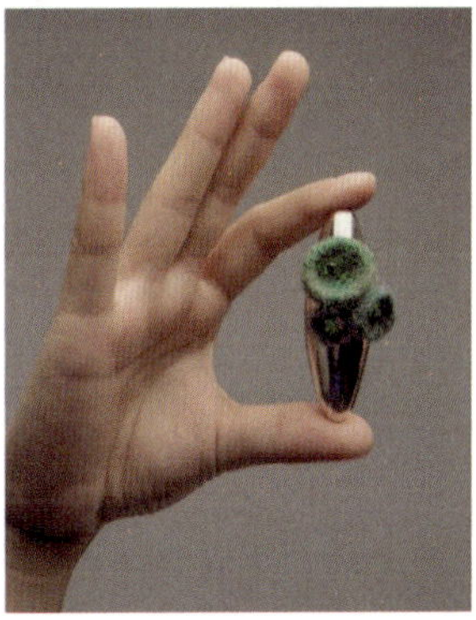

植物的共生系列（姜倩）

1. 整体抽象法

整体抽象法是通过对形态进行深入的观察和分析，再将这些细节进行反复筛选，从中筛选出最具代表性的特点来进行抽象放大，然后以设计手法进行表现和描绘。②

以动物等自然物象为题材的首饰运用整体抽象法进行设计的实例有很多。例如，猫科动物猎豹是女性魅力的典型象征，代表了野性和性感，可以充分表现雍容华贵的女性美。卡地亚就设计了著名的猎豹主题胸饰：一头矫健的猎豹稳稳地踞于一颗 152.35 克拉的天然蓝宝石球上。黄色的杏眼、微张的口唇、斑驳的花纹、柔和的背部曲线、匀称的身体比例，恰如其分地展示了猎豹的动人姿态，堪称动物造型首饰的经典之作。

panther 夹式胸针（卡地亚）

2. 局部抽象法

有些物象形态的局部特征特别突出，甚至可以代表其整体特征。因此，可以用物象的局部作为整体抽象形态的代表，然后在此基础上进行提炼和加工，最终发展成完整、明确且具代表性的抽象形态。③

第三节　珠宝首饰设计绘图过程及工具

珠宝首饰设计图是首饰设计者用来阐述设计思想的一种表现形式，是设计者表达设计

① 王心莹 . 男装袖扣的设计研究 [D]. 苏州：苏州大学，2012.

② 邱松 . 接触抽象形态 [J]. 装饰，2004（10）：6.

③ 杨冬江 . 论建筑及环境艺术的设计表达 [J]. 装饰，2004（8）：9–10.

意图的媒介，也是传达设计者情感物化的过程体现。[①]

珠宝首饰设计是三维艺术，设计图是将三维空间上考虑到的形式展现在二维的平面中，由一定的透视方法和精确的绘图技巧紧密结合而成。

一、设计图的绘制过程

设计图要求完整准确地表达首饰的外观形态和一定的内部结构，对首饰内部结构的理解程度将反映在对外观形态的表达上。因此，首饰设计图具有相当强的严谨性和逻辑性，在绘图过程中要注意理性表达，控制感性成分，不能像绘画那样自由发挥设计者的个性。从珠宝首饰设计的整个过程来看，设计表达可以分为设计草图绘制和设计正稿绘制两个阶段。

（一）设计草图绘制

设计草图阶段是设计创意的初级物化阶段，它同设计的创意阶段交替进行。[②] 通常，一个设计意念在创意中萌发并在草图中出现，而草图中的设计信息又回归到设计创意初期，然后进一步优化设计创意方案，直到设计草图能反映设计创意的初衷，才算完成了设计草图的全部绘制过程。

设计草图可以标注尺寸，也可以标注设计想法的文字说明；可以有外观和结构草图，也可以画成首饰部件的拆卸草图。设计草图所用工具简单，可以方便快速地表达第一直观感受，修改方便。[③]

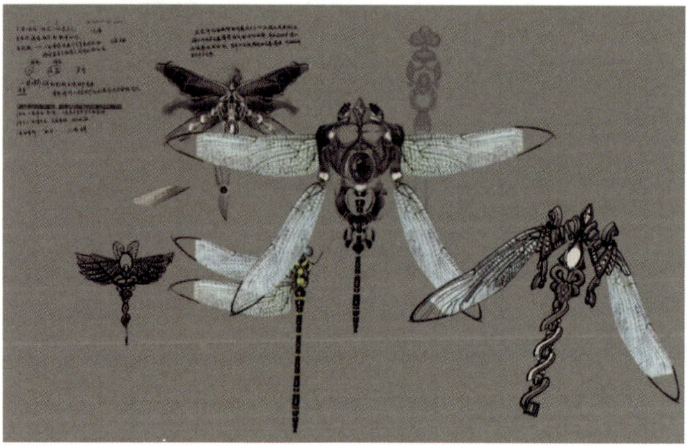

设计草图（学生陈孜贤）

设计草图（学生李靖仪）

① 刘继平，李晓弟．造型艺术与设计文化中的艺术设计表现 [J]. 昆明理工大学学报（社会科学版），2005（2）：104–107.

② 陈实，杨智渊，孙凌云，等．草图设计知识分析方法：结合语音能量和创意拐点 [J]. 浙江大学学报（工学版），2015（11）：54–63.

③ 戴春宁，常鹤岭．论产品设计中手绘设计表达的作用 [J]. 艺术探索，2008（4）：109.

（二）设计正稿绘制

当设计构思和设计草图的细节确定之后，就可以进入设计正稿绘制阶段。首饰设计的正稿能完整地表达设计思路和创作意图，是设计的最终稿。设计正稿要求能够真实地反映首饰的外观和结构细节，特别是三视图要带有结构的说明。设计正稿要求结构、比例、尺寸的准确性，按照实物 1∶1 的比例进行绘制。

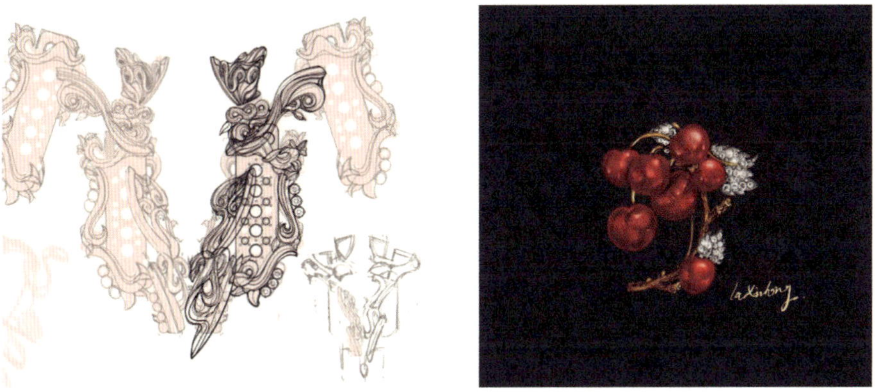

设计正稿

二、绘图工具

随着科学技术的发展，设计表达越来越依赖电脑。电脑图形可以真实、准确地表达设计作品的立体感、空间感和质感，甚至可以直接输出数据进行样品的加工制作。[①] 但是，在设计构思的初始阶段，想法不确定，各种想法可能交替出现，这时就需要手绘设计草图，以便及时抓住头脑中闪现的灵感。[②] 因此，掌握首饰设计手绘图的表达方法和技巧十分必要。手绘图稿过程中所用到的绘图工具主要有绘图纸、绘图笔和绘图尺等。

绘图工具

① 钟华．速写与设计的快速表现 [J]. 艺术界，2005（6）：163–164.

② 李源．关于工业设计“产品速写”课程训练方法的思考 [J]. 科技信息，2009（26）：304.

（一）绘图纸

珠宝首饰绘图纸张主要有白色素描纸、描图纸和有色纸三种。

（1）白色素描纸：不透明，是素描绘图时常用的纸张，主要用于草图绘制和灵感速记。素描纸的粗糙度、硬度、厚度以及渗透性适宜，且对马克笔、色粉、墨水等有较好的吸附性。即使使用笔尖尖锐的绘图笔，纸的表面也不起毛，画出的线条整齐、漂亮。

（2）描图纸：也称为“硫酸纸”，透明度好，用于拷贝图样。

（3）有色纸：粗糙度适宜，对广告颜料、色粉、彩色铅笔等有较好的吸附性，颜色种类非常丰富。

（二）绘图笔

（1）设计初稿和绘制草图阶段，为了便于修改，常使用笔芯较软的 2B 铅笔和 0.5 自动铅笔。在给初稿上色时可以用彩铅、色粉笔、马克笔，也可以采用两种材料结合的形式，以方便快速上色。

（2）设计最终图稿一般选用不宜修改擦拭、硬度较高的铅笔，例如 4H 铅笔、0.3 自动铅笔。此类铅笔非常适合勾勒首饰的外形和边框，绘制镶嵌的钻石部分。

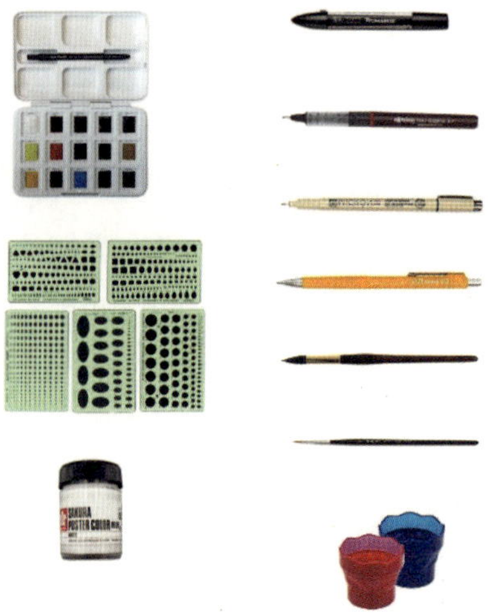

绘图工具和材料

（3）最后可根据需要，在局部地方用针管笔加强，突出边界。完稿上色用粉彩颜料，用型号不同的水彩画笔即可。

（三）绘图尺

（1）半角尺，常用半角尺的角度为 45° 和 60°。

（2）花式尺，有圆形、矩形、椭圆形、菱形等，可以根据个人需要使用。

（四）其他绘图工具

其他绘图工具有美工刀、可撕式胶布、遮挡胶、橡皮擦（软、中、硬用途不同）、调色盘等。

第四节　珠宝首饰设计绘图原理和技法表现

在珠宝首饰设计中，不论是初期的基本构思草图还是后期的效果图，都要体现珠宝首饰的立体形象。在二维的空间表现三维的立体模型，就需要借助科学的透视画法。现实生活中的物象，由于距离的不同，反映到眼睛的视网膜上就会产生不同的影像，形成近大远小的透视现象。将这种现象的规律在平面上表现出来的方法称为透视法。

学习透视法，不仅是为了检验立体图形画得是否准确，更重要的是用它的规律来指导绘图，以便更有效地观察和记忆物体的形象，更准确地在平面的空间上表现它们。[①]

一、基本几何形体的造型基础与透视原理

（一）基本几何形体的造型基础

自然界中的所有物体都可以概括分解成几种几何形体，即立方体、圆柱体、球体、圆锥体等，把握这些形体的造型、光影色调及透视规律是画好珠宝首饰图的基础。一张透视图，根据透视原理“近大远小，近实远虚”的规则，戒指的指环可以概括为空间中立方体的一个切面。

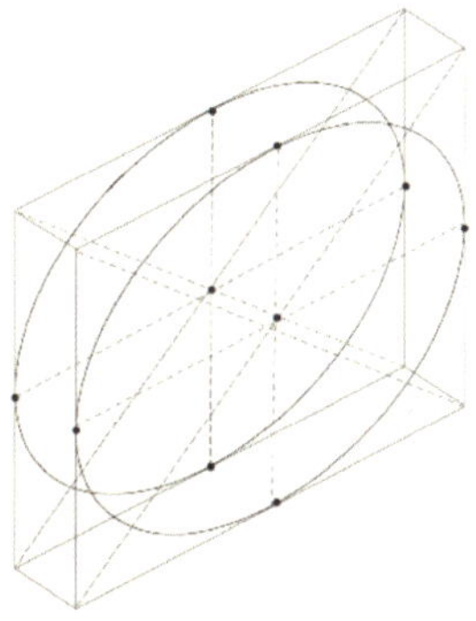

戒指的透视图

（二）透视原理与三视图

1. 透视原理

“透视”一词来自拉丁文“Perspicere”，“透而视之”。其含义就是透过透明的平面来观察、研究所透视图形的发生原理、变化规律和图形画法，而所描画的图形却如实表现了空间距离和准确的立体感，这就是物体的透视图形。[②] 在研究透视规律时，可以在绘图者和景物之间假想有一个竖立的透视平面，要研究的景物透视图形都在这个透视的平面；离开这个平面，透视图形就失去了落脚场所。

根据绘图者的位置，透视分为以下几种类型：画面平行于绘图者颜面、垂直于中视线，平视的画面垂直于地平面，俯仰时的画面倾斜于地平面，而正俯视、正仰视的画面则垂直于地平面。[③]

2. 三视图

根据透视原理，我们可以看到画面不同的透视状态。掌握透视原理，我们可以正确地利用手绘技巧表现形体的各个面与空间体积关系。一般而言，我们习惯于用三视图来表现一个珠宝首饰的形体，有时候根据需要还会选择四视图。所谓三视图，是指一个形体的正视图、俯视图、侧视图。其中正视图是指当珠宝首饰平行于设计者颜面、垂直于中视线时珠宝首饰垂直于地平面的状态，观者看到的是珠宝首饰正立面的效果；俯视图是指观者从上面俯视看到的珠宝首饰顶部的造型形态；侧视图是珠宝首饰侧面的形态。三视图目前在商

---

① 邵萍 . 珠宝首饰设计 · 手绘技法 [M]. 北京：人民美术出版社，2007：56.

② 王渊，罗理婷 . 珠宝首饰绘画表现技法 [M]. 上海：上海人民美术出版社，2009：7.

③ 王彩虹 . 思维导图 [M]. 北京：金盾出版社，2019：22.

业珠宝首饰设计中使用频繁，它可以帮助设计者准确地表达珠宝首饰的结构尺寸与形体空间关系。

在绘制三视图时，可以依照下面的两种方法进行：

（1）形体分析法。

形体分析法，是根据视图的投影关系分析珠宝首饰由哪几个部分组成、各组成部分由哪些基本几何体组成、各部分之间的位置关系及连接方式等内容。由于主视图能反映出珠宝首饰的结构特征，因而读图时一般都是从主视图着手进行分析的。

梵克雅宝首饰的三视图

（2）线面分析法。

线面分析法，是从主视图所形成的比较大的线框开始，采用线条分析的方法，分别找出与线条对应的投影图形，并分析整个线框的整体形状和空间位置。

二、珠宝首饰的绘制

珠宝首饰由不同材质构成，恰当地表现首饰材质非常重要，包括软硬、粗细、松紧、轻重等视觉特征的正确传达，也包括反射、折射等情况下材料的物理属性的表现。

（一）金属材质的绘制

金属材质有其固有的特点，按照素描关系来说，其亮面和暗面明度对比较大，高光比较鲜明。给金属上色要遵循“三大面五大调子”的原则。

金属材料表面光滑，因此反射光源和反射色彩均十分明显。镜面抛光的金属几乎能将周围的环境色或光源色全部反映出来。在绘制效果图时要根据这些特点，强调其明暗交界线，并把反光和高光进行夸张处理。[①] 由于金属材料大多坚实挺直，因此要求用笔果断、流畅，色彩视觉对比强烈。对于不同凹凸曲度的光滑金属，要注意光影的位置和走向。对于喷砂金属等具有肌理的金属，要注意用不同的笔触表达出金属的肌理感。

金属首饰的绘制（学生李新红）

（二）宝石的造型与光影表现

宝石有素面与刻面等之分。素面型宝石又称弧面型或凸面型，表面凸起，截面呈流线型，具有一定对称性的特点。刻面型又称翻面型、小面型，是外轮廓由若干组小平面围成

① 高旻洁 . 民间金属工艺在当代首饰设计教学中的应用 [J]. 艺术科技，2018，31（6）：14–15.

刻面宝石透视结构图及光影表现

的多面体型。① 此外，还有珠型、混合型、随型等加工款式。其中，透明的宝石往往切割成刻面，而不透明的宝石则切割成素面。刻面宝石又可以分为简单圆形、标准圆形、简单与标准水滴形以及橄榄形、方形、三角形等。

1. 常见刻面宝石透视结构图表现

根据不同的透视，从不同角度看同一颗刻面宝石，宝石呈现不同的形态，据此可以绘出几种刻面宝石的不同视角的结构图。

2. 常见刻面宝石光影表现

因为光线的存在，宝石才会形成一定的光影变化。当光线从一个方向射向宝石表面时，宝石便形成该光线条件下的刻面光影变化。

（三）镶嵌工艺的绘制

将宝石镶嵌在金属台座上有多种不同的镶嵌方法，常见的有爪镶、包镶、钉镶、轨道镶、混合镶等。镶嵌工艺的绘制，就是要绘制出宝石的镶爪或镶口。需要注意的是，绘制爪镶宝石的镶爪时，镶爪要与宝石产生一定面积的接触，要画出结构。以下是几种不同镶口的表现方法。

1. 爪镶

爪镶是历史悠久的一种镶嵌法，又名齿镶，是用金属爪的变形张力将宝石扣压住的方法。爪镶按照镶嵌的齿数可以分为双爪镶、三爪镶、四爪镶、六爪镶等，按照镶嵌爪齿的横截面形状可以分为三角形齿、椭圆形齿、方形齿等。

2. 包镶

包镶又称包边镶，是指用金属片围住宝石一圈，用镶口处的金属边将宝石四周挤紧包住的镶法。

手绘图（学生李新红）

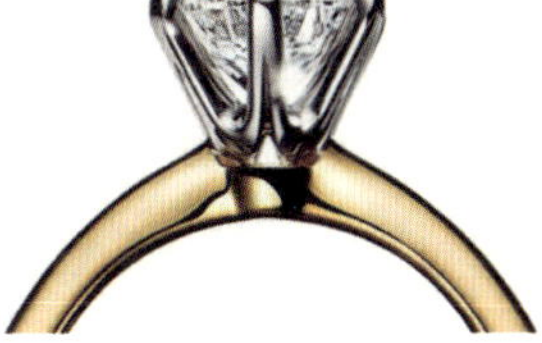

爪镶

包镶

① 王渊，罗理婷 . 珠宝首饰绘画表现技法 [M]. 上海：上海人民美术出版社，2009：8.

3. 钉镶

钉镶是利用贵金属的延展性，用铲针将金属铲起翻卷成圆球形小钉镶住宝石的一种镶法。

4. 轨道镶

轨道镶又称槽镶、壁镶等，是用镶口处的贵金属挤压卡住宝石的腰部，主要用于宝石群镶。

钉镶

轨道镶

除以上镶嵌工艺外，常见的镶嵌方法还有许多种，比如打孔镶、无边镶、缠绕镶等。

第五节 珠宝首饰绘图技法和设计说明

一、珠宝首饰绘图技法

（一）彩铅画法

彩铅画法即用彩色铅笔绘图。彩色铅笔是由具有高吸附、显色性的微粒颜料制成的，具有高透明度和高色彩度，在各种类型纸张上使用都能均匀着色且快速易表现，但颜色颗粒较粗，适合于绘制简易草图。[①]

彩铅绘图

（二）水彩画法

水彩画法，是用水调和颜料画在纸上，通过控制水分含量来控制色彩的一种方法。[②]水分是水彩画的生命与灵魂，

① 陈征，郭守国．珠宝首饰设计与鉴赏 [M]. 上海：学林出版社，2008：147.

② 刘海潮．水彩画的发展历程及艺术特点 [J]. 美与时代，2019（5）：35–36.

起着支配画面效果的主要作用。水分与颜料的比例、水分在纸上留下的痕迹都成为体现画面韵律形式的决定性要素。

水彩颜色具有纯净、清透、自然的特点。水彩画颜色的透明性、着重色彩技法和干湿技法的运用，使画面具有水乳交融的效果，显示出清新、风雅的格调，适合画正稿。水彩画的画法一般分为两种，即透明水彩画法和不透明水彩画法。[①] 透明水彩画法是用水来调和颜料，薄薄地涂画一层，使画面色彩呈现明亮、清透的效果。不透明水彩画法，除了用清水以外，还可以使用树胶，使画面呈现一种柔和的效果。

水彩绘图

（三）水粉画法

水粉画法，是用水调和含胶的粉质颜料来表现色彩的一种画法。水粉颜料纯度高，遮盖力强，便于修改。

水粉画既可以深入细致地进行写实描绘，又可以运用概括的装饰手法进行整体的表现；既可以用薄薄的一层颜料描绘，又可以厚涂表现质感；既可以和水彩画法一样表现简洁、清透、细腻的效果，又可以和油画画法一样表现厚重、质感的效果，适合作品的最终效果图绘制。

（四）使用色粉

色粉作为干性媒介的重要工具，其表现力丰富，常常和马克笔配合使用，以起到营造画面氛围的作用。使用色粉时，尽量使用纸质紧密、不易起毛的纸张，这样可以保证纸张能承受外力的作用。

使用色粉的方法是：用细网材料将色粉研磨成均匀粉粒，或者用刀片刮削成均匀粉粒，然后蘸取使用。上色时，可以用纸张配合进行简单遮挡，以控制色粉的涂抹区域。表现高光时，可以预先留出区域位置，也可用橡皮擦拭出空白区域。使用色粉时，可以进行混色，

① 王渊，罗理婷．珠宝首饰绘画表现技法 [M]. 上海：上海人民美术出版社，2009：27.

使色彩变化更为丰富。

（五）使用马克笔

马克笔分酒精、水性和油性三种，在各种类型纸张上使用都能均匀着色，颜色种类繁多，明快鲜艳，适用于效果图的快速表现技法。

（六）电脑辅助首饰设计表现技法

利用现代科学技术，运用电脑辅助性设计，是现代首饰设计的一大特征，同时也为首饰设计工作开辟了一个新的研究领域。①

通过电脑软件建模的首饰作品真实准确、修改灵活、存储方便，尤其是在设计过程中利用电脑数据库和人机交互的特点，可以真正实现作品三维立体化的展现，首饰设计作品的任何细节都可以得到展示和修改，首饰的材料、色彩、肌理、形态、尺寸等方面都可以作适时的改动②，减轻和改变了传统设计手工劳动的强度和方式，摆脱了手工描绘的复杂性和耗时性，使设计者有更多的精力投入首饰设计本身的思考中③。同时通过电脑软件进行绘制，可以得到逼真的渲染效果，所以绘图软件在首饰新产品推介、广告宣传以及参赛作品展示时得到了广泛的使用。目前，设计者常用的电脑辅助首饰设计软件有 JewelCAD、Rhinoceros 等。

Rhinoceros 绘图（魏凌宇）

二、珠宝首饰设计说明

珠宝首饰设计说明是与设计图相互对应、相互补充的文字说明，包括创意说明、材料说明、工艺说明和成本说明。

以“泉水”为主题设计的戒指为例，看看设计说明的写法。

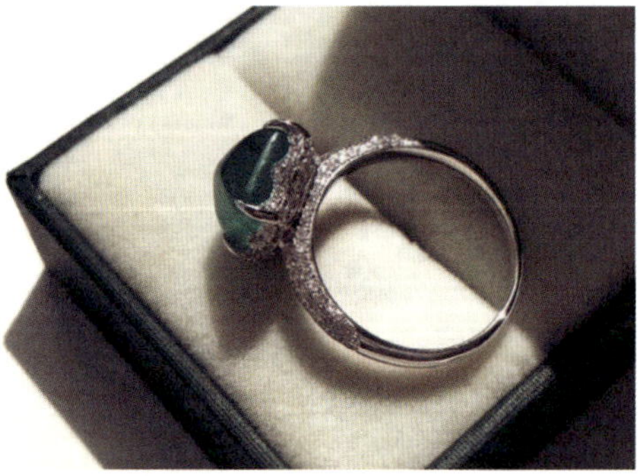

“泉水”主题的祖母绿戒指

（一）创意说明

以济南“泉城”为创作背景，泉水为创作

① 乔今 . 谈数字艺术的发展与装饰艺术设计 [J]. 时代经贸，2008（S5）：252–253.

② 张丽辉 . 首饰设计色彩表现技法课程教学分析 [J]. 流行色，2021（3）：121–122.

③ 吴颖露 . 信息时代的艺术设计 [J]. 职大学报，2008（3）：100.

因素，运用水滴的晶莹剔透表现泉水的灵动，采用祖母绿和钻石作为泉水的映射，设计制作一款戒指。

（二）材料说明

18K 白金，钻石（0.06ct/184 颗，0.03ct/34 颗），祖母绿。

（三）工艺说明

戒指由 18K 白金包镶祖母绿，起钉镶嵌钻石辅助衬托首饰的灵动感和现代感。

（四）成本说明

以 2024 年 12 月为例，净度为 VS 的 0.06ct 钻石价格约为 4 200 元 /ct，同等净度的 0.03ct 钻石价格约为 3 600 元 /ct，18K 金出货价格约为 543 元 /g。如果定制首饰做镶嵌，根据不同的款式再加入镶嵌的工费。

戒指成本 = 金价 + 工费 + 钻石价 + 祖母绿主石价。

本章小结

主要内容：本章以珠宝首饰设计构思与设计绘图表达为主要内容，由最初的设计素材的选取到设计元素的提炼，使设计者从客观物象上获得灵感，通过资料收集、素材提炼、思维导图绘制形成设计主题，根据设计主题进行珠宝首饰设计绘图和设计说明，从而将珠宝首饰设计的构思方法和基本规律进行呈现。

重点：掌握首饰设计基本方法与素材提炼、归纳和整理的方法。

难点：首饰设计图绘制和创意表达，镶嵌工艺与结构的设计表达。

任务模块

思考任务

1. 分析并简述首饰设计的构思方法。
2. 分析并简述首饰设计素材收集与提炼的方法。
3. 分析并简述基本绘图方法，列举主要的绘图工具。
4. 分析并简述首饰三视图绘制原理，并能够独立撰写首饰设计说明。

拓展任务

1. 绘制思维导图，绘制和临摹首饰设计三视图。

2. 根据首饰设计主题，绘制设计效果图，并在小组内探讨方案是否可行。

设计任务

1. 以“发现”为主题，进行首饰设计思维导图绘制。

2. 提取首饰设计元素，进行资料收集，绘制设计效果图。

3. 核算材料制作成本，撰写首饰设计说明。

章节资源

1. 邵萍 . 珠宝首饰设计 · 手绘技法 [M]. 北京：人民美术出版社，2007.

2. 任进 . 珠宝首饰设计基础 [M]. 武汉：中国地质大学出版社，2011.

3. 王彩虹 . 思维导图 [M]. 北京：金盾出版社，2019.

4. 东尼 · 博赞 . 思维导图 [M]. 北京：中国广播影视出版社，2022.

5. 王渊，罗理婷 . 珠宝首饰绘画表现技法 [M]. 上海：上海人民美术出版社，2009.

6. 任绘 . 首饰设计 [M]. 重庆：西南师范大学出版社，2004.

第三章　朴斫之材

Unpolished Materials

晋代葛洪在《抱朴子·博喻》中说："肤表或不可以论中，……公旦类朴斫之材。"这里的"朴斫之材"指的是加工治理而尚未成器之材。首饰制作所用的材料，往往是来自天然的贵金属、稀有贵重宝玉石和有机宝石。它们具有天然的纹理和色彩，是制作首饰的理想材料之一。在首饰制作过程中，金属材料和宝石的纹理、色泽和形状都会发生变化，使其更加适用于首饰的各种形式。所以了解材料的属性和特点，是首饰设计与制作不可或缺的一部分。本章将对首饰常用的金属材料、贵重宝玉石和有机宝石进行详细的介绍。

第一节　金碧辉映：金属之美

金属材料是天然的化学元素，以矿物的形式呈现。金属的物化性质和良好的耐久性，使它不论是在工艺材料还是在工业发展上都是最主要的素材。金属材料具有的色泽是其他材料所无法取代的，抛光后的金属能够彰显金碧辉映的效果，广泛应用于装饰品。除了多样的造型之外，贵金属首饰更是利用金属的表面处理技法，使金属色泽呈现出千变万化的风貌。

一、金属的分类

首饰制作中常用的金属材料主要包括三大类。

（一）贵金属

贵金属是指有色金属中密度大、产量少、价格昂贵的金属。

自然界中的贵金属种类稀少、矿物储存量少、价格高昂，常用于首饰制作的贵金属材料主要有金、银和铂族元素组成的高纯贵金属，以及适当添加其他金属制成的合金。铂族元素包括铂（Pt）、钯（Pd）、铑（Rh）、铱（Ir）、锇（Os）和钌（Ru）六种元素。[1]

贵金属材料拥有良好的耐腐蚀性，所以主要采用贵金属材料进行首饰制作。但由于纯的贵金属较软，无法镶嵌贵重的宝石，因而人们常常在贵金属中添加一定量的其他金属，使金属的硬度增强而适用于首饰的制作和镶嵌。[2]

黄金

银

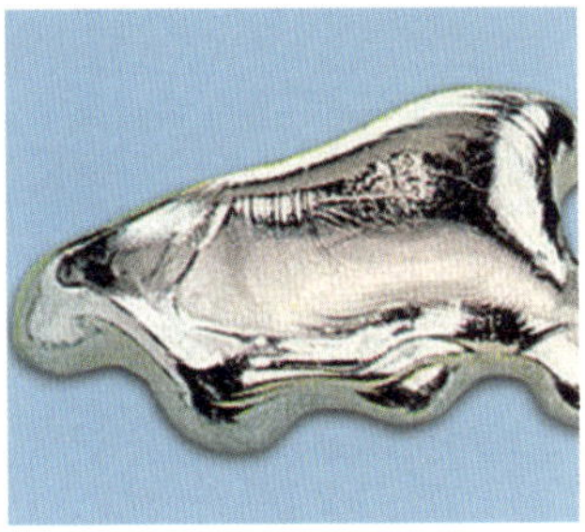
铂金

贵金属元素与一般金属元素相比，化学性质稳定，尤其是黄金和铂金不易氧化、不溶于强酸强碱。贵金属具有良好的延展性以及优良的机械加工性能，采用贵金属制作首饰，可以进行冲压、拉丝、焊接或者浇铸等多种首饰加工技术。

在贵金属材料中，金和银是最早被人们发现并利用的，而黄金的开采又早于白银。早在公元前 4000 年，埃及人就已经懂得如何采集黄金了。[3] 而黄金之所以被人类最早发现和利用，主要是因为黄金在岩矿中或者水沙中呈自然金的状态。铂的发现和利用较晚。1735 年西班牙人安东尼·乌略亚在平托河附近的金矿发现一块难以加工的金属，很像银，便取名为 Platinum（铂）。我国将铂族金属运用到首饰制作上，仅仅几十年的历史。

（二）非贵金属

非贵金属是指在国民经济和社会各方面使用量相对较多、使用范围较广的常用金属，一般包括铁、锰、铜、铝、铅、锌、锡等。[4] 这些金属常常按照一定的比例添加到贵金属中，制作贵金属的合金；或者以不同比例添加制作成各种合金，如铜合金；也可以直接用来制作首饰，如铜首饰、铁质材料首饰、铝质材料首饰等。为了改善外观、提高价值，用非贵金属制作的首饰表面往往电镀一层贵金属，用来防止氧化。

（三）高熔点金属

高熔点金属可以通过加热或者阳极氧化的方法使表面着色，例如钛、钽、锆、铌等。近些年很多艺术家用钛来制作艺术首饰。

---

① 赵丹绮，王意婷 . 玩金术 [M]. 上海：上海科学技术出版社，2018：192.

② 邹宁馨，伏永和，高伟 . 现代首饰工艺与设计 [M]. 北京：中国纺织出版社，2005：92.

③④ 徐植 . 贵金属材料与首饰制作 [M]. 上海：上海人民美术出版社，2009：192.

钛合金着色首饰（熊德昌）

二、金属的性质

（一）黄金

黄金是被人类最早发现和应用的贵金属，因为黄金在自然界中以自然金的状态存在并且不会氧化，具有金灿灿的光泽，所以容易被发掘。黄金不仅是社会和个人财富的象征，也是国家财政储备、世界贸易的流通货币。

黄金大都在岩矿中开采出来，或从水沙中淘洗出来。金的元素符号为 Au，熔点为 1 063℃，沸点为 2 970℃，密度为 19.32 克 / 立方厘米，莫氏硬度为 2.5。纯金呈金黄色，有着强烈的金属光泽。金性质软而不易被折断，具有良好的延展性；由于柔软很容易被锻造和轧制，能拉制出很细的金丝和压制成很薄的金箔。我国在商代就已经掌握了黄金的淘洗加工制作技术，认识到了金的延展性，出现了冶炼、锤揲、镂空等工艺技术，可以加工出 0.01 毫米厚的金箔。

戴金面罩青铜人头像（商代）

黄金料

黄金的熔点很高，不易氧化，抗酸碱、耐腐蚀，在大气和水中化学性能非常稳定，在高温下与氧气不直接产生化学反应。黄金不溶于硫酸、硝酸和盐酸，但是黄金能轻易地被王水（盐酸和硝酸 3∶1 的混合剂）溶解。由于纯金性质过软，不能直接使用，因而要根据需要加以配制，增加其硬度，改变其性质，使其变成不同配比硬度的金，才能制作不同的工艺品。根据配比不同分足金和 K 金。俗语“真金不怕火炼”，指的是温度在 1 000℃～1 300℃的范围。不管温度多高，黄金熔化后都不会发生损耗。金的硬度很低，所以 1 克的金可以拉成 320 米长的金丝。

为统一黄金纯度的标准，我国参照国际标准制定了国家标准《首饰　贵金属纯度的规定及命名方法》（GB11887–2012），明确规定贵金属含量大于 990‰ 的首饰必须被标注为足金。[①] K 金一词来自英文“karat gold”。纯金在理论上含金量为 100%，以 24K 表示。国际惯用的 K 金含量的计算公式为 100 除以 24 即 4.166。目前市场上流通的、主要用来制作黄金饰品的 K 金有 9K 金、14K 金、18K 金、22K 金、足金。[②] 目前市场上流通的 K 金中含金的比例与熔点参见下表。

K 金中含金的比例与熔点

名称	含金比例	熔点（℃）
24K 纯金	1.000	1 063
18K 白色	0.750	943
18K 黄色	0.750	927
14K 黄色	0.583	996
14K 白色	0.583	879
9K 黄色	0.375	786

自然界中，常见的自然金的成色一般在 86% ～ 92%，沙金的成色往往高于岩金。只有通过提炼才能提高金的含量。但是无论怎么提炼，金的含量都难以达到 100%，通常达到 99.99% 就算高纯度了，也即俗称的足金。市场上的金质首饰上都压有印记，表明生产厂家、材质和成色。

使用黄金材料的首饰制品，常用 24K 金和 18K 金制作。过硬的材料不便于首饰制作，无法拉丝；过软的材料不利于镶嵌造型。在黄金饰品的款式和造型设计中，必须考虑成型工艺和制作技法。黄金饰品的加工，在继承传统手工技艺的基础上，更多地依靠先进的机械自动化设备以及加工制作工艺，主要的制作工艺有花丝工艺、镶嵌工艺、失蜡铸造工艺和电铸工艺等。

---

① 张晓燕 . 首饰艺术设计 [M]. 北京：中国纺织出版社，2010：47.

② 邹宁馨，伏永和，高伟 . 现代首饰工艺与设计 [M]. 北京：中国纺织出版社，2005：8.

（二）铂族金属

铂族金属包括铂（Pt）、钯（Pd）、铑（Rh）、铱（Ir）、锇（Os）和钌（Ru）六种元素，而常用于制作首饰的铂族金属只有铂、钯、铑和少量的铱。铂是一种非常稀少的贵金属，具有稀少、纯净、坚韧三大特性。它的强度是金的两倍，其韧性更胜于一般的贵金属。它的价值比黄金还要昂贵，具有银白色夺目的金属光泽，故又被称为铂金。铂和铂族金属可以制成合金，提高硬度，以便得到更佳的工艺性能。①

铂的熔点为 1 772℃，沸点为 3 827℃，化学符号为 Pt，莫氏硬度为 4.5，密度为 21.45 克 / 立方厘米；延展性好，可以拉成直径为 0.001 毫米的细丝，还能压成 0.127 微米的薄片；具有高温抗腐蚀性和高温抗氧化性。

纯铂较软，硬度低、强度差，可以通过向铂内加入铑、钯、铱或者钴等元素增加硬度，制作镶嵌类首饰。目前市场上采用铂含量 85%、90% 和 95% 的铂合金，对应为 Pt850、Pt900 、Pt950。铂铱合金是由含铂 90% 和含铱 10% 的合金组成，因其具有黏度低、流动性好的特点，所以能够在浇铸过程中制作出十分精细的铸件。同时，铂铱合金的光泽度高、抛光效果好，是铂合金首饰制作的首选。铂钴合金抛光后有微蓝色调，特别适合钻石的镶嵌。铂钴合金的熔点比铂铱合金、铂钌合金更低，其浇铸温度也就低些，收缩率较小。

纯铂是一种带有光泽、具有可延展性的银白色金属。它的可延展性是所有纯金属中最高的，胜过金、银和铜，但其可锻铸性却比金低。铂在高温下非常稳定，抗腐蚀性极强。铂不可溶于氢氯酸和硝酸，但会在热王水中溶解，形成氯铂酸。

由于铂金为银白色，且中文“铂”又是由“金”与“白”两个字组合，因此人们常将“铂”称为“白金”。为了避免引起市场上贵金属首饰命名的混乱，“铂金”专指金属元素铂或以铂为主要原料的铂合金材料；“白金”狭义上指白色 K 黄金，广义上指具有白颜色的一切贵金属，如贵金属中的锇、铱、钌、铑、铂、钯、银等。

铂族金属中的铂、钯及其合金被广泛应用于珠宝首饰的制作。因为它们的产量较多，在空气中具有较高的抗氧化性、抗腐蚀性，抛光后能产生高反射性光泽，并具有良好的强度，故可用于镶嵌宝石。

钯的密度为 12.02 克 / 立方厘米，熔点为 1 554℃，沸点为 2 970℃。钯金是近年才兴起的贵金属，它是 1803 年由英国化学家威廉·武拉斯顿在分离铂金时发现的。它与铂金的性能相似，常态下在空气中不易氧化和失去光泽，是一种非常昂贵的贵金属资源。② 钯的价格比铂低，加入一些钌可以增强硬度。钯金的比重比白金、黄金低，因此制作尺寸较大的首饰时可以获得较轻的重量。钯是铂族元素中抗腐蚀性最弱的，硝酸和热硫酸能够溶解钯。钯金常用作汽车、电子工艺和牙科用料等。在市场上常见用 K 金和铂、钯的合金

① 陈征，郭守国 . 珠宝首饰设计与鉴赏 [M]. 上海：学林出版社，2008：50–51.

② 张晓燕 . 首饰艺术设计 [M]. 北京：中国纺织出版社，2010：47.

制作的首饰。

铑的密度为12.44克/立方厘米，熔点为1 960℃，沸点为3 700℃，莫氏硬度为4～4.5。铑是铂族中色泽最白、反射性能最好、抗氧化性最佳的金属，通常用于银或其他金属的电镀，用于合金的制造。

（三）银

在贵金属中，银有较多的矿物储藏量和生产量。人们用银制作各种装饰物、工艺品和日用器皿。战国时期的工匠发明了冶炼白银的制作工艺。北京故宫博物院收藏了一件迄今为止发现最早的银器之一——楚王银匜。战国时期，金、银已被大量地用来做实用器皿，为后来金银细金工艺形成独立的体系奠定了必要的基础。唐宋时期银锭已经成为贸易中的货币，并开始在市场上流通。清朝光绪年间铸造出的第一批银币流通到20世纪初期。

楚王银匜（战国）

纯银几乎是纯白色的，质地柔软，延展性强，可压轧成薄片、拉成细丝。银的表面经抛光会显现柔美的银白光泽，是细金工艺优良的原材料。银的元素符号为Ag，纯银的熔点为961.78℃，沸点为2 210℃，密度为10.5克/立方厘米，莫氏硬度为2.5。银在干温空气或氧气中不起氧化反应，但在含硫的潮湿环境中，与空气中的硫化氢起反应，会生成黑色的硫化银，即银的表面氧化变黑，对碱性物质抵抗力很强，但却极易溶于硝酸和硫酸。所以，有很多银饰品制作完成后表面会再镀一层金，防止氧化并增加美观。

银的成色以含银量区分，最纯含银量为99.99%。国际标准规定，含银量达到92.5%即为标准银。银的标记符号为“S”，它是“silver”的首字母，所以S925表示的就是含银量达到92.5%的标准银。首饰制作中，根据产品不同的部位工艺需要决定使用不同含银量的银。银的纯度越高，质地就越软，例如含银量99%的银适合做实心的首饰。相反，银的纯度越低，质地就越硬，弹性越大，例如含银量92.5%的银适合镶嵌和造型。为了增强银的硬度，一般通过掺入数量不等的铜进行调整。调整后的银合金既有一定硬度，又有一定韧性，适合镶嵌首饰的制作。

银合金通常以百分数表示，例如常说的“80银”表示含银的成色为80%。80%的银硬度高，不易变形，适合制作领夹、餐具、茶具以及扣、弹簧等首饰配件。92.5%的银既有一定的硬度，又有一定的韧性，适合制作戒指、别针、项链、手镯等镶嵌类首饰。99.99%的银质地柔软，易于拉成细丝或者捶打成

银料

很薄的银箔，适合花丝镶嵌首饰的制作。

为了防止银变色，可以在银首饰表面镀铑或镀金。银镀铑效果最好，可以使首饰表面色泽明亮；而且铑镀层坚硬耐磨，可以抵抗酸碱的腐蚀。

（四）铜

纯铜的颜色呈微紫红色，因此我国的有色金属行业把它的专业名称定为紫铜，也称红铜。铜的表面常常电镀或者涂上油漆，目的是起保护作用。这是因为铜的物理特性不稳定，容易氧化变暗而失去光泽。铜的元素符号为 Cu，熔点为 1 083℃，沸点为 2 595℃ ，密度为 8.9 克 / 立方厘米。铜的合金有青铜和黄铜等。铜是一种矿物储藏量较多的有色金属。

紫铜的延展性好于 925 银、黄铜、青铜和镍银，利于做成各种造型。铜烧红后容易锻打，但铸造效果差。铜能抵御海水侵蚀和大气腐蚀。铜烧红后浸入冷水或者自然冷却都不会使其变硬，要使铜变硬必须通过辗压或者捶打、锻打、拔丝等。

紫铜板

紫铜

黄铜是铜和锌的合金，它的熔点为 950℃。黄铜的延展性比纯铜差，但是具有硬度高、抗冲击力强、容易切割和加工等优点。大部分黄铜烧红后都经不起锻打，一锤就裂，但是能够铸造和焊接，相对紫铜而言，氧化较慢。黄铜是工艺品生产中常用的金属材料，常以字母 H 表示，例如 H68 表示合金中铜的含量为 68%。人们常常在黄铜饰物上电镀一层黄金以提高它的装饰性和化学稳定性，这种方法常用于高档装饰品或者纪念币等。黄铜经过细致的抛光打磨，颜色亮丽，常用于制作灯具、花瓶、盘子和器皿等。

错金银马首形铜辕饰（战国）

青铜是铜和锡的合金，常用字母 Q 表示，它的熔点为 995℃，主要用于铸造钱币和青铜雕像。

白铜是含有镍的铜合金，常用字母 B 表示，呈现银白色光泽。

（五）其他金属

1. 镍银

镍银也称为德国银，是铜、锌、镍按照一定比例的合金，并不含银。镍银的比例为铜 65%、锌 17%、镍 18%。由于镍银具有不易氧化的特点，常常被用于制作餐具。有些不良商家常将镍银制品仿冒成白银制品。镍银表面常镀白银，合金熔点为 1 110℃。由于镍银的熔点高，在首饰中常用于镶嵌爪的制作。

2. 铝

铝呈银白色，元素符号为 Al，质地轻，熔点低，易导电导热，耐氧化，延展性强，便于铸造和焊接。铝的密度为 2.7 克 / 立方厘米，熔点为 660.4℃，沸点为 2 467℃。铝和铝的合金都得到了非常广泛的应用，这是由于它们具备良好的物理性质。铝是储量最丰富的金属。1825 年丹麦化学家奥斯特首次运用化学方法分解出铝。铝通过染色可以呈现丰富的颜色，在国外许多设计师的作品中，都可以看到染色后的铝和其他首饰材料结合的首饰作品。铝的切削加工性能差。铝锰或铝镁合金耐腐蚀性强，抛光性能好，强度高，可塑性强，易于焊接，并可以长期保持光亮的表面，因而受到许多设计师的喜爱。

3. 钛

钛是银灰色金属，其密度为 4.506 克 / 立方厘米，熔点为 1 668℃，硬度高，强度高于铝和铁，可塑性好，化学性质活泼。[①] 钛在海水和海洋气候中抗腐蚀性能好，在接触人体皮肤分泌的汗液时不易腐蚀变色。钛金属外观跟钢很相似，具有银灰色的光泽。在过去一段时间内，人们一直认为它是一种稀有金属，但钛并不是稀有金属，钛的储量是铜、镍、铅、锌的总量的 16 倍，在金属世界里排行第七。含钛的矿物多达 70 多种。[②] 钛的抗腐蚀性很强，高纯度钛具有良好的可塑性，但有杂质存在时会变得脆而硬。[③]

第二节　绚丽夺目：宝石之美

宝石的美丽往往让人惊叹，它们以其独特的色彩和光泽闪耀着绚丽夺目的光芒。宝石

---

① 赵丹绮，王意婷 . 玩金术 [M]. 上海：上海科学技术出版社，2018：200.

②③ 李圣船 . 新应用吹响钛业强国集结号 [J]. 中国金属通报，2014（15）：10–11.

的色彩丰富多样，从红宝石的鲜艳红色到蓝宝石的深蓝色再到翡翠的浓郁绿色，每一种宝石都有其独特的色调和魅力，每一种宝石都展现着不同的美感。它们的色彩可以让人联想到大自然的美丽景色，让人心生向往。宝石的光泽也是其绚丽夺目的一大特点。当光线穿过宝石时所产生的折射效果，使宝石看起来更加明亮、生动，也使其华丽夺目。此外，精细的切割可以使宝石散发出更多的光芒，增加其闪耀度。宝石之美真正令人惊叹的是其色彩的鲜艳和多样性，光泽的独特和夺目，以及精细的切割所带来的闪耀光芒。无论是将宝石首饰佩戴在身上，还是观赏宝石的美丽，都能让人陶醉其中，感受到宝石带来的独特魅力。接下来让我们了解宝石的概念、种类及性质，欣赏珠宝玉石绚丽夺目的美。

一、珠宝玉石的概念

珠宝玉石泛指一切经过琢磨、雕刻后可以成为首饰或工艺品的材料，是对天然珠宝玉石和人工宝石的统称，简称宝石。天然珠宝玉石包含天然宝石、天然玉石和天然有机宝石，人工宝石包含合成宝石、人造宝石、拼合宝石和再造宝石。①

传统观念上，宝石仅指上述概念中的天然珠宝玉石，即指自然界产出的，具有色彩瑰丽、晶莹剔透、坚硬耐久的特点，并且稀少及可琢磨、雕刻成首饰和工艺品的矿物、岩石和有机材料。天然珠宝玉石是目前珠宝玉石行业的主流产品。② 人工宝石主要用于制作时尚类型首饰、工艺品、服饰、装饰用品以及钟表等。

宝石是一种从地球上几千种天然矿物中优选出来、储量稀少、色彩美观的矿物，是金银等工艺制作原料的重要组成部分。宝石质地坚硬、致密，难以加工；色泽晶莹温润，色彩艳丽，价格昂贵。宝石的运用在首饰花丝工艺中很常见，大部分采用素面宝石，比如红蓝宝石、祖母绿、琥珀等。几乎所有的镶嵌产品都离不开宝石。

二、珠宝玉石的分类

每一种宝石都有其特定的生成条件、化学成分和内部结构，这就决定了其特有的形态特征及物理化学性质。同时，一些宝石在成因、化学成分或内部结构上又有着某些相似之处，即具有共性。因此，宝石分类的任务就是要用科学的方法揭示和表达这种共性和个性，把本质上相同、内在规律一致的一组宝石规划在一起。③

我国珠宝玉石行业的国家标准对珠宝玉石给出了明确的定义和分类，分类的原则如下：

（1）宝石的生成条件类型，即以天然生成条件或人工制造为依据将宝石分为两大类，

---

① 张蓓莉．系统宝石学 [M]. 北京：地质出版社，2006：6.

② 同① 1.

③ 袁孟，邓宏兵，吴婷婷．中国珠宝产业发展态势研究 [J]. 宝石和宝石学杂志，2015，17（6）：51–56.

然后再根据宝石的组成和性质进一步划分。

（2）考虑国际通用性、习惯性，尽量采用目前国际上普遍使用的、趋于统一的分类原则进行分类。

（3）突出我国以玉石为特色的传统珠宝玉石品种。

根据以上三个原则，可对我国珠宝玉石进行具体分类，如下图所示。

- 珠宝玉石（宝石）
  - 天然珠宝玉石
    - 天然宝石
    - 天然玉石
    - 天然有机宝石
  - 人工宝石
    - 合成宝石
    - 人造玉石
    - 拼合宝石
    - 再造宝石

珠宝玉石的分类

天然珠宝玉石是指由自然界产出，具有美观、耐久、稀少性，可加工成装饰品的矿物单晶体或双晶体。[①]天然珠宝玉石按照组成和生成条件可分为天然宝石、天然玉石和天然有机宝石。单晶质宝石又可分为高档宝石和中低档宝石。高档宝石包括钻石、红宝石、蓝宝石、祖母绿、猫眼石等。中低档宝石有碧玺、托帕石、石榴石、紫晶、黄晶、橄榄石等。[②]首饰中常用的多晶质玉石有翡翠、软玉、欧泊、青金石、绿松石等。

钻石

红宝石

蓝宝石

祖母绿

猫眼石

① 珠宝玉石命名国家标准 [J]. 西部资源，2013（4）：75–77.

② 王蓓 . 珠宝玉石分类与命名 [J]. 浙江国土资源，2004（12）：54–55.

翡翠

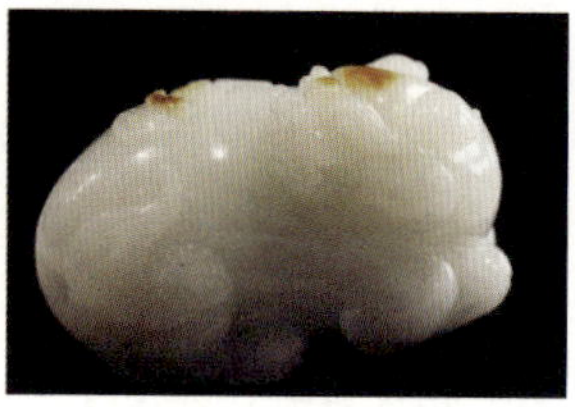
软玉

欧泊

青金石

绿松石

天然有机宝石，指由自然界生物生成，部分或全部由有机物质组成，可用于首饰及装饰品的材料，如珍珠、珊瑚、琥珀、象牙、玳瑁、煤精等。①

珍珠

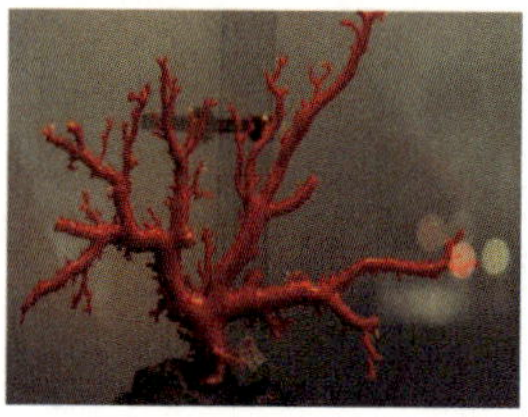
珊瑚

琥珀

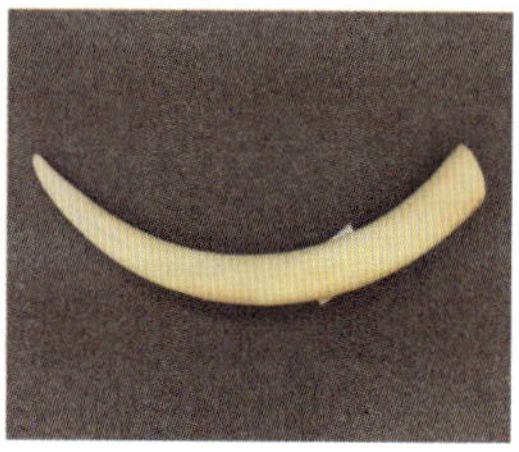
象牙

玳瑁制品

煤精

三、珠宝玉石的性质

自然界中发现的矿物岩虽已超过 3 000 种，但可做宝石原料的仅 200 多种，属于中高档宝石的仅 20 多种。矿物岩必须具备一定的条件才能够成为宝石，即要具有颜色上乘、耐久性和稀有性三个特征。②

① 滕玲 . 有机宝石：生命的另一种升华 [J]. 地球，2016，244（8）：26–28.

② 马静，邓宏兵 . 湖北省珠宝产业发展战略构想 [J]. 宝石和宝石学杂志，2015，17（4）：48–54.

（一）颜色上乘

1. 美丽

宝石可以分为彩色宝石和无色宝石。彩色宝石颜色艳丽、纯正且均匀。对于无色宝石和白色钻石，颜色不是评价的主要因素。[①] 常见的红色宝石有红宝石、红色尖晶石、石榴石；常见的蓝色宝石有蓝宝石、蓝色尖晶石、托帕石、海蓝宝等；常见的绿色宝石有祖母绿、沙弗莱；常见的黄绿色宝石有橄榄石、金绿宝石等。

碧玺

橄榄石

黄晶

石榴石

托帕石

紫晶

2. 透明度和纯净度

宝石应具有良好的透明度和纯净度。彩色宝石虽然不能达到清澈透明，但是较高的透明度会提高宝石的总体质量。而无色宝石的透明度和纯净度是构成宝石颜色上乘的重要因素，如无色水晶等。[②]

3. 光泽

光泽是宝石表面反光的一种视觉效应，它为宝石增添了灵气。无色的钻石之所以被称为“宝石之王”，很重要的一个因素是它具有极强的光泽，在阳光下光芒四射，给人以光彩夺目、灿烂辉煌的感觉。

4. 特殊的光学效应

有些宝石不以颜色为品质判断的主要因素，但具有特殊的光学效应，如星光效应、猫眼效应、变彩效应。这些特殊的光学效应为宝石增添了独特的魅力。[③]

---

① 张蓓莉 . 系统宝石学 [M]. 北京：地质出版社，2006：60.

② 同① 52.

③ 张晓燕 . 首饰艺术设计 [M]. 北京：中国纺织出版社，2010：53.

（二）耐久性

宝石不仅需要美丽，而且需要经久不变，具有一定的硬度和化学稳定性等。宝石的耐久性是由其稳定的物理化学性质所决定的，但这一条件对有些宝石可适当放宽，如天然有机宝石。[①]

（三）稀有性

宝石以产出稀少而名贵。这种稀有性包括品种上的稀有和质量上的稀有。因品种稀有而影响价格的例子比如粉钻，粉钻产量只占钻石总产量的 0.001%。

作为宝石，并不一定在颜色、耐久和稀有方面都是最佳，往往一两个方面突出就可以视为宝石，只不过在价值上有所差异。例如琥珀，虽然硬度不是很高（莫氏硬度为 2 ～ 3）、耐久和抗磨损强度不大，但它们仍以蕴含其中的文化背景和特殊的蜜黄、棕红颜色以及特殊的包体吸引着人们，成为首饰制作的常用宝石。[②] 又例如某些具有星光效应的素面红蓝宝石，因为特殊的光学效应而成为首饰工艺制作的首选材料。

第三节　色彩瑰丽：贵重宝石

色彩瑰丽往往形容宝石的绚丽多彩，它们具有鲜艳、明亮、透明度高的特点。这种色彩通常包括多种明亮的色调，如红、黄、蓝、绿、紫等。当这些色彩呈现在首饰上时，会给人们带来愉悦和欢乐，让人们感受到宝石的活力与美丽。

钻石

一、钻石

钻石的英文名称是 diamond，被称为“宝石之王”，是世界上公认的最珍贵的宝石，也是最受人喜爱的宝石之一。钻石是四月的生辰石，也是结婚 60 周年的纪念石。[③] 钻石很早以来就在各个文明中被人们熟悉和认知，约公元前 800 年在印度最先被发现，直到 18 世纪，印度一直是钻石的唯一产地。

① 李晓静 . 常见宝石的近红外光谱研究 [D]. 昆明：昆明理工大学，2016.

② 郝爽 . 珠宝玉石质量检验师的修炼之路 [J]. 艺术市场，2014（18）：14.

③ 张蓓莉 . 系统宝石学 [M]. 北京：地质出版社，2006：131.

（一）钻石的化学成分和分级体系

1. 化学成分

钻石是一种结晶矿物，主要由化学元素碳构成。钻石的矿物名称是金刚石，在矿物学上属于金刚石族。钻石中的碳（C），其质量分数可达 99.95%，微量元素有 N、B、H、Si、Ca、Mg、Mn、Ti、Cr、S，惰性气体及稀土稀有元素达 50 多种。这些微量元素决定了钻石的类型、颜色及物理性质。[①] 一颗完美钻石的晶格是由碳原子以共价键形成的立体网状结构构成，其中每个碳原子都与四个其他碳原子通过共价键相连，形成正四面体结构。

2. 分级体系

钻石的品质分级简称 4C，这四个参数集合了成品钻石的所有特征和性质。有了 4C，钻石就有了一个独特的身份数据，因为世界上没有两颗钻石的 4C 是完全相同的。

第一个 C 代表克拉重量。钻石的重量以克拉（carat）来表示，1 克拉等于 0.2 克。用于表示钻石重量的克拉与表示金属纯度的开（karat）是没有关系的。

第二个 C 代表净度。钻石的净度由其内外部特征决定。最好品质的钻石在十倍放大镜下观察要求"镜下无瑕"，在钻石的表面和内部不能发现包裹体。[②]

第三个 C 代表颜色。钻石的颜色是指钻石存在一定的颜色或者颜色的缺失。高品质的钻石为无色或者微黄。钻石也可能出现稀少的红色、蓝色和粉色。

第四个 C 代表切工。从钻石的亮度来说，切工是非常重要的。切工由比例、对称性和抛光构成。比例好的钻石亮度和火彩强。切工的比例不好，钻石就会看起来暗淡无光。比例的评价只针对圆形明亮式切工的钻石，其他琢型没有评价的国际标准。

（二）钻石的光学性质

1. 颜色

粉色钻石

按照钻石呈现的颜色，可以将其分为两大类：无色 – 浅黄（褐、灰）色系列和彩色系列。无色 – 浅黄（褐、灰）色系列包括近无色到浅黄、浅褐、浅灰色。彩色系列包括黄色、褐色、红色、粉红色、蓝色、绿色、紫罗兰色、黑色等。大多数彩色钻石颜色发暗，强 – 中等饱和度的颜色艳丽的彩钻极为罕见。[③] 彩钻的形成有两种原因：一是由于微量元素 N、B 和 H 原子进入钻石的晶体结构之中而产生颜色；二是晶体塑性变形而产生位错、缺陷，对某些光

① 张庆麟 . 我国的百克拉大钻石 [J]. 中国宝玉石，2006（4）: 50.

② 张晓燕 . 首饰艺术设计 [M]. 北京：中国纺织出版社，2010：59.

③ 杭东 . 彩色钻石的奥秘 [J]. 超硬材料工程，2013（2）: 63–64.

能吸收而使钻石呈现颜色。①

2. 光泽和透明度

钻石具有金刚光泽，金刚光泽是天然无色透明矿物中最强的光泽。在观察钻石光泽时要选择强度适中的光源，钻石表面要尽可能平滑。当钻石表面有熔蚀及风化特征时，钻石光泽将受到影响而显得黯淡。

纯净的钻石应该是透明的，但由于矿物包体、裂隙的存在，钻石可呈现半透明甚至不透明。②

3. 折射率及色散

钻石的折射率为 2.417，是天然无色透明矿物中折射率最高的矿物。所以抛光良好的钻石具有很强的光泽和亮度。钻石的色散值为 0.044，也是所有天然无色透明宝石中色散值最大的矿物。强的“火彩”为钻石增添了无穷的魅力，同时也是肉眼鉴定钻石的重要依据之一。③

二、红蓝宝石

红蓝宝石因美观、耐久、稀少而成为世界上五大名贵宝石之一。红宝石、蓝宝石同属于刚玉矿物的宝石品种，它们是世界上公认的两大珍贵彩色宝石品种。红宝石的英文为“ruby”，是七月的生辰石。红宝石的红色使人们把它和爱情联系在一起，被誉为“爱情之石”，象征着爱情的美好、永恒和坚贞。蓝宝石的英文名称是“sapphire”，它被看作忠诚和德高望重的象征。④

（一）红宝石

红宝石是由于晶体中含有铬而具有鲜艳的红色或玫瑰红色，红色深浅和铬的含量有关。其折射率为 1.762 ～ 1.770，硬度是 9，仅次于钻石。红宝石的红色色调变化甚多，只有中等深浅红色到暗红色至紫红色的透明刚玉才被称为“红宝石”。红宝石有粉红、鲜红、紫红、暗红色等颜色。红宝石具有明显的多色性，即使是一颗红宝石，在不同的方向观察时，其颜色也有变化。在天然阳光的直射下，光束中的紫外线能激发出明显的荧光效应，使红宝石的色调变得更鲜艳动人。

红宝石的颜色以色彩鲜红且均匀为佳。缅甸所产的颜色纯正的红宝石叫作“鸽血红”，是一种颜色饱和度较高的纯正的红宝石。高档的缅甸红宝石有两个特点：一是颜色的透明度高并具有纯正的红色荧光；二是内部因含有大量的丝状金红石晶体，使入射光线可以散

---

① 张蓓莉 . 系统宝石学 [M]. 北京：地质出版社，2006：134.

② 张庆麟 . 我国的百克拉大钻石 [J]. 中国宝玉石，2006（4）：50.

③ 同①.

④ 唐左军 . 红、蓝宝石的评价 [J]. 艺术品，2015（3）：82–85.

射到宝石表面，赋予宝石更加柔和的颜色。这是其他产地的红宝石所少见的。[①]实际上缅甸也出产一些暗色和浅色的红宝石。红宝石的产地有缅甸、阿富汗、澳大利亚、泰国、柬埔寨、斯里兰卡等。在中国安徽、青海、黑龙江、云南等地也发现了红宝石。

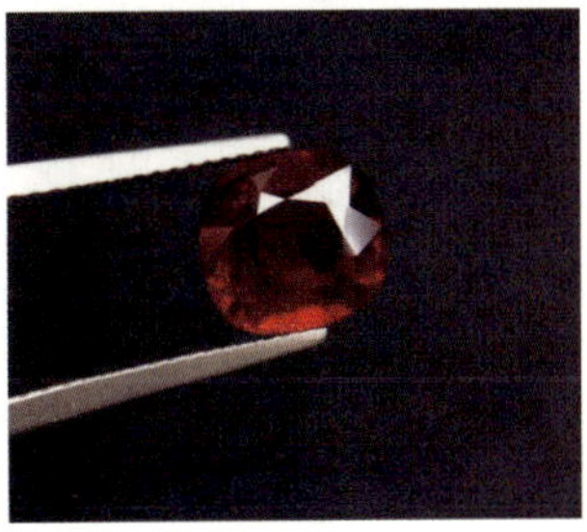

红宝石

挑选红宝石主要从克拉大小、颜色、火彩、裂纹等几个方面考虑。火彩是指宝石在光源照射下轻轻转动时内部可见很多红色晶体闪烁。高质量的红宝石要求火彩要占据整个冠部的 55% 以上，对于星光红宝石，要从星线的明亮度、平直度以及是否汇于宝石中心点上去辨别。

（二）蓝宝石

蓝宝石常指蓝色的刚玉，蓝色是由于含微量元素钛和铁所致。从矿物学角度来说，蓝宝石和红宝石都属于刚玉家族，它们都是三氧化二铝三方晶系的结晶体，在它们的晶格中混入了不同的微量元素。[②]在微量元素的影响下，蓝宝石的蓝色会有不同的变化，如淡蓝、灰蓝、绿蓝、暗蓝、黑蓝等。其中以矢车菊蓝和皇家蓝为最佳，其次是中等深度的纯蓝色。克什米尔地区出产的紫蓝色刚玉称得上是世界上最优质的蓝宝石。这种紫蓝色呈不太透明的天鹅绒状，俗称矢车菊蓝。蓝宝石产地主要有缅甸、中国、泰国、斯里兰卡、柬埔寨、印度、澳大利亚、马达加斯加、美国等。

矢车菊蓝宝石

皇家蓝蓝宝石

挑选蓝宝石时主要从颜色、净度、切工三个方面考虑：（1）颜色要均匀。颜色首选纯正的蓝色，其次为紫蓝、黑蓝、绿蓝。由于蓝宝石大多有平直的色带，挑选时尽量挑色带不明显的蓝宝石。（2）净度要高，色体尽量少，最好没有裂纹。（3）切工要对称。对于星光蓝宝石，要星线清晰、不断线、粗细均匀。

自然界中蕴藏的宝石经过多年的开采，到今天已经所剩不多了。而现在开采出的宝

① 张蓓莉 . 系统宝石学 [M]. 北京：地质出版社，2006：198.

② 张晓燕 . 首饰艺术设计 [M]. 北京：中国纺织出版社，2010：64.

石，绝大多数色泽都不太理想。根据国际珠宝界的统计，今天市面上的红宝石 90% 都进行过高温热处理，而蓝宝石有 98% 都进行过高温热处理，因而色调和透明度都得到了改善。需要注意的是，运用高温热处理法因没有向刚玉中加入任何外来的物质，所以这种改色后的刚玉依然属于天然红宝石或天然蓝宝石。

至于对刚玉的其他改色方法，如高温扩散法、铍深层次扩散法和镀膜法等，因为在处理过程中向刚玉中加入了外来的物质，故珠宝界将此类产品称为非天然刚玉，其价值要比天然的低很多。

三、祖母绿

祖母绿是绿柱石家族中最漂亮的成员，因颜色浓绿清翠、色彩稳定，被称为“绿色宝石之王”，是国际珠宝界公认的名贵宝石之一。因其具有特别的绿色和独特的魅力以及神奇的传说，故深受人们的青睐。

祖母绿因含有“铬”或“钒”等元素的致色剂，呈现浓绿又柔和的色彩。在众多的宝石中，只有天然的祖母绿晶体中含有千变万化的内含物，因此业界称它是祖母绿的“空中花园”。也正是“花园”中的众多内含物使得祖母绿的身价倍增，因“花园”中的特殊内含物可证实它是天然的。其生长年龄是以天文数字来计算的。祖母绿的主要产地有哥伦比亚、俄罗斯、巴西、赞比亚、印度、南非、津巴布韦等。目前国际市场上最常见的祖母绿来自三个产地：哥伦比亚、巴西和赞比亚。中国的云南和新疆也发现了祖母绿。[①]

祖母绿

因为珍贵和稀有，祖母绿与钻石、红宝石、蓝宝石并称为世界四大珍贵宝石。祖母绿青翠悦目，是五月的生辰石，它的颜色代表着春天的来临。据考证，“祖母绿”这一名词最初来自古波斯语“zumurud”，原意为绿色之石。后来这个词传入我国，元末明初文学家陶宗仪在所著的《南村辍耕录》中曾将其译为“助木剌”，后来逐渐演化为“子母绿”和“祖母绿”。[②]

祖母绿的矿物名称是绿柱石，是一种铍铝硅酸盐。祖母绿之所以呈现美丽的翠绿色，与微量的铬和钒有关，尤其是铬起到了十分关键的作用。微量元素含量的差异使得祖母绿呈现黄绿、蓝绿、褐绿、暗绿等不尽相同的绿色，其中以碧绿清澈者最为名贵。祖母绿具有一定的脆性，常常有大小不等的各种裂隙，因此常用无色油和树脂浸注以改善其净度。

---

①② 张晓燕 . 首饰艺术设计 [M]. 北京：中国纺织出版社，2010：66.

第四节 稀世之珍：玉石之美

中国玉器源远流长，其生产、发展的历史已有万年，这已在考古发掘工作中得到了证实。从考古学及其科研成果看，中国、中南美洲及新西兰为古代三大玉器产地。[①] 玉石由于其优美的外观和独特的质地，在世界各地都备受青睐。

玉石的美不仅体现在它的外观上，更重要的是它所蕴含的深层意义。在中国文化中，玉石被视为吉祥的象征，人们常用玉石制作各种吉祥物、佛像和护身符以祈求好运和保佑平安。

玉石的种类繁多，每种玉石都有其独特的色泽和纹路。最常见的玉石种类有和田玉、翡翠等。其中，和田玉被誉为“玉石之王”，具有云状、肉质和海胆等纹路，色泽多为白色和墨绿色。缅甸翡翠则以其透明度和深绿色而闻名，被誉为“神秘的绿宝石”。

除了美丽的外观，玉石还具有独特的文化内涵。玉石在中国文化中有着悠久的历史和深厚的文化背景，被视为君子之品。在古代，玉石是帝王的象征，只有皇室成员才能佩戴；而今天，随着社会的发展和人们对玉石的重新认识，玉石已经成为珍贵的礼物和收藏品。

“稀世之珍”不仅是对玉石美丽外观的赞美，更是对玉石丰富内涵和文化价值的颂扬。无论是从艺术角度还是从文化角度来说，玉石都是一种独特而宝贵的财富，值得我们去探索和珍惜。

一、中国玉器的起源

中国是世界上最早制作和使用玉器的国家之一。矿物学界认为，中国玉以和田玉为最佳。角闪石类的阳起石、透闪石，可称为软玉；辉石类的翡翠，可称为硬玉。宝石、彩石之类，均不能纳入“玉”的范畴。古往今来，软玉以其光泽柔美、质地坚韧细腻、温润含蓄、符合国人的审美观念而深受人们的喜爱，人们将“仁”“义”“礼”“智”“信”的道德理念及社会财富、权力等一系列社会元素赋予和田玉之中。[②] 从新石器时代开始，和田玉制品作为日常用品、饰品、祭器、礼器等，就已经成为人们生活中不可缺少的部分。[③] 历代琳琅满目的软玉制品，是中华民族灿烂文化的重要组成部分，也是人类艺术史上的辉煌成就。[④]

① 杨伯达. 论中国古代玉器艺术 [J]. 故宫博物院院刊，1995（S1）：170.

② 钱艺丹，王丽，杨晓广. 和田玉及仿制品特征探讨 [J]. 商场现代化，2013（20）：115.

③ 裴海. “非遗”视角下苏州玉雕的发展现状与传承研究 [D]. 合肥：安徽大学，2017.

④ 同②.

二、软玉

（一）软玉的矿物组成

软玉主要是由角闪石族中透闪石－阳起石类质同象系列的矿物所组成。根据国际矿物学协会新矿物及矿物命名委员会批准角闪石分委员会推荐的、英国矿物学家尼克（B.E.Leake）提出的“角闪石族命名方案”，透闪石与阳起石的划分按照单位分子中二价镁和铁的不同占位比率予以命名，即：

$Mg/(Mg+Fe^{2+})=0.90\sim1.00$ 透闪石；

$Mg/(Me+Fe^{2+})=0.50\sim0.90$ 阳起石；

$Mg/(Mg+Fe^{2+})=0.00\sim0.50$ 铁阳起石。①

软玉的主要矿物为透闪石，次要矿物有阳起石及透辉石、滑石、蛇纹石、绿泥石、绿帘石、斜黝帘石、镁橄榄石、粗晶状透闪石、白云石、石英、磁铁矿、黄铁矿、镁铁尖晶石、磷灰石、石榴石、金云母、铬尖晶石等。②

（二）软玉的光学性质

1. 颜色

软玉的颜色有白色、青色、灰色、浅绿色至深绿色、黄色至褐色、墨色等。当主要组成矿物为白色透闪石时，则软玉呈白色，随着铁对透闪石分子中镁的类质同象替代，软玉可呈深浅不同的绿色：铁含量越高，绿色越深。主要由铁阳起石组成的软玉几乎呈黑绿－黑色，当透闪石含细微石墨时则成为墨玉。③

2. 光泽及透明度

软玉可呈油脂光泽、蜡状光泽或玻璃光泽；半透明至不透明，绝大多数为微透明，极少数为半透明。④

（三）软玉的产地和品种分类

1. 软玉的产地

软玉原生矿床分布于中国、俄罗斯、加拿大、韩国、澳大利亚、新西兰等20多个国家。⑤白玉的主要产地有俄罗斯贝加尔湖和中国的新疆、青海、福建、江苏等。各地白玉的主要成分均为透闪石，它们在矿物组成、化学成分上基本没有差异，只是在杂质矿物、微量元素上略有不同，而这些差异对白玉整体质量影响不明显。

---

① 李艳．慧眼识玉：浅谈什么是和田玉 [J]. 收藏界，2011（12）：49–51.

② 张勇．新疆和田玉的宝石学特征研究 [D]. 北京：中国地质大学（北京），2011.

③ 河南省地质学会．河南地球科学通报：2012 年卷 [M]. 郑州：河南人民出版社，2012：305–310.

④ 张蓓莉．系统宝石学 [M]. 北京：地质出版社，2006：367.

⑤ 陈稳稳，王红．中国国石：和田玉 [J]. 中国城市金融，2012（3）：74–75.

2. 软玉的种类

按照产出环境分类，软玉可分为以下几种：

（1）从原生矿开采所得，呈块状、不规则状，棱角分明，无磨圆及皮壳，俗称“山料”。①

（2）从原生矿床自然剥离的软玉，一般距原生矿较近，次棱角状，磨圆度差，通常有薄的皮壳，块度较大，俗称“山流水料”。②

山料

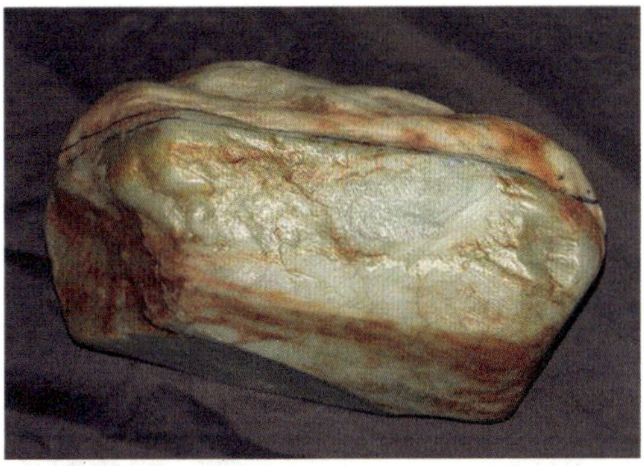

山流水料

（3）从原生矿床自然剥离，经过风化搬运至河流中的软玉，一般距原生矿较远，呈浑圆状、卵石状，磨圆度好，块度大小悬殊，外表有厚薄不一的皮壳，俗称“仔料”。皮壳分无色及有色，皮壳颜色有多种，以红褐色居多，细分为秋梨皮、虎皮、枣皮等。③

（4）从原生矿床自然剥离，经过风化搬运至戈壁滩上的软玉，一般距离原生矿较远，呈次棱角状，磨圆度较差，块度较小，表面有风蚀痕迹，无皮壳，俗称“戈壁料”。④

和田玉仔料

戈壁料

---

① 郝爽，刘婷婷 . 全景扫描：当代和田玉市场 [J]. 艺术市场，2014（15）：16.

② 李坤 . 和田玉玉器价值影响因素的探讨 [J]. 收藏界，2010（5）：48–52.

③ 郭革理 . 收藏和田玉有感 [J]. 收藏界，2013（3）：43–45.

④ 刘喜锋，贾玉衡，刘琰 . 新疆若羌－且末戈壁料软玉的地球化学特征及成因类型研究 [J]. 岩矿测试，2019，38（3）：316–325.

根据颜色分类，软玉可分为白玉、青玉、青白玉、墨玉、青花玉、碧玉、黄玉和糖玉。①

（1）白玉。

白玉，也称为“中国玉”，主要产于新疆和田。该地区白玉的质量和产量历来较为典型，所以又称为“和田玉”。严格地说，和田玉是软玉的一大矿种，并不代表所有的白玉。白玉被称为软玉是相对于硬玉——翡翠而言的。白玉是软玉中的主要品种，主要矿物成分是透闪石和阳起石，这样的矿物组成呈纤维交织结构，质地细腻、紧密且韧性很好，具有玻璃或油脂光泽。② 白玉的密度是 2.95 克 / 立方厘米。③

（2）青玉。

青玉有青至深青、灰青、青黄等色，颜色柔和均匀，有时带少量糖色或黑色。青玉产量最大，常有大料出现。④

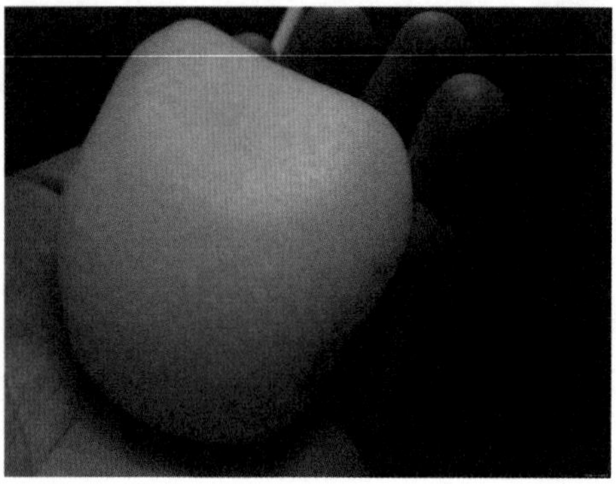

白玉

青玉

（3）青白玉。

青白玉的颜色以白色为基础色，介于白玉与青玉之间，颜色柔和均匀，有时带少量糖色或黑色。⑤

（4）墨玉。

墨玉的颜色以黑色为主（占 60% 以上），可夹杂少量白或灰白色（占 40% 以下），颜色多不均匀。⑥ 墨玉的墨色是由于玉中含有细微石墨鳞片所致，墨色多呈云雾状、条带状分布；也有墨色中带有黄铁矿细粒呈星点状分布的，俗称“金星墨玉”。⑦

① 李家珍 . 玉石及其资源开发 [J]. 矿产与地质，1994（2）：136–142.

② 李丹 . 和田玉黑皮子料的宝石矿物学研究 [D]. 北京：中国地质大学（北京），2020.

③ 三元 . 白玉，被历史所见证的艺术品 [J]. 文物鉴定与鉴赏，2010（8）：110–113.

④⑤ 张蓓莉 . 系统宝石学 [M]. 北京：地质出版社，2006：368.

⑥⑦ 陈隐隐，王红 . 中国国石：和田玉 [J]. 中国城市金融，2012（3）：74–75.

青白玉

墨玉

（5）青花玉。

青花玉的基础色为白色、青白色、青色，夹杂黑色（占 20% ～ 60%）。黑色多呈点状、叶片状、条带状、云朵状聚集，不均匀。①

（6）碧玉。

碧玉的颜色以绿色为基础，常见的有黄绿、暗绿、墨绿等颜色，颜色中常含有黑色点状矿物。碧玉是软玉的重要品种。②

青花玉

碧玉

（7）黄玉。

黄玉的颜色为淡黄至深黄，柔和均匀。黄玉十分稀少，价值甚至不低于羊脂玉，主要产于新疆若羌县。这里应注意区分软玉中的黄玉和单晶宝石黄玉。③

黄玉

① 张卫东 . 昆仑玉产业发展的制度创新研究 [J]. 中国国土资源经济，2011（12）：35–37.

② 陈隐隐，王红 . 中国国石：和田玉 [J]. 中国城市金融，2012（3）：74–75.

③ 陈征，郭守国 . 珠宝首饰设计与鉴赏 [M]. 上海：学林出版社，2008：62.

（8）糖玉。

软玉中常有糖色分布，糖色属于次生色。当原生矿暴露于地表或近地表时，由于铁的氧化浸染而呈类似于红糖的颜色，俗称“糖色”。糖色可薄可厚，也可沿裂隙分布。糖玉的颜色有黄色、褐黄色、红色、褐红色、黑绿色等。一般情况下，如果糖色占到整件样品的 80% 以上时，可直接称为糖玉；如果糖色占到整件样品的 30% ～ 80% 时，可称为糖羊脂玉、糖白玉、糖青白玉、糖青玉等；如果糖色占到整件样品的 30% 以下时，名称中不予体现。①

（四）软玉的质量评价

软玉主要用来做雕件和各种饰品，对原料的要求主要从以下几个方面考虑。②

1. 质地

质地要求致密、细腻、坚韧、光洁，油润无瑕，少有绺裂。③

2. 颜色

颜色要求柔和、纯正、均匀，古人对玉色的要求是“白如截肪”“黄如蒸栗”“青如苔藓”“绿如翠羽”“黑如纯漆”。

3. 光泽

品质好的软玉多为油脂光泽，其次为玻璃光泽。④

4. 块度

块度越大越好，要求完整、无裂。同样颜色、质地和块度的软玉，带皮的仔料价值较高，其次为山流水料和山料。山料无磨圆，呈棱角状的外形，一般润性及韧性稍差。⑤

三、翡翠

翡翠，是玉的一种，颜色呈翠绿色或者红色，是在地质作用过程中形成的主要由硬玉、绿辉石和钠铬辉石组成的达到玉级别的多晶集合体。⑥

翡翠首饰

（一）名字的由来

“翡翠”一词由来已久，本是指岭南地区的一种鸟类。

① 张蓓莉．系统宝石学 [M]. 北京：地质出版社，2006：371.

②③ 刘姣，凌艳华，刘苏君．和田玉的鉴赏与收藏 [J]. 收藏，2021（8）：118–120.

④ 同①.

⑤ 林宇超．和田玉与仿制品的鉴别方法 [J]. 中国科技纵横，2016（18）：1.

⑥ 许是．翡翠：玉石之王的绝世美 [J]. 中国信用卡，2010（15）.

东汉许慎编著的《说文解字》中就有这个词："翡，赤羽雀也。翠，青羽雀也。"到了清代，翡翠鸟的羽毛作为饰品传入宫廷，特别是绿色的翠羽深受皇宫妃嫔的喜爱。与此同时，大量的缅甸玉通过进贡的形式进入宫廷，也受到了妃嫔们的喜爱，因为其颜色也多为绿色、红色，且与翡翠鸟的羽毛颜色差不多，所以，人们就用"翡翠"一词代称这种色彩艳丽的玉石。[①] 此后，"翡翠"一词就由鸟禽的名称转为玉石的名称了。翡翠凭借艳丽的色彩、温润的光泽、晶莹剔透的质感，在玉石家族中被冠以"玉石之王"的美誉。[②]

（二）矿物组成

翡翠是以硬玉矿物为主的辉石类矿物的致密集合体，以铬元素为致色离子，硬度 6.5 ～ 7，密度 3.33 克 / 立方厘米，折射率 1.66。翡翠具有六大显著的特点：颜色丰富、结构稳定、光泽强、折射率高、比重大、硬度高。

1863 年，法国矿物学家德穆尔对翡翠进行了化学实验分析，首次从现代矿物学的角度对翡翠进行分析：根据矿物成分，将翡翠称为硬玉，其主要矿物成分属于辉石类。另外，从岩石学角度来看，翡翠是岩石的一种，它是由硬玉、绿辉石为主要矿物成分的辉石族矿物结合体，是一种硬玉岩或绿辉石岩。

翡翠的主要产地在缅甸，市场上 95% 的翡翠来自缅甸，其余的来自危地马拉、日本、美国、哈萨克斯坦、墨西哥和哥伦比亚等国。

（三）光学性质

1. 颜色

翡翠的颜色呈现较多，常见的有绿色、白色、紫色、黄色和无色等。绿色是翡翠中最常见颜色，也是人们通常说的"翠"。翡翠的绿色由浅至深分为浅绿、绿、翠绿、深绿和墨绿，其中以翠绿色为最佳。大多数绿色翡翠或多或少地含有杂色，呈黄绿、灰绿、蓝绿等色。如果黄绿色中黄色调很浅，称为黄阳绿，仍不失翡翠的艳丽；而灰绿及蓝绿则影响翡翠颜色的品质。[③] 翡翠的绿色主要是由微量的铬、钛、铁等元素类质同象替代所引起的，含量越高，颜色越深。

2. 光泽及透明度

翡翠的光泽为玻璃光泽或油脂光泽，半透明或不透明，极少为透明。在商业中，翡翠的透明度又称为"水头"。[④]

3. 光性特征

非均质集合体。

---

① 张蓓莉 . 系统宝石学 [M]. 北京：地质出版社，2006：346.

② 张瑛，云杉 . 翡翠欣赏 [J]. 科技智囊，2006（2）：84–87.

③ 梅山雅士 . 饱受众人喜爱的尤物：翡翠 [J]. 华北国土资源，2012（2）：46–48.

④ 同① 349.

4. 折射率

翡翠的折射率为 1.666 ～ 1.680（ ± 0.008），点测法常为 1.66。[①]

（四）质量评价

翡翠的质量评价可以从颜色、结构、透明度、净度、切工、重量六个方面进行，在行业中常提及的质量评价是“种”“水”“色”“地”“工”等。[②]

第五节　奇珍异宝：有机宝石

天然有机宝石是由自然界生物直接生成的，部分或全部由有机质组成。[③] 其中，我们常见的有珍珠、珊瑚、琥珀等。[④] 与传统的贵重宝石不同，有机宝石是在地下埋藏的有机物质经过长期高压高温作用下形成的，这些有机宝石因其独特的形成过程和特殊的材料属性而备受欢迎，被视为一种独特而珍贵的宝石。本节将介绍常见的有机宝石。

一、珍珠

珍珠，英文是 pearl，译为“海之娇子”。珍珠与其他宝石有很大的不同，浑圆成型，颜色柔和雅丽，珠光照人，自古以来一直受到人们的珍爱。[⑤] 人们把珍珠誉为宝石“皇后”。珍珠是宝石中的一颗璀璨明珠，也是六月的生辰石。

珍珠

珍珠除了含有大量无机成分外，还含有一定量的有机成分。[⑥] 珍珠无机成分的主体是碳酸钙以及少量的碳酸镁，占总量的 91% 以上；有机成分的主体是壳角蛋白和各种色素等。不同类型和质量的母贝所养殖的珍珠，其化学成分、含量有所差异。除此之外还有十多种微量元素，微量元素对珍珠的品质

① 张蓓莉 . 系统宝石学 [M]. 北京：地质出版社，2006：350.
② 陈燕燕 . 翡翠 A、B、C 货的鉴别 [J]. 技术与市场，2015（4）：54–56.
③ 珠宝玉石不难挑 [J]. 品牌与标准化，2009（17）：46–51.
④ 同① 526.
⑤ 于静静 . 珍珠光泽的影响因素及其优化技术发展研究 [J]. 企业科技与发展，2019（7）：70–72.
⑥ 同① 531.

及颜色都有影响。就像其他宝石一样，微量元素对珍珠的颜色起着重要的作用。[①]

（一）珍珠的历史

珍珠的历史悠久，早在新石器时代，原始人在海岸、河边捕寻食物时就发现了珍珠，把珍珠当作饰品，作为消除灾难、驱邪逐鬼的圣物的象征。据《海史·后记》记载，禹帝定“南海鱼草、珠玑大贝”为贡品，说明中国采珠至少有 4 000 年的历史了，是世界上最早发现、采捕和使用珍珠的国家之一。早在秦昭王时就将珍珠与玉并列为“器饰宝藏”之首。在古人心中，珍珠和玉的价值远胜于黄金。珍珠不仅是帝王贵族财富和权势的标志，更象征着家族的荣耀与神圣的地位。正因为如此，珍珠才成为帝王贵族的专享之物，是其统治地位的象征。

中国是最早利用河蚌来采收和养殖珍珠的国家，从宋代就开始有人工养殖珍珠，并且将养殖的方法传到日本和其他国家。中国广西合浦珍珠养殖规模大、历史悠久、经验丰富，已经扩展到我国海南省、广东省一带，成为中国海水养殖珍珠的重要基地。由于经济价值明显，我国淡水珍珠养殖业发展迅速，过去只是作为渔业的副产品，现已发展为专业养殖项目，其生产基地目前主要分布在湖南、浙江、安徽、江苏等地，上述地区产量占中国珍珠总产量的 90%，居世界首位，并由此在浙江诸暨和江苏苏州两地形成全国乃至辐射亚洲的大型珍珠交易市场。[②] 中国已成为世界珍珠大户，产量居世界第一位。

（二）珍珠的形成

珍珠的生长环境为河蚌或珍珠贝软体动物的体内，其形成起源于珠核。珠核可能是一个微小的海洋生物、一粒细沙，甚至有可能是软体动物体内的不良组织。其生长原理是：当软体动物生长环境中有异物侵入其体内的外套膜组织时，外套膜的结缔组织和表皮细胞受到异物刺激随即分泌出珍珠层，按照机体自我保护机制，逐渐将异物一层层地包裹起来形成同心球状珍珠；随着时间的推移，珍珠层越分泌越多，珍珠也逐渐慢慢长大。另外一种情况是软体动物体内并没有外来物的侵入，而是因体内外套膜的表皮本身发生病变使细胞增殖，从而形成一个小的珍珠囊。在这个过程中，珍珠囊的表皮细胞会腐败气化，形成不规则的空洞。随着珍珠层的不断分泌，慢慢形成天然的无核珍珠。因此我们可以得出结论：珍珠在生长的过程中，不仅受外界自然条件的影响，而且受珍珠母贝种类、大小和珍珠在软体组织动物体内的生长环境等因素影响。[③] 珍珠的外形多种多样，尺寸变化也很大，其形状有圆形、椭圆形、梨形、水滴形、异形等。

① 赵前良．第二讲：珍珠形成的原理和结构 [J]. 珠宝，1991（2）：73–75.

② 韩孝联．珍珠的优化处理与光谱学特征研究 [D]. 上海：华东理工大学，2011.

③ 张蓓莉．系统宝石学 [M]. 北京：地质出版社，2006：531.

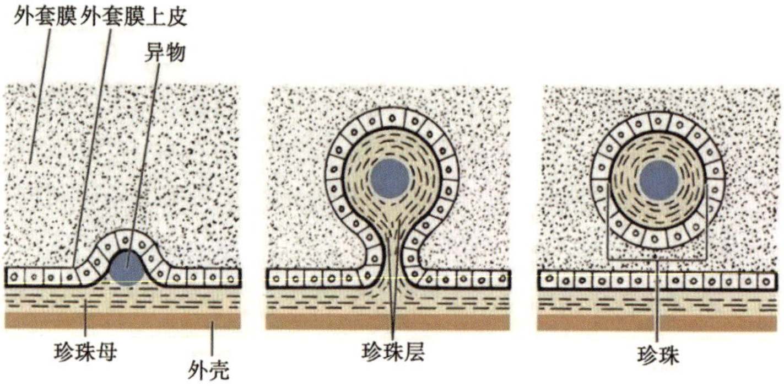

珍珠的形成

（三）珍珠的分类

珍珠形成于各种贝、蚌类及其他软体组织动物体内，生成环境不尽相同，所以珍珠的各种物化性质也有很大的差异，可按珍珠的形成原因、生成环境、产地、颜色、形态、大小和母贝种类等特征进行分类。世界上的养殖珍珠主要产于中国和日本。除此之外，澳大利亚、印度尼西亚、菲律宾、泰国、缅甸及其他国家、地区都拥有发展程度不同的珍珠养殖业。[①] 现在市面上常见的有大溪地黑珍珠、日本的 akoya 珍珠、澳洲白珠、南洋珍珠、淡水珍珠、马贝珠等。

日本的 akoya 珍珠

澳洲白珠

南洋珍珠

淡水珍珠

马贝珠

① 张蓓莉 . 系统宝石学 [M]. 北京：地质出版社，2006：531.

（四）珍珠的光学性质

1. 颜色

珍珠的颜色是其体色、伴色和晕彩综合的颜色。珍珠的体色又称为本体颜色，也称背景色，是珍珠对白光的选择性吸收产生的颜色，它取决于珍珠本身所含的各种色素和微量金属元素；伴色是漂浮在珍珠表面的一种或几种颜色；晕彩是在珍珠表面或表面下层形成的可漂移的彩虹色，是加在其体色之上的，从珍珠表面反射的光中观察到的，由珍珠次表面的内部珠层对光的反射干涉等综合作用形成的特有色彩。①

根据珍珠的体色，可将珍珠颜色分为以下五个系列：

（1）白色系列：纯白色、奶白色、银白色、瓷白色等。

（2）红色系列：粉红色、浅玫瑰色、浅紫红色等。

（3）黄色系列：浅黄色、米黄色、金黄色、橙黄色等。②

（4）黑色系列：黑色、蓝黑色、灰黑色、褐黑色、紫黑色、棕黑色、铁黑色等。③

（5）其他：紫色、褐色、青色、蓝色、棕色、紫红色、绿黄色、浅蓝色、绿色、古铜色等。

可能有的伴色有：白色、粉红色、玫瑰色、银白色或绿色等。④

晕彩可分为：晕彩强、晕彩明显、有晕彩和无晕彩。

颜色的描述以体色描述为主、伴色和晕彩描述为辅。⑤

2. 光泽及透明度

珍珠光泽会随珍珠层的薄厚及透明度的不同而发生变化。按珍珠光泽的强弱区分，又可细分为极强珍珠光泽、强珍珠光泽、中等珍珠光泽及弱珍珠光泽四个级别。按照透明度区分，可分为半透明和不透明。⑥

二、珊瑚

珊瑚是一种低等腔肠动物珊瑚虫分泌的，以钙质为主体的堆积物形成的骨骼，而这种骨骼常呈树枝状。过度采集珊瑚会严重破坏海洋生态的平衡，所以珊瑚在国际上被列为二级保护生物。⑦

（一）珊瑚的形成

珊瑚虫是地球上最古老的海洋生物之一，被誉为“大海的精灵”。珊瑚是由珊瑚虫的

---

① 金瑛 . 因材施艺：异形珍珠首饰设计初探 [J]. 明日风尚，2016（7）：1.

②③ 黄琨，王全永，罗超雁 . 中国与印度尼西亚海水珍珠质量评价标准比对研究 [J]. 标准科学，2019（2）：23–27.

④ 张蓓莉 . 系统宝石学 [M]. 北京：地质出版社，2006：550.

⑤ 同② .

⑥ 徐宝庆 . 团团圆圆话珍珠（上）[J]. 收藏界，2014（3）：44–48.

⑦ 张旭光 . 红珊瑚 绛树无花叶 千年自华贵 [J]. 中国航空旅游，2015（2）：7.

骨骼堆积形成的。珊瑚虫依靠本体的分裂增生的方式迅速繁殖。母体不断地分裂增生，使得珊瑚像枝丫茂盛的树木，因此人们长期以来误以为珊瑚是植物。直到 18 世纪 20 年代，人们才发现珊瑚是海洋中的动物。群体栖居的珊瑚虫不停地繁殖和死亡，形成各种奇形怪状而用途颇广的珊瑚，也塑造了艳丽多姿的工艺品。[①]

珊瑚

（二）珊瑚的分类与基本性质[②]

珊瑚分为钙质型珊瑚和角质型珊瑚两种。

（1）钙质型珊瑚主要由无机成分、有机成分和水分等组成，主要包含红珊瑚、白珊瑚和蓝珊瑚。研究发现，白珊瑚的主要矿物成分为文石，红珊瑚的主要矿物成分为方解石。在珊瑚抛光的纵截面上，可见有明显的因颜色深浅、透明度不同而显示出来的纵向颜色差异的平行条纹。在珊瑚的横截面上，可见呈放射状、同心圆状结构，它们是由深浅不同的颜色圈组成的。红珊瑚通常呈浅至暗色调的红色至橙红色，有时呈肉红色，主要分布在太平洋海域。[③]红珊瑚包括阿卡珊瑚、沙丁珊瑚、莫莫珊瑚、粉色珊瑚（孩儿面珊瑚）、深海珊瑚。

（2）角质型珊瑚的主要成分为有机质，主要包括黑珊瑚和金珊瑚，两者在横截面上都显示具有环绕珊瑚原生枝管轴的同心环状结构，类似树木的年轮。黑珊瑚外表呈灰黑至黑色，该类珊瑚几乎全由角质组成。金珊瑚外表呈金黄色、黄褐色，该类珊瑚表面有清晰的斑点和独特的丝绢光泽。[④]

阿卡珊瑚

莫莫珊瑚

粉色珊瑚（孩儿面珊瑚）

沙丁珊瑚

黑珊瑚

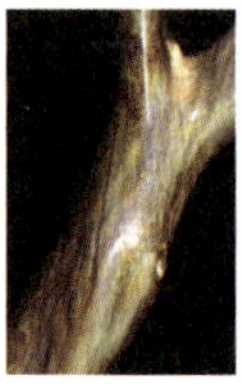

金珊瑚

白珊瑚

蓝珊瑚

① 陈稳稳，王红．绛树红花照碧海：珊瑚的品类与鉴赏 [J]. 中国城市金融，2012（5）：74–75.

② 张旭光．红珊瑚 绛树无花叶 千年自华贵 [J]. 中国航空旅游，2015（2）：7.

③ 同①．

④ 张蓓莉．系统宝石学 [M]. 北京：地质出版社，2006：550.

（三）珊瑚的主要产地

珊瑚主要产于太平洋海域和夏威夷西北部中途岛附近海域。宝石级的红珊瑚是地球上稀少的来自海洋中的珍宝，生长在 200 米～ 2 000 米的大海深处。红珊瑚的四个主要产地包括中国台湾海域、日本南部海域、夏威夷岛周边海域以及中途岛海域、地中海意大利半岛南部海域。其中中国台湾海域是当今红珊瑚最重要的产地之一，年产量约为 200 吨，约占世界总产量的 60%。[①]

（四）珊瑚的光学性质

珊瑚的颜色：常见有白色、奶油色、浅粉红至深红色、橙色、金黄色和黑色；偶见蓝色和紫色。

光泽和透明度：蜡状光泽，抛光面呈玻璃光泽，微透明至不透明。

钙质型珊瑚的折射率为 1.486 ～ 1.658，点测法约 1.65。角质型珊瑚的折射率为 1.56。[②]

（五）珊瑚的质量评价

珊瑚的质量评价从颜色、块度、质地和做工精细程度四方面进行，其中颜色是最重要的。

对珊瑚颜色评价的要求是纯正而鲜艳。对于钙质型珊瑚来讲，以红色为最佳，红色质量排列顺序为鲜红色、红色、暗红色、玫瑰红色、淡玫瑰红色、橙红色；白珊瑚以纯白色为最佳，依次为瓷白色、灰白色。角质型珊瑚中的黑色珊瑚、金黄色珊瑚都是很名贵的。[③]

块度要求越大越好，大而完整。高大者可做雕刻佳品，小者做小件首饰。质地致密坚韧、无瑕疵者为好，有白斑、白心者为次。而有虫蛀或虫眼、多孔、多裂纹者价值低。做工精细度，除造型美观外，还要看雕刻工艺的精细程度。

三、琥珀

（一）琥珀的历史渊源

在新石器时代的遗址中就发现了用琥珀制成的珠子、纽扣及用途不详的制品。[④]我国在春秋战国时期也发现了琥珀制品。在中国古代，琥珀曾被称作“虎魄”“兽魄”“江珠”“遗玉”等，人们认为琥珀是老虎流下来的眼泪。关于琥珀的神话传说，使得琥珀在古代一直具有很高的身价。[⑤]如“虎魄说”使人相信琥珀具有镇邪作用，可使佩戴者壮胆去惊、避祸消灾。

琥珀

① 张蓓莉 . 系统宝石学 [M]. 北京：地质出版社，2006：554.
② 李宏博，吕林素，章西焕 . 珊瑚的加工技法 [J]. 中国宝玉石，2007（2）：74–76.
③ 陈稳稳，王红 . 绛树红花照碧海：珊瑚的品类与鉴赏 [J]. 中国城市金融，2012（5）：74–75.
④ 同① 542.
⑤ 张庆麟 . 神秘的琥珀 [J]. 上海工艺美术，1994（3）：33–35.

（二）琥珀的基本情况

琥珀是中生代白垩纪至新生代第三纪松柏科植物的树脂，经地质作用而形成的有机混合物。[①] 琥珀的形成一般有三个阶段：第一个阶段是树脂从柏松树上分泌出来；第二个阶段是树脂被深埋并发生了石化作用，树脂的成分、结构和特征都发生了明显的变化；第三个阶段是石化树脂被冲刷搬运、沉淀和发生成岩作用，从而形成琥珀。[②] 琥珀，英文名称为 amber，译为"精髓"。它是埋藏于地下的树脂经过一定的化学变化后形成的一种树脂化石，是一种有机的矿物。

琥珀是古代松柏类植物分泌的树脂经过长时间的地质作用而形成的一种非晶质体。这种树脂在掩埋过程中，由于其有机成分的存在，逐渐变为我们今天所见的琥珀。琥珀一般为透明或半透明，少数不透明；树脂光泽，折射率为 1.539 ～ 1.545；相对密度很低，只有 1.05 ～ 1.09 克 / 立方厘米，所以它常可漂浮在海面上；莫氏硬度为 2 ～ 2.5，性脆、易断，断口呈贝壳状；不耐高温，150℃时会变软，250℃～ 300℃时会熔化，并具有可燃性；具有挥发性，握在手里进行摩擦可挥发出一种迷人的琥珀香气。

琥珀通常为各种深浅不同的黄 – 黄褐色，也常见褐 – 褐红色，偶尔也有微绿和蓝色。琥珀中还常见有小气泡，有昆虫、树叶等包裹物。

（三）琥珀的种类

1. 天然琥珀

天然琥珀具有树脂光泽，通常为黄色、褐色透明体，质地轻，可以摩擦生电。此外，用放大镜观察可见流线和圆形气泡，偶尔会有昆虫和植物的化石包裹体，用热针触及有芳香味。[③]

2. 净化琥珀

净化琥珀是指通过控制压炉的温度、压力，在惰性气氛环境下去除了气泡的琥珀，其透明度和净度比较高。

天然琥珀

净化琥珀

---

① 张蓓莉 . 系统宝石学 [M]. 北京：地质出版社，2006：542.

② 小光 . 人鱼的眼泪 [J]. 中国黄金珠宝，2003（3）：69–73.

③ 同① .

3. 压制琥珀

压制琥珀是在加压的条件下加热，使之熔融交结在一起。产品透明度高，颜色变浅，但在偏光器下可见应变双折射现象。在紫光照射下还发现有粒状结构。

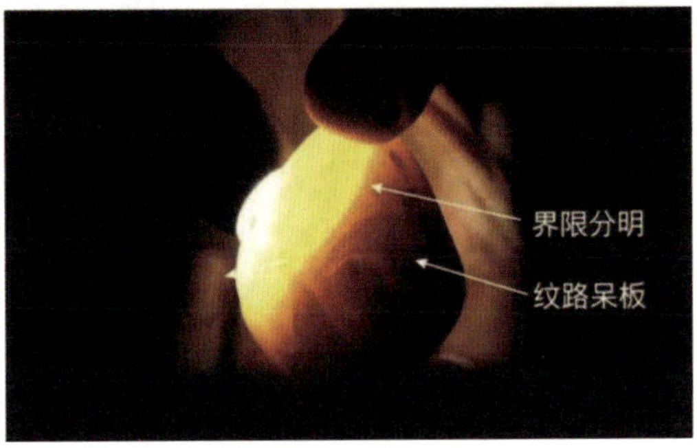

压制琥珀

（四）琥珀的质量评价

琥珀的质量评价从颜色、块度、透明度及内含物四个方面进行。[①]

颜色：以颜色浓正者为佳，绿色和透明的红色价值最高，常见的颜色是黄色。[②] 块度：一般要求具有一定块度，且越大越好。透明度：要求洁净、无裂纹，越透明越好，以晶莹剔透者为上品，半透明至不透明者次之。[③] 内含物：琥珀中可含动植物及其碎片，以含昆虫者最好。通常虫珀的价格由所含昆虫的完整程度、清晰程度、形态大小和数量决定。[④]

（五）琥珀的产地

琥珀的产地众多，主要有欧洲的波罗的海沿岸国家，如波兰、德国、丹麦、俄罗斯，多米尼加海域也曾大量产出优质琥珀。[⑤] 在罗马尼亚、捷克、意大利西西里岛、挪威、英国、新西兰、缅甸、黎巴嫩、美国、加拿大、智利、伊朗、阿富汗均有琥珀产出。[⑥]

中国的琥珀主要产自辽宁抚顺的第三纪煤田中，且有优质虫珀产出。另外，河南的西峡和南阳、云南的保山和丽江及哀牢山、福建的漳浦也有琥珀产出。[⑦]

（六）琥珀的保养

琥珀属于有机宝石，易溶于有机溶剂，如指甲油、酒精、汽油、煤油，应避免接触化

① 张志强，周树礼，程志兵．琥珀的特性及价值 [J]. 超硬材料工程，2012（6）：50–55.

② 张蓓莉．系统宝石学 [M]. 北京：地质出版社，2006：547.

③ 王雪，李海波．琥珀认知 [J]. 中国宝石，2014（3）：92–95.

④ 庚晋，白杉，子荫．我国水煤浆开发情况综述（上）[J]. 地球，2003（1）：2.

⑤⑥ 刘卫东．珠宝饰品讲座（十三）：琥珀 [J]. 上海计量测试，2005（3）：47–49.

⑦ 张正义．环佩叮当　流光飞舞：清代宫廷后妃首饰 [J]. 浙江纺织服装职业技术学院学报，2018（4）：38–47.

学药品，也不宜放入化妆柜中。[①] 佩戴后可用湿棉布轻轻擦拭表面，然后再抹橄榄油，风干后即可恢复琥珀的光泽。

琥珀性脆，硬度低，不宜受外力撞击，应避免摩擦、刻划，防止划伤、破碎。收藏琥珀时应以单件存放，避免与硬质首饰一起保存，以免因擦撞而造成刮痕。[②]

琥珀的熔点低，易熔化，怕热，怕暴晒。琥珀制品应避免太阳光直接照射，不宜放在高温的地方。琥珀易脱水，干燥易产生裂纹。[③]

本章小结

主要内容： 传统题材首饰所用的主料大多为金、银、铜，因为金银具有良好的延展性，从而可以使工艺和技法得以发挥。为了彰显珠宝首饰的贵重、彰显身份价值，贵重珠宝首饰的镶嵌多采用红蓝宝石、翡翠、碧玺、珍珠、玛瑙等，只有这些色泽优良、珍贵的宝石才能配上真金白银的贵重。本章介绍的主要材料有金属原料、贵重宝石、玉石和有机宝石等。其中金属原料中的金、银、铜是首饰成型工艺的基本原材料，它们延展性比较好、附着性比较强。通常设计者会依据设计与制作首饰的成本来选择宝石材料。

难点： 掌握贵金属材料的属性和特点。

重点： 贵重宝石的分类和特征。

任务模块

思考任务

1. 掌握金属材料的分类和材料属性。

2. 掌握贵重宝石的基本分类和宝石特性，能够图文并茂地分辨和讲解各类宝石的特点和发源地。

3. 能够分辨玉石的基本类别和有机宝石的种类。

拓展任务

1. 分析金属材料的属性、特征和制作成本。

①②③ 郭碧君. 宝石界的精灵：琥珀 [J]. 化石，2012（3）：37–39.

2. 根据设计选择合适的金属材料和宝石，控制预算成本并进行设计绘图。

3. 将宝石进行分类并绘制分类图，掌握宝石的特征和属性。

设计任务

1. 设计一件山东博物馆的首饰文创产品，销售成本在 500 元左右。

2. 完成 1 : 1 首饰设计效果图，能够根据成本选择合适的金属材料和宝石材料，并撰写设计说明。

章节资源

1. 徐植 . 贵金属材料与首饰制作 [M]. 上海：上海人民美术出版社，2014.

2. 赵丹绮，王意婷 . 玩金术 [M]. 上海：上海科学技术出版社，2018.

3. 陈征，郭守国 . 珠宝首饰设计与鉴赏 [M]. 上海：学林出版社，2008.

4. 张蓓莉 . 系统宝石学 [M]. 北京：地质出版社，2006.

第四章　牢甲利兵

Tools

西汉刘安在《淮南子·兵略训》中说："当此之时，非有牢甲利兵，劲弩强冲也……"人们常用"牢甲利兵"来强调军事胜利离不开强有力的武器和防护装备。首饰独特的材质、工艺和设计同样如此，离不开精良的设备和工具。通过工具和设备的辅助，精美的首饰才能被制作出来，才能够为人们增添美感、彰显个性，才可以成为社会地位、财富和权力的象征。首饰制作是一个多工序、多工艺的过程，使用的工具、设备种类很多，全面了解和正确使用这些工具设备，是掌握首饰制作技艺的基础。本章就首饰生产制作中涉及的主要工具设备进行介绍。

第一节　规矩准绳：基础工具

一、基本工具

（一）锤子

锤子主要包括铁锤（用于铆钉和钉轴用）、錾花锤、光片锤、胶皮锤、钢锤、圆头锤、木锤等。

锤子

铁锤：主要功能是锻打延展金属，通过加热金银进行锻打或者造型。铁锤的一端是微弧形圆锤，另一端是横向锤，是放置在工作桌上的、操作规模较小的锻造或成型的锤子，主要用于制胎。

錾花锤：属于锤击的小型工具锤，用于敲击錾子，在金属表面进行錾花处理。[①] 锤头为圆平锤，锤面偏大，在锤击小錾子时有较多的接触面，把手使用密度较大的木头，前端细，使锤击具有弹性，锤柄呈现使手握起来更舒适的椭圆形。

胶皮锤：为了弯曲或者压平金属，以防在金属表面留下痕迹。

木锤：主要用于延展金属片、加工大块的金属等。用木锤敲击金属，不会在表面留下痕迹。

（二）钳子

钳子主要有平口钳、尖嘴钳、扁口钳、圆口钳、半圆钳、剪钳、老虎钳、烧火钳等。[②]

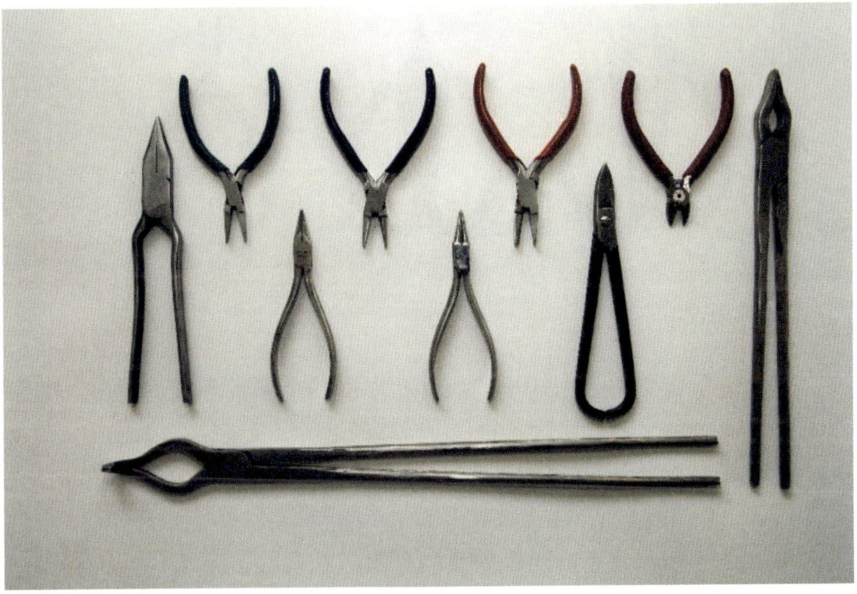

钳子

钳子可以把金属线材和薄片弯成很多有趣的造型，或者进行剪切。大部分情况下，首饰制作需要借助钳子来完成。做首饰用的钳子应该是光滑的，如果是带齿的钳子会在金属材料上留下凹痕。

在制作首饰时，尖嘴钳和圆口钳主要用于弯曲金属片或者金属线。平口钳用于折弯直角等操作。半圆钳能使金属片或者金属线弯曲成固定的弧度。剪钳用于剪切焊药，烧火钳

① 赵丹绮，王意婷．玩金术 [M]. 上海：上海科学技术出版社，2018：108.

② 金克斯·麦克格兰斯．珠宝首饰制作工艺手册 [M]. 北京：中国纺织出版社，2013：8–9.

用于金属退火。拉丝钳的钢齿可以紧紧夹住金属线的一头，把金属丝从拉丝板的板孔中拉过。[①] 水口钳的主要功能是剪断多余的金属片或金属丝。[②]

（三）剪子

剪子主要分为大、中、小号剪子和剪钳（可作钳或剪使用，可剪焊药）、趸活剪子（用于剪圆形或弯曲形的片材）。

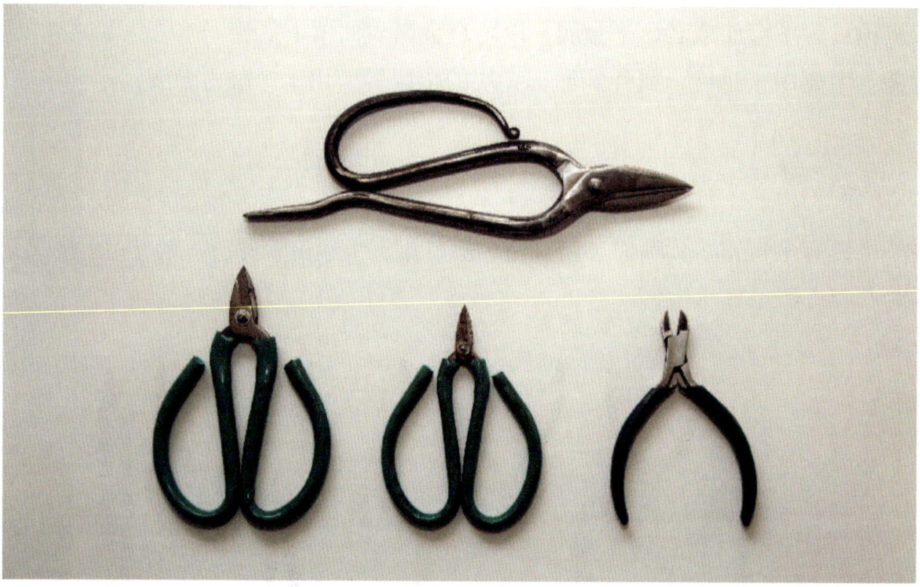

剪子

大、中、小号剪子主要用于剪切不同尺寸、厚度的金属片和金属线材。剪钳用于剪切较薄的焊药。趸活剪子用于剪圆形或弯曲形的片材。

（四）镊子

镊子是夹取工件、宝石或者焊药等的常用工具。在焊接、退火、酸洗和镶嵌宝石等不同的制作工序中会用到不同规格的镊子。镊子主要有尖嘴镊子、焊接镊子、尖嘴反向镊子（用于夹焊件）、掐活镊子、掐丝镊子等。

尖嘴镊子、掐丝镊子主要用于掐丝、填丝和夹取金属等。尖嘴反向镊子的功能是夹住焊接件，起到固定作用。掐活镊子和掐丝镊子的作用相同，主要用于掐制大件的花丝首饰配件，用于零件的组装。

① 金英福．首饰精密铸造过程中的影响因素分析 [J]. 铸造技术，2005（7）：86–87.

② 张晓燕．首饰艺术设计 [M]. 北京：中国纺织出版社，2010：218.

镊子

（五）锉刀

锉刀包括三角锉、平锉、半圆锉、圆形锉、方形锉、圆锉、大半圆锉等。

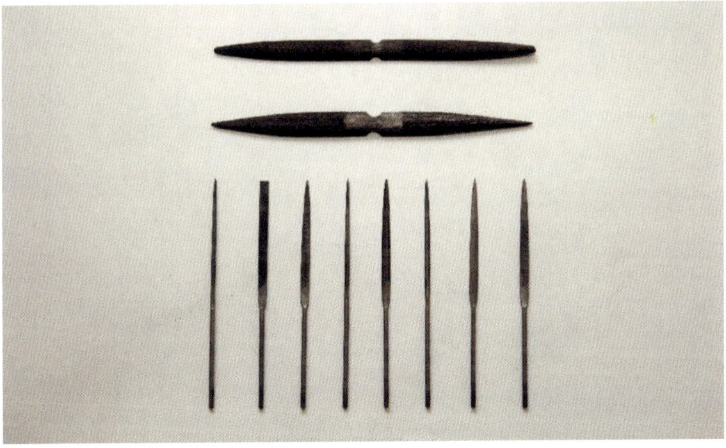

锉刀

锉刀主要用于去除金属上不规则的地方，整理形状，锉出弯度，锉圆轮廓、锉光表面、锉除多余的焊料等。[①] 在首饰制作中锉的工序是非常重要的，但这个工序常被初学者忽视，要通过学习和实践来掌握正确的操作方法。被锉的首饰部件通常用手或者钳夹夹住，固定在工作台活板上操作。零件如果非常小，可以用戒指夹夹住。用锉刀的时候要尽量用上所有的锯齿，把锉刀按压在工件上才能锉得快。用锉刀的边缘，可以锉出整齐干净的断口。通常粗加工多用大尺寸的粗齿锉，比如平锉、半圆锉等；细加工则用细齿的什锦锉。

平锉主要用于锉工件的平面和外部直角。半圆锉、圆形锉主要用于锉工件的内圆或弧。

① 王昶，袁军平．贵金属首饰制作工艺 [M]. 北京：化学工业出版社，2008：99–100.

三角锉、方形锉主要用于锉工件的内角，或在金属片上锉出三角形。圆锉常用于锉工件上小的不易加工的部位，或锉出各种形状的小孔。

操作注意事项：

（1）使用大号锉刀可以使金属部件快速达到尺寸要求，使用中号和小号锉刀可以将部件锉得光滑。

（2）在首饰工作桌的台塞上用锉，起到固定作用。

（3）锉刀只有向前运动才能切削金属，在往前推的时候用力要平稳。

（六）锯弓

锯弓是配合锯条一起使用，切割金属的基础工具。锯弓长 30 厘米左右、进深 7.5 厘米，分为固定锯弓和可调节锯弓两种。锯弓由铁和木柄构成，两头有两个螺丝，用来固定不同型号的锯条。

锯弓是首饰制作中切割金属最精确的工具，可以用来锯出不规则的造型，或者镂空金属板中的某些部位。[①]

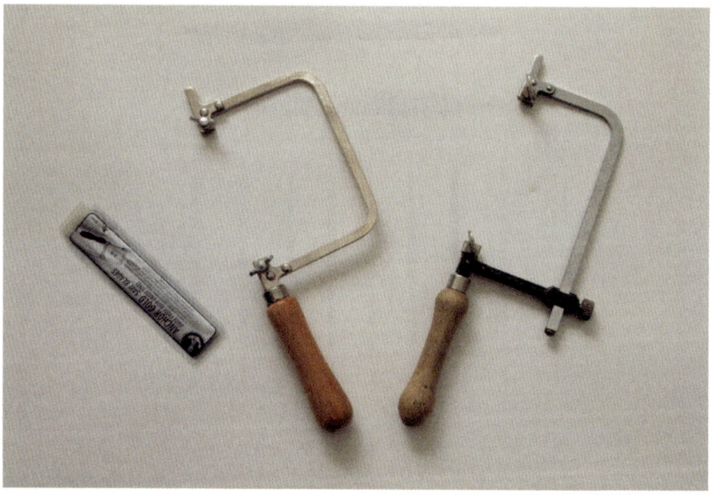

固定型锯弓和可调节锯弓

不同锯弓的主要区别在于锯弓的深浅不同，方便锯切大小不同的金属。线锯的锯条也称为锯丝，最细的为 8/0 号，14 号最粗。3/0 号用于黄金、铂金首饰的制作，0 ～ 2 号用于银材质首饰的制作。

（七）砧铁

砧铁是一种敲击金属时用来制形的工具。砧铁有多种类型，常用的有牛角砧、方形铁砧、窝砧、坑铁、四方平砧、梯形铁砧等。

① 张晓燕 . 首饰艺术设计 [M]. 北京：中国纺织出版社，2010：219.

牛角砧可以用于敲打圆形、弧形等的工件。方形铁砧是用于敲打制作金属的垫板，在上面可以敲击或敲薄金属片、金属条等。窝砧和冲头是用于对金属进行造型的套装。窝砧主要用于加工半球形工件。铁质的窝砧的六个面有数个直径不同的半球形的凹坑，配套相应的球形冲头，可以敲出比窝砧凹坑稍小的半圆球形工件。[①] 坑铁除用来将金属片敲出弯曲弧形外，还可以加工半圆的工件，也可以用来敲击手镯或者弯曲花瓣等。

方形铁砧

窝砧和冲头

铁砧的表面一定要保持干净光洁，以免敲击时在工件的表面留下痕迹。

（八）戒指棒和戒指圈

戒指棒有两种：一种是用来测量戒指内圈的大小。在大约 300 毫米的圆锥形的铜质尺棒上，刻有 33 个刻度，表示戒指内圈的直径，对应相对的戒指圈口号。另一种是戒指铁，铁质的锥形棒体上没有刻度，不能进行测量，但是可以用来支撑金属片或者金属条进行弯曲，进行加工和整形。可以将戒指套在戒指铁上，用橡胶锤进行敲击，对较小圈口的戒指进行扩圈，或者对不圆的圈口进行整形。

戒指棒和戒指圈

戒指圈，也称为指环，用来确定手指的粗细以及适合佩戴戒指的圈口。

（九）量具

常用的量具有钢尺、角尺、圆规、钢针、卡尺等。

① 赵丹绮，王意婷 . 玩金术 [M]. 上海：上海科学技术出版社，2018：104–105.

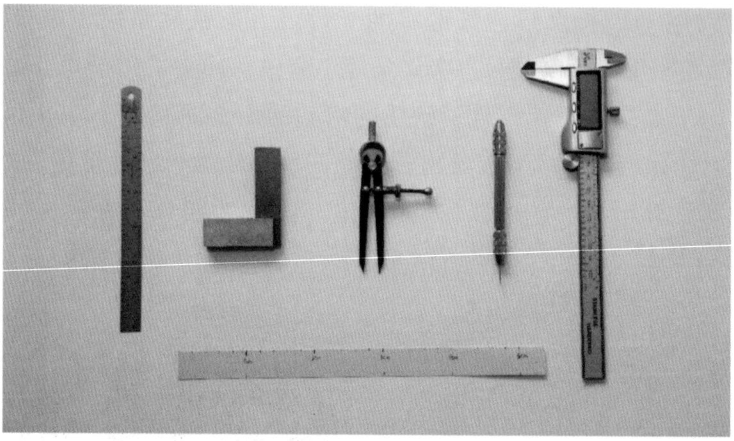

常用量具

钢尺的主要作用是测量金属片或者金属丝的长度。角尺的作用主要是测量金属片的一角是否为直角。圆规的作用主要是在金属板上画圆形。钢针的作用是在金属板或金属丝上画线或做记号。卡尺是用来测量金属板和线的长度或内外直径的常用工具。卡尺有游标卡尺和铜卡尺。其中游标卡尺可以比较准确地测量出数据，并带有数据显示器。

（十）抛光工具

砂纸：用于金属表面的抛光打磨，去除氧化物。它是把大量的研磨颗粒黏合在纸质上制作而成。砂纸的规格有很多种，例如 320 目、400 目、600 目、800 目、1 000 目等。为获得理想的抛光效果，砂纸的使用应遵循从粗到细的顺序。砂纸可按照要求裁成不同的形状和大小来使用。

砂纸

铜丝刷：用于清洗金属表面，进行粗抛光。

夹棒或夹针：是安装在吊机上使用的抛光工具，配合砂纸使用。从夹棒或夹针的夹槽中穿过一块长长的砂纸，然后把砂纸缠紧制作成砂纸卷，末端用透明胶固定，可用于戒指的内圈打磨等。当砂纸卷外层的砂纸磨损后，撕掉表层即可继续使用内层的砂纸。

橡胶轮针：表面布满研磨物的打磨橡胶轮。不同的位置，对应不同形状和颜色的橡胶轮，可以配在吊机上使用。为了获得最佳的打磨效果，可以依照从粗到细的顺序使用橡胶轮针。

铜扫：安装在吊机上使用，用于制作表面呈现磨砂肌理效果的工件，还可以用于焊接前的清理工作。

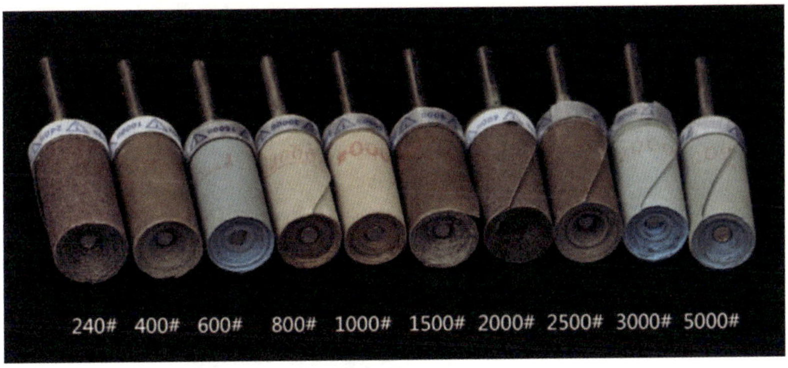

砂纸卷

毛毡抛光轮：在用砂纸和橡胶轮针抛光后，将毛毡抛光轮结合抛光蜡使用，可以用于局部抛光，去除划痕。

橡胶轮针

铜扫

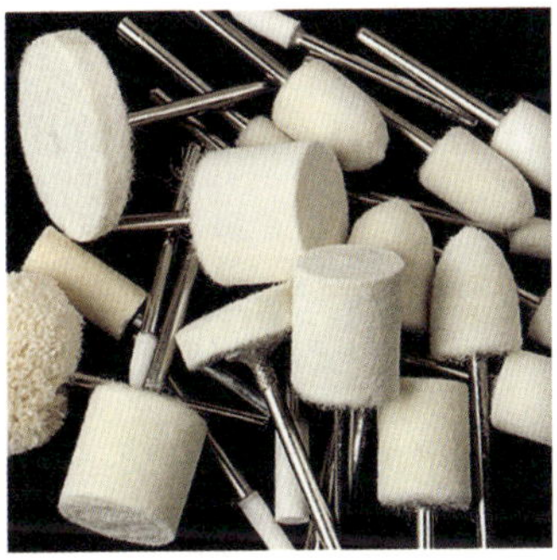

毛毡抛光轮

布轮：安装在吊机上使用，用于吊机抛光，用完毛毡抛光轮后，使用布轮可起到抛光增亮的作用。

擦银布：市面上所售卖的擦银布表面上附有擦银剂，可以用于去除银饰表面的指纹和污垢。

二、辅助工具

台秤：用于金属重量的测量。

坩埚：熔化金属时使用的耐高温的熔金盛器，一般由耐火材料制成。在首饰制作过程中，锉、削、打磨下来的贵金属碎片和粉末可以收集在坩埚里，用大号火枪进行加热，同时加入硼砂助熔，待熔化后将贵金属熔液倒入油槽中，冷却凝固成金属块后可再次使用。

三、其他工具

其他工具还有耐火砖、焊枪（大、中、小）、焊机、拉丝板、台钳等。

耐火砖：用于金属的焊接和退火。耐火砖属于防火材料，且不易吸收热量并能保证安全。[①] 大多数金、银首饰可以放在耐火石棉陶瓷板上进行焊接，蜂窝陶瓷焊板也很适用。

耐火砖

焊枪：根据焊接的部位，使用大、中、小不同型号的焊枪。型号不同，焊枪的火焰大小也不同。对金属片、金属丝进行退火或焊接时，可以使用大号或者中号焊枪。当进行小部位的焊接、线与线的焊接、花丝的零部件焊接时，可以使用小号焊枪。

拉丝板：是用于拉制不同直径金属线的专用工具。拉丝板的孔口大小不同，方便拉不同尺寸的金属丝。通常是用坚硬、不易变形的特殊钢材制作而成，有方孔、圆孔、半圆孔等不同规格的拉线板。

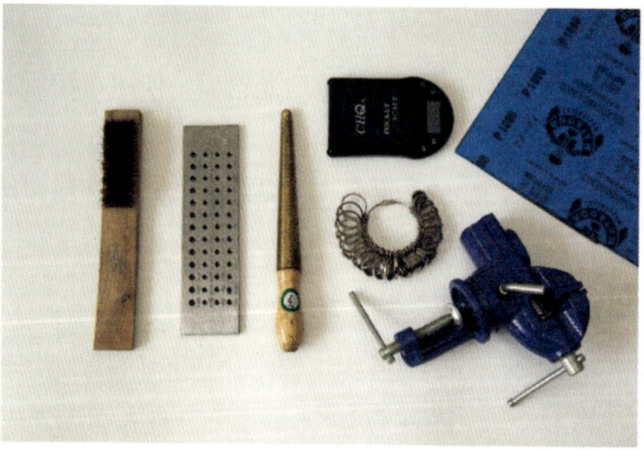

铜刷、拉丝板、戒指棒、戒指圈、台秤、砂纸、台钳

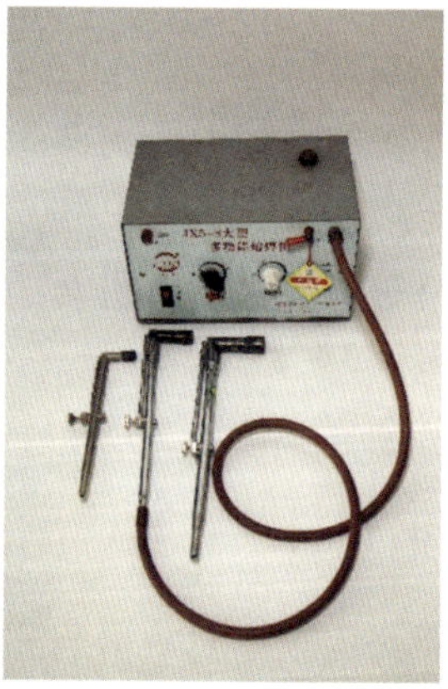

焊机、焊枪

玛瑙刀：是用于压光纯金饰品的常用工具，有剑形和刀形等形状。当纯金饰品上出现不平滑的缺陷时，可以用玛瑙刀蘸上水，在不够光滑的地方用力挤压，直到平滑为止。

双头索嘴：是在进行手动钻孔以及镶嵌宝石微调时，用来固定的小型工具。

① 徐植 . 贵金属材料与首饰制作 [M]. 上海：上海人民美术出版社，2009：48.

手摇钻：可以通过固定不同尺寸的钻头进行手动钻孔，也可以夹住金属丝进行拧丝。

划线笔：可以借助钢尺进行刻画和描绘设计稿，也可以在金属表面刻画肌理和痕迹。

定位錾：用錾花锤敲打定位錾，可以錾出一个小凹坑，这个小凹坑可以使钻头在钻孔的时候不跑偏。

图案錾和字母錾：每一支钢质的錾子都有不同的图案或者字母，用錾花锤敲打这些錾子可以制作出不同图案和肌理等。

手摇钻

图案錾

字母錾

第二节　别具炉锤：基本设备

首饰制作工艺的步骤繁多，个别制作工序可采用机械化，提高生产率，降低生产成本，减轻劳动强度和技术难度。机械化操作使用的主要工具设备有以下类别。

一、工作台

工作台是首饰制作必用的工作桌，通常用木质材料制作，高度在 90 厘米左右，桌面尺寸为 80 厘米 ×43 厘米，也可以根据自己的需要进行加工和定制。[①] 台面要求平整光滑，不能有缝隙，以防在制作首饰的过程中小颗粒宝石或金属碎屑掉入缝隙中无法取出。在台

① 赵丹绮，王意婷 . 玩金术 [M]. 上海：上海科学技术出版社，2018.

首饰工作台

面的两侧和背面竖起高于桌面一定高度的板，防止镶嵌加工首饰过程中崩掉宝石。

首饰工作台通常由几层抽屉组成，分别放置首饰加工的基本工具和收集锯锉下来的贵金属粉末和碎屑。台面用于放置焊接和基础制作工具，中间放置用于固定锉削金属的台塞。台塞的下方用抽屉或者皮兜承接锉削的金属碎屑和粉末。台面上设置一个支架，用于吊机的悬挂和固定。①

无论哪种工作台，都要以高度合适、使用便捷为宜。工作台应放置于朝北的窗户下，这样台面上的光线总是均匀的。

二、焊接设备

焊接设备能提供清洁、高热并能快速焊接的火焰，用于首饰的焊接。焊接流程在首饰制作过程中非常重要，购置设备的时候要特别注意自己适合使用什么能源的焊炬。焊接设备有很多类型，不同的企业、学校和小型工作室根据需要采用不同的焊接设备。不同的金属由于熔点不同，需要的温度不同，采用的焊接设备也就有所不同。例如有天然气、煤气、汽油焊接等。

焊接的工序就是通过烧熔第三块金属而将另外两块金属连接，第三块金属（焊药）的熔点要低于其他两块金属，当焊药熔化以后就流入两块金属之间并将它们焊接在一起。②当焊药凝固后，就在两块金属之间形成一条不同硬度的金属带。

（一）焊接设备的种类

1. 煤气和空气压缩机

煤气和空气压缩机是一种效率较高的焊接设备，它通过压缩空气，使氧气和煤气的混合燃烧产生高温火焰，以达到焊接的目的。大型企业为了提高效率，普遍采用这种焊接设备。在使用这种焊接设备的时候一定要注意安全，先打开煤气开关，根据加热产品受热面积调整压缩空气的进气量。使用者应学会通过调整进气量来调节火焰长短、大小的方法。在使用后，设备管理者一定要检查各个管道的关闭情况后方可离开，离开时一定要关闭总闸，防止煤气泄漏。

2. 多功能熔焊机

多功能熔焊机，有大小功率之分。焊炬头部可以更换，有大、中、小号焊炬头，以

---

① 王昶，袁军平．贵金属首饰制作工艺 [M]. 北京：化学工业出版社，2008：93.

② 吴小军．浅析首饰快速连接结构的设计理念 [J]. 艺术科技，2013（1）：164.

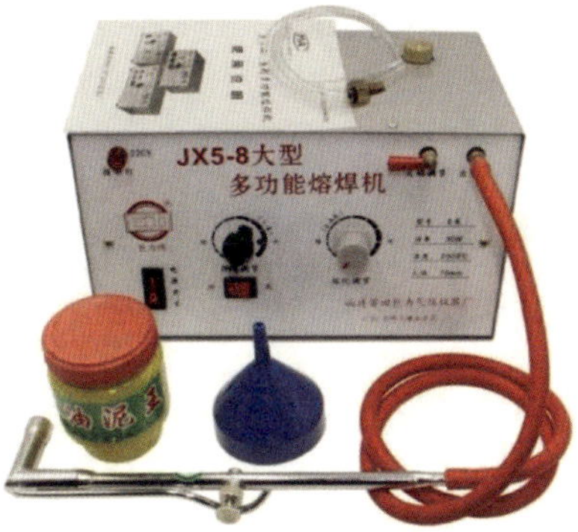

多功能熔焊机

适应焊接不同尺寸的焊口。多功能熔焊机与焊炬头、胶皮管组装在一起方便教学使用。通过火焰调节按钮可以调节火焰的大小，方便焊接精细的首饰。其中大功率的熔焊机功率为58W，温度可以高达2 000℃，可以用来熔化金、银等金属原材料。多功能熔焊机配合航空汽油一起使用，干净快捷，特别适合在学校和小型工作室采用。

3. 手持小型焊接枪

手持小型焊接枪主要采用灌装压缩燃气充气，适用于焊接小的接口。

手持小型焊接枪

4. 皮老虎

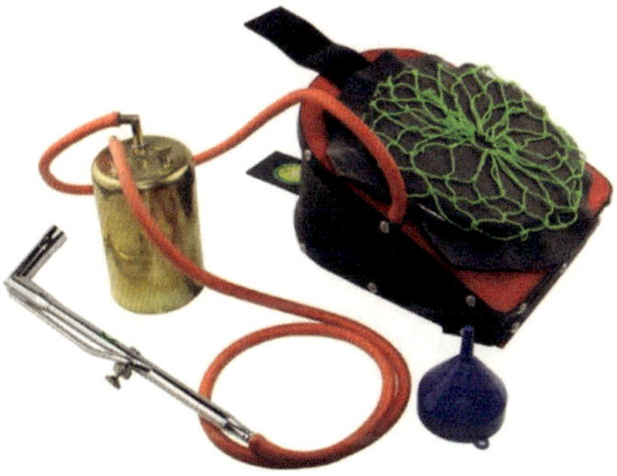

皮老虎

皮老虎是一种可以产生压缩空气的装置。皮老虎挤压产生的压缩空气可以与汽油燃料混合使用，使温度升高，从而达到焊接加热的目的。汽油通过皮老虎鼓气在油壶中形成汽油气，通过管道输送到焊枪配合使用。

5. 水焊机

水焊机可以进行精密的高品质焊接，适用于加工铂金首饰。它的主要特点是：火焰温度可以达到2 800℃，火焰精细，焊接质量高。它主要使用的燃烧物是水，使用安全且没有废气产生，不污染环境，是一种环保型焊接设备。

水焊机

（二）焊台

焊台用于焊接和退火。焊台应选安全、不炸裂、易于清洁、寿命较长并且价格不高的材料，一般应用防火材料制作，如耐火砖、石棉陶瓷板、蜂巢陶瓷焊板等。这些材料不易吸收热量且能确保安全。大多数金、银首饰都可以放在焊台上面进行焊接。

（三）焊接盘

焊接盘是一个能旋转的圆盘，上面铺有耐火碎砖或浮石，有助于焊接各个部位。浮石层还便于固定工件和焊接。浮石很少吸热，有利于保持工件的热量。

三、压延机

压延机是首饰制作必不可少的机器，它包括压片机、压丝机和压片压条一体机。手动压延机多用于学校或小型工作室，电动压延机多用于工厂。

手动压延机

（1）压延机有不同截面的压滚，平面压滚、方口压滚和半圆凹槽压滚是手工制作金银首饰不可缺少的工具，可以将金属厚板或者线材迅速变薄并且很均匀。

（2）光面压滚，两滚之间要永远平行。在一开始压片的时候要调整两滚之间的距离，让板材很容易通过。[①] 每次压片之前，金属都要进行退火，同一标尺金属片过压片机两次后再调窄一点，直到压出合适的薄板。

（3）方形材料的压延、金属锭或者方形线材很容易用压滚碾细，因为方形有四个面，所以每经过一个凹槽都要将金属过两次，后一次翻转 1/4 圈。方形线材可移动到光面滚上压成长方横截面，也可把方形线材经拉线板拉成圆丝。[②]

对金属进行压片或者压条之前需要进行退火，退火后的金属会恢复延展性且变软，方便压延。在使用之前，先将压延机调节到上下滚轮平行，并且比金属片稍窄，然后将退过火的金属片送进压片机，每压两到三次退火一次。

四、拉丝机

拉丝机可以将金属条或者丝拉成不同粗细的丝。拉丝机分为手工拉丝凳和电动拉丝机。拉丝机要配合拉丝板一起使用。拉丝板有多种类型：圆形、半圆形、三角形、六角形等。不同型号的拉丝板可以拉出不同截面和粗细不等的丝。

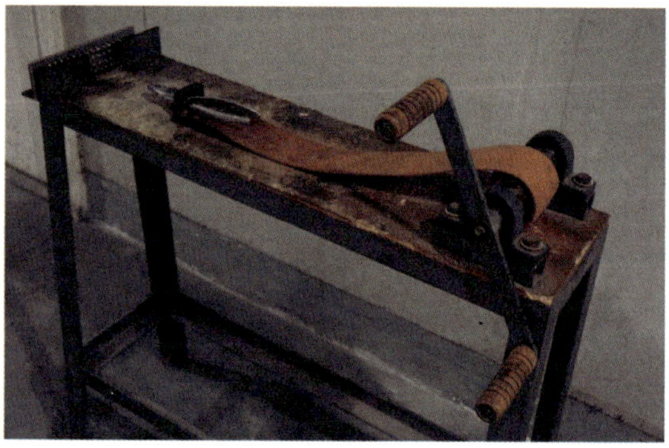

手工拉丝凳

在拉丝之前，要将金属丝进行退火，退火后将金属丝的一端锉尖，锉到可以插进拉丝板的小孔内，然后用老虎钳夹住金属丝穿过拉丝板的细头，匀速摇动手柄，将金属丝从拉线板中拉出。注意：拉丝拉

① 邹宁馨，伏永和，高伟．现代首饰工艺与设计 [M]. 北京：中国纺织出版社，2005：14.

② 同① 22.

到两到三次后，就要将金属丝再次退火恢复其延展性，有助于更快更好地拉丝。在拉丝的时候一定要慢慢摇动手柄，以免拉断金属丝。

五、吊机

吊机，也叫吊磨机，是一种常用于镶嵌宝石、抛光打磨等操作的工具。吊机由机身、软轴、脚踏板和手柄组成。手柄上配有不同功能的铣刀。吊机分为台式吊机和挂机，吊机主要用来钻孔、镶嵌、打磨、抛光等。吊机可以挂在专门的吊杆上，也可以挂在墙上。

吊机可根据需求选择不同尺寸的夹头以及不同尺寸的铣头。[①] 铣头根据需要有各种不同的形状，如伞针、钻孔针、桃形针、轮针、飞碟、砂轮、橡胶轮、抛光轮等。这些不同形状的铣头有助于材料的打孔、打磨和抛光等。

吊机

吊机是专业首饰制作中打孔、抛光等不可缺少的设备。台式吊机需要悬挂固定，手持抛光柄，脚踩踏板，注意不能长时间高速使用，使用 20 分钟后需让机器休息一段时间，防止温度过高烧坏吊机主板结构。

注意：在使用吊机时，长发的操作人员一定要将头发扎起，防止头发卷入吊机。要佩戴防护镜和口罩，避免抛光过程中将灰尘吸入体内。

六、台式抛光机

首饰制作的过程中，除使用锉刀和吊机打磨外，还可以选用台式抛光机，去除之前抛光过程中留下的细小锉痕以及细微的抛光痕迹。台式抛光机的电动机加上锥形螺丝头，能旋紧抛光布轮，可用于金属抛光。专业首饰台式抛光机带有吸尘装置，可以吸收贵金属粉末。在使用时，操作人员应该佩戴防尘口罩和护目镜，防止金属和粉末抛出，以免发生危险。台式抛光机

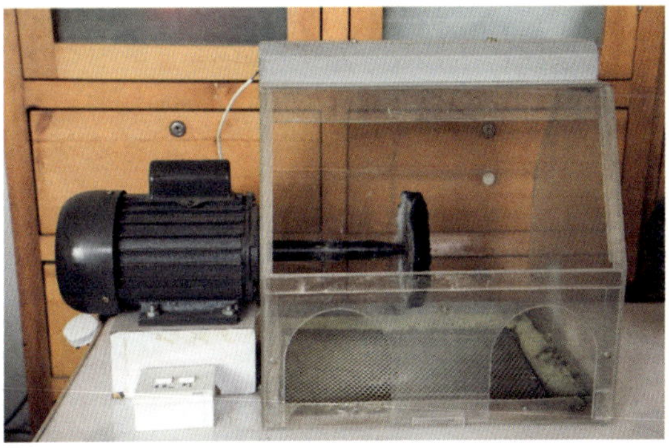
台式抛光机

① 邹宁馨，伏永和，高伟 . 现代首饰工艺与设计 [M]. 北京：中国纺织出版社，2005：22.

有很多种，有单头、双头的，吸尘和不吸尘等。大部分台式抛光机都带有防尘罩和吸尘装置，以减少贵金属粉末的损失和对人体的伤害。

抛光机可以配用各种布轮、毛刷、戒指绒芯、飞碟盘和抛光蜡等配件。通常黄色布轮用于粗抛光，白色布轮用于细抛光。抛光蜡有不同的颜色，适合抛光不同的金属。含有石英砂的白色蜡，多用于粗抛光，去除划痕。含有合成氧化铁的红色蜡，起到擦亮上光的作用。含非结晶氧化硅的绿色蜡，作用介于两者之间，既能研磨，又能擦光。绿色蜡多用于粗抛光，白色蜡用于中抛光，红色蜡用于细抛光，这是由每种蜡的成分所决定的。

打磨抛光之前，先打开吸尘装置，接着打开抛光电动机电源，先借助电动力量将布轮安装到电机上带螺旋纹的锥形中轴上，蘸抛光蜡进行打磨。先进行粗抛光，粗抛光主要去除锉痕和焊接接口等。粗抛光过程中，不要用力太猛，以免留下抛光凹痕而不能补救。一些较小的首饰和部位可以采用飞碟进行抛光。经过粗抛光后，再进行中抛光和细抛光，细抛光可以让首饰的表面发亮。

七、首饰超声波清洗机

首饰超声波清洗机是利用超声波的振动能量进行首饰和精密工件清洗的专用设备。首饰经过打磨抛光后，表面会留下抛光蜡和灰尘，经过超声波清洗机的清洗，首饰表面才能彻底干净光洁。

超声波清洗机的种类很多，有加热和不加热之分。加热的超声波清洗机可以使首饰清洗更加快捷。超声波清洗机在使用的时候，要配合专门的清洗液。现在市场上销售的清洗液有很多种，有洗首饰水、洗银水、洗珍珠水、除蜡水等。配制首饰清洗液的水温为50℃～70℃。清洗的过程如下：

（1）在不锈钢内桶中放进清洗液。

（2）将首饰或工件放入金属丝网中，并悬挂于清洗液中。

（3）打开振动开关，进行3～10分钟的清洗。

（4）清洗完的首饰用清水冲洗干净，并用吹风机将其烘干。

操作的时候最好戴上手套，以免在光洁的首饰上留下手印。为了避免损坏宝石戒面，镶嵌宝石的首饰不能在超声波清洗机中清洗过久；内含裂缝或者容易碎裂的宝石也不宜在超声波清洗机中清洗。

八、砂轮机

砂轮机可以制作各种錾子，通过锤子配合錾子可以在金属表面敲出各种造型。在金属浮雕工艺中，自制錾子也是必不可少的环节。利用砂轮机可以制作出各种不同造型的錾子，丰富金属表面创作空间。

九、台钳

台钳常常固定在桌子上，用于金属配件的固定，可以帮助我们夹住金属，方便打磨、切割或者锉修。台钳有固定型和方向型两种，用于固定金属物件进行下一步制作，如弯曲、打磨等。

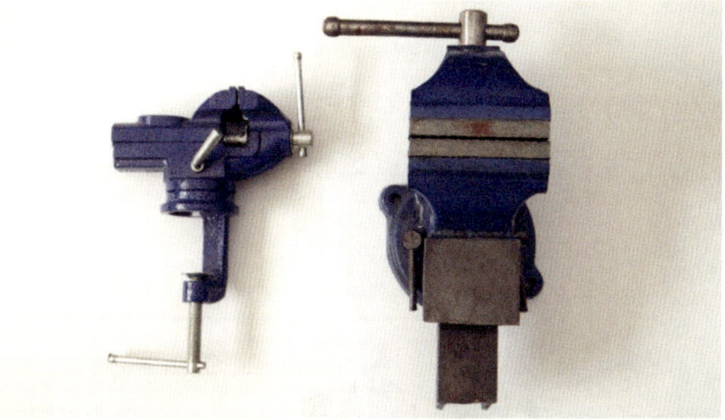

固定型台钳和方向型台钳

十、压模机

压模机用于橡胶模的硫化，又称硫化机。压模机是首饰批量制作不可或缺的设备。在首饰的批量生产中，常常采用压模机来压制首饰样板的空腔模具，再通过失蜡铸造的方法进行首饰的批量复制和生产。

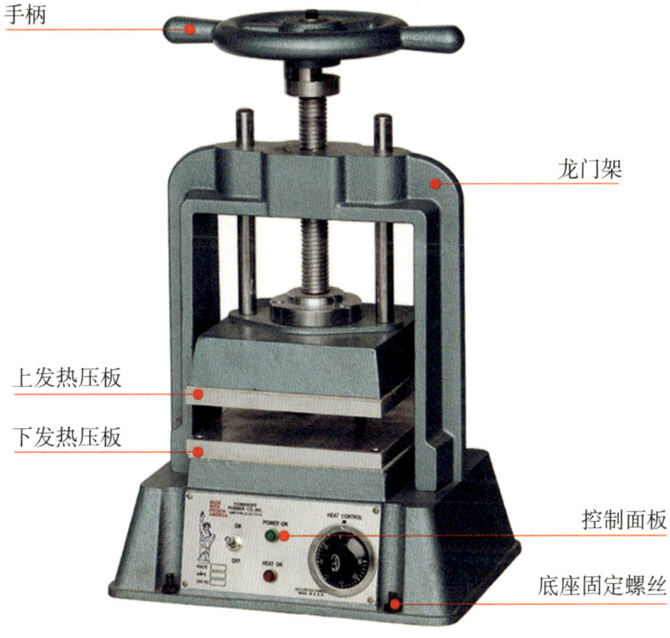

压模机

压模需要一定的压制压力，它通过手柄杠杆带动上压板来控制，杠杆上设有转盘以方便操作。橡胶硫化要在一定的温度下进行，压模机在压板内部装了内置发热丝，通过控温器控制温度。与压膜机配套的有各种模框，有单框、两框、四框等几种。模框大都是用铝合金制作的。[①] 根据要铸造翻模的首饰尺寸，选择合适的模框来进行压模。

十一、注蜡机

首饰在进行批量生产的过程中首先要压好模具，再通过注蜡机在胶模中注入蜡模，将蜡模取出后重复相同的工序进行多次注蜡，取得相同的多个蜡模以方便首饰的批量生产，节省人工制作的成本。

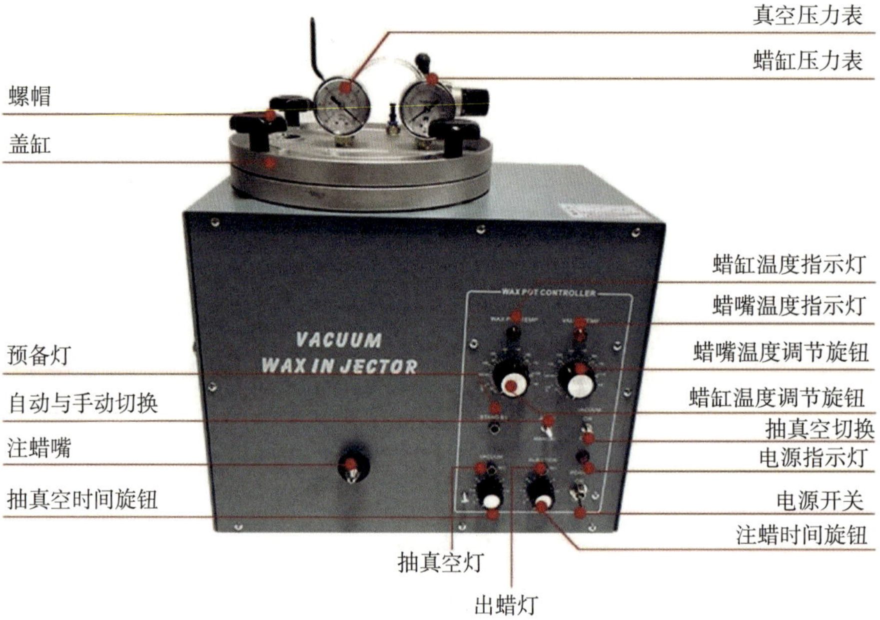

注蜡机

注蜡机的种类较多，比较先进的有真空注蜡机和气压注蜡机。两种注蜡机均采用气泵加压，使蜡液充填橡胶模腔。气压注蜡机，一般采用普通温控器，价格较低廉，可大批量生产对生产技术要求不高的产品，但是蜡模的质量相对较难保证。[②] 真空注蜡机是在注蜡前先对胶模抽真空，蜡模在真空状态下进行注蜡，可以优化充填性能，比较细薄的蜡模也容易注出。真空注蜡机也有多种类别，以前真空注蜡机的自动化程度相对较低，要用手拿住胶模并对准蜡嘴，用脚踩动踏板才能注蜡，现在开发了自动化程度很高的真空注蜡机，采用数码式真空注蜡系统。它的工作原理主要基于真空技术，通过在特定的容器内形成一

① 袁军平，王昶，申柯娅 . 现代首饰熔模铸造设备进展概况 [J]. 中国铸造装备与技术，2006（3）：26–28.

② 张晓燕 . 首饰艺术设计 [M]. 北京：中国纺织出版社，2010：244.

个负压环境，从而使得液体材料（如蜡）能够被吸入并填充到需要注蜡的部位。

十二、搅拌机、抽真空机

搅拌机是在失蜡铸造过程中，制作石膏模具时将铸粉和水搅拌均匀，代替手工搅拌来提高效率。搅拌机分为简易型和真空自动型两类。①

简易型的搅拌机结构简单，价格便宜。由于搅拌是在空气中进行的，容易卷入气体，因此石膏浆料搅拌好后需要在抽真空机中将浆料中的气体抽走。常见的抽真空机是真空气泵配上气压表为主体的机器，在机箱顶部装有一块平板，平板四角有弹簧可以振动，平板上有一层胶垫并配有半球形的有机玻璃罩，抽真空时罩子与胶垫之间结合紧密，不易漏气，以保证抽真空的质量。使用简易型搅拌机铸粉，整个过程要经过搅粉、抽真空、灌浆、抽真空几道工序，比较烦琐。学校和小型工作室大多采用这两种机器。②

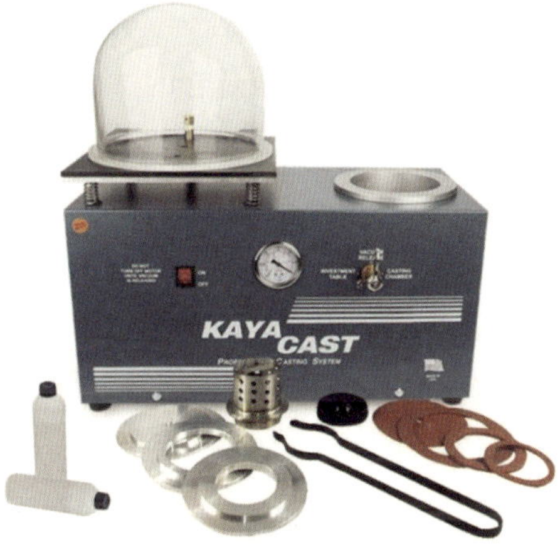

抽真空机

真空自动型搅拌机是比较先进的设备，集搅拌机和真空密封装置于一身，可以实现从搅拌铸粉开始直到灌浆成型的整个过程都处于真空状态，有效减少了气泡的出现，使产品的光洁度更好。真空搅拌机一般是有定量加水、设定搅拌时间、设定搅拌速度等功能，提高了自动化程度。与简易型搅拌机相比，它省去了搅粉、抽真空、灌浆、再抽真空等复杂化操作，操作简单、省时。③

十三、焙烧炉

首饰制作中使用的焙烧炉是用来加热铸造时所用的石膏模具，或者是用来烧制珐琅。焙烧炉大都采用电阻炉，带有控温装置，而且可以实现分段控温。这种炉子一般采用三面加热，也有些采用四面加热；但是炉内温度分布不够均匀，焙烧时也不易调整炉内气温均衡。随着技术的发展，很多大型电炉能提供更好的生产环境，用于铸造更大和更多数量的钢铃；而且这种炉箱四面加热，内有双层耐火砖隔板，热度均匀稳定，绝缘设备好。排烟经过两次充

焙烧炉

① 干大川．珠宝首饰设计与加工 [M]. 北京：化学工业出版社，2005：324.

② 同① 330.

③ 王昶，袁军平．首饰制作工艺技术的新进展 [J]. 宝石和宝石学杂志，2007（3）：26–31.

分燃烧，最后排出的是无公害气体。①

十四、铸造机

现代首饰批量制作主要采用失蜡铸造的方法。由于首饰是比较精细的产品，浇铸过程中金属液会很快发生凝固而丧失流动性，因此常规的重力浇铸难以保证成型，必须引入一定的外力，促使金属液迅速充填石膏型腔，获得形状完整、轮廓清晰的铸件。因此，铸造机是采用失蜡铸造方法生产首饰时非常重要的设备，是保证产品质量的一个重要基础。

根据所采用的外力形式，常用的首饰铸造机主要有以下类别。

（一）离心铸造机

离心铸造机是利用高速旋转产生的离心力将金属液引入首饰型腔的机器。使用离心铸造机，金属液的填充速度较快，对于细小复杂工件的成型比较有利，适合金、银等合金的铸造。对铂金来说，由于处于液态的时间非常短，用离心铸造也是比较适合的。② 因此，离心铸造机仍是珠宝首饰厂家和金店应用最多的铸造设备。Manfredi 牌离心铸造机是比较先进的离心铸造机，用于浇铸铂金合金。它是在真空下完成熔炼和离心浇铸的，因此有利于金属冶炼的质量。③

简易离心铸造机是一种简单的机械传动式离心机，在一些小型加工厂或者个人工作室使用。它没有附带感应加热装置，利用氧气和乙炔来熔化金属，或利用熔金炉熔炼金属，然后将金属液倒入坩埚中进行离心浇铸。

Manfredi 牌离心铸造机

简易离心铸造机

（二）真空铸造机

真空铸造机是一种通过真空加压、真空吸铸等方式将金属由下而上地吸入型腔进行凝

---

① 朱建军，柳文婷，徐卫 . 艺术铸造在工程训练中的运用 [J]. 产业与科技论坛，2011，10（2）：139–140.

② 王昶，袁军平 . 贵金属首饰制作工艺 [M]. 北京：化学工业出版社，2008：115.

③ 徐植 . 贵金属材料与首饰制作 [M]. 上海：上海人民美术出版社，2009：81.

固成型的铸造设备。相比离心铸造机，真空铸造机的金属入腔成型过程更加缓慢，金属流入腔体时对型壁产生的冲击力也更小。另外，真空铸造机抽真空的过程降低了型腔内气体的反压力，明显提高了一次性铸造的最大金属量。因此，真空铸造机受到欢迎，应用也越来越广泛。真空铸造机多种多样，其中较为简单的是小型真空铸造机和吸索机。这两种真空铸造机由于没有加热熔炼装置，以真空系统为主要组件，在使用过程中需要配备火枪或熔金炉等工具，操作简单、生产效率高，更加适合小型工作室及学校。浇铸过程主要包括浇铸温度、浇铸速度、液面熔渣处理等步骤，可以由工作者自己控制，但需要注意大气下浇铸可能存在的二次氧化吸气现象。

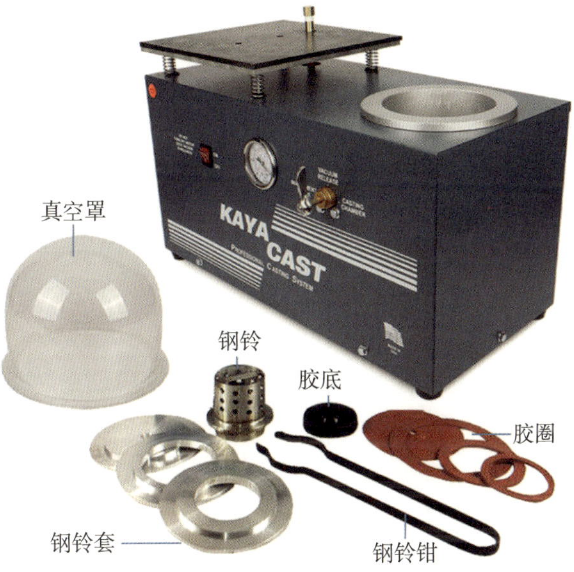

小型真空铸造机

真空铸造机中比较先进、使用比较广泛的是自动真空吸铸机。这类机器的型号特别多，如日本的 Tanabe Kenden（田边）、意大利的 Italimpianti、美国的 Neutec 等。不同公司生产的机器各有特点，但一般都是集感应加热、真空系统、控制系统于一体，在结构上一般采用直立式，上部为感应熔炼炉，下部为真空铸造机。采用底注式浇铸方式，坩埚底部有孔，熔炼时用耐火柱塞杆塞住，浇铸时提起柱塞杆，金属液就浇入下面的型腔。柱塞杆位置设置了测温系统，它可以比较准确地反映金属液的温度。

真空铸造机可以采用电脑编程控制，自动化程度较高，铸造产品质量比较稳定，孔洞缺陷较少，是众多厂家比较推崇的设备，广泛应用于黄金、K 金、银等贵金属真空铸造。[①]

① 王昶，袁军平．首饰制作工艺技术的新进展 [J]. 宝石和宝石学杂志，2007（3）：26–31.

本章小结

主要内容：本章主要介绍首饰制作中常用的基本工具和设备，使学生全面了解基本工具和设备的种类、使用方法及操作流程，能够掌握基本工具的选购和设备的实操。

重点：熟练掌握首饰制作工具的使用方法。

难点：常用设备的使用，如焊接设备和压延机等设备的实操。

任务模块

思考任务

1. 通过思维导图形式记录和分析首饰制作的基本工具和设备，并举例说明基本工具的使用方法。

2. 阐述锉刀、熔焊机的作用及使用方法。

3. 解释钳子的类型和使用方法。

拓展任务

根据首饰设计制作的需要，选购基本的锯弓、锉刀、剪钳等首饰制作工具。

设计任务

开展小组讨论，说一说在首饰制作中必须使用的基础工具和设备都有哪些。

章节资源

1. 赵丹绮，王意婷 . 玩金术 [M]. 上海：上海科学技术出版社，2018.

2. 金克斯 · 麦克格兰斯 . 珠宝首饰制作工艺手册 [M]. 北京：中国纺织出版社，2013.

3. 张晓燕 . 首饰艺术设计 [M]. 北京：中国纺织出版社，2010.

4. 邹宁馨，伏永和，高伟 . 现代首饰工艺与设计 [M]. 北京：中国纺织出版社，2005.

第五章　鸠工庀材：材料准备

Material Preparation

唐代李方郁在《修中岳庙记》中说:“岂可不成耶? 遂鸠工庀材，四旬而就。”“鸠工庀材”是指召集工匠，准备材料。材料准备是首饰制作的重要一环，它的完备与否直接关系首饰制作的进度和首饰的质量。首饰制作工序中的配料，是指将不同元素的金属材料按一定的配比，在熔金炉中熔化合成为多元合金材料再进行加工，使之成为手工或铸造等工序所需要的各种形状的材料，主要有板材、片材和管材等。也可以根据制作的需要，购买不同形状和厚度的金属材料，包括各种型号的金属片、金属管、金属丝和金属颗粒。

第一节 焦金流石：化料

南朝刘峻在《辩命论》中说:“是以放勋之世，浩浩襄陵；天乙之时，焦金流石。”焦金流石是指将金属熔化，用于形容温度极高。在首饰制作中，材料的准备是第一步。本节将详细介绍金属化料的方法和步骤。

一、化料的设备

（一）熔金炉

在首饰制作行业中，熔化金、银、铂等贵金属及其合金的炉子习惯上称为熔金炉。熔金炉一般分为高频熔金炉、中频熔金炉、真空熔金炉和电阻熔金炉等。

1. 高频熔金炉、中频熔金炉

这些熔金炉的一次熔金量通常在 1 ～ 5kg 不等，具有熔金速度快、操作方便、温度高等特点，最适合铂合金及铂族金属的熔炼。

2. 真空熔金炉

将合金放置在真空熔金炉中熔化，并加以惰性气体保护，可以防止金属氧化。真空熔金炉中配制的合金，质地紧密，并有着良好的金属韧性，铸造后的产品针孔极少，是合金熔炼较为理想的设备。

3. 电阻熔金炉

电阻熔金炉也叫电阻坩埚炉或桶式电阻炉，通常用于熔化 K 金、银合金及纯银、纯金、金银焊料。电阻熔金炉操作简单、方便。可根据需要，选择 1 ～ 5kg 坩埚容量的熔金炉进行作业。通常使用的电阻熔金炉的最高炉温为 1 400℃，所以它只能熔化金、银及其合金，而铂族金属只能使用高、中频熔金炉来熔化。

电阻熔金炉属于非封闭式的熔金炉，在熔化金属的过程中会有一定的空气侵入，极易造成合金氧化，而氧化过的合金在压延和拉丝的过程中往往会出现脆皮、开裂等现象，这种现象在低成色的 K 金和银合金中尤为严重。所以，在使用电阻熔金炉熔化配制 K 金和银合金的过程中，利用木炭或硼砂进行表面隔断保护，可以减少或避免这种现象的出现。

（二）坩埚

坩埚是用来熔化金属的容器，具有材质轻、耐高温等特性。坩埚的形状有直筒式、卧槽式等。贵金属的材料不同，所使用的坩埚材质也应有所不同。铂金材质在熔化过程中极易被污染，所以，熔解铂金必须避免使用碳素系的坩埚。因为在铂金中混入少量含碳的物质，会使铂金变脆，从而影响铂金的使用价值。熔解铂金及铂族金属合金应使用高纯度的氧化铝或氧化锆坩埚。

在贵金属熔炼过程中，常常使用的坩埚有氧化锆坩埚、二氧化硅坩埚、石墨坩埚、陶土坩埚、氧化铝坩埚等。

（三）油槽

油槽也叫铸模。贵金属材料经熔金炉熔化后铸入有特定形状的金属或非金属的模型，它们通常由铸铁、纯钢和石墨等制作而成，在形状上主要分为块料模和棒料模两类。块料模又有卧模和立模之分，而棒料模几乎全是用立模来倒料的。

二、化料的步骤

原始的化料用电炉、煤炉、液化石油气炉等工具熔化，制作出金属条和片。化料是首饰制作工艺的第一道工序，所以一定要注意纯净操作，不能掺进杂质，以免影响材料的质量。操作步骤如下：

（1）如所熔纯金或纯银是新料，无论何种形状都可一起放入坩埚中待熔；如所熔纯金或纯银有部分边角料或粉末状，应先将“旧料”放入坩埚中熔化，全部熔化后再慢慢加入新料继续加温。

（2）待熔时，在银料中加入少许硼砂，去除杂质，用大号火枪继续加热坩埚。

熔化银旧料

加入硼砂

（3）用钳子轻轻晃动钳埚，当银料不粘坩埚可流动时，说明银料已化好。

（4）将油槽加热，并在内壁抹上机油。

熔银

加热油槽

（5）将坩埚尖口对准油槽，将坩埚内化好的银水快速倒入油槽。

（6）等银凝固冷却后，将银条取出待用。

倒入油槽

取出银条

第二节　炉火纯青：退火

热处理是对固态金属进行加热、保温、冷却以获得所需要的组织与性能的工艺。热处理技术分为退火、淬火、回火、正火四种。退火是对金属进行热处理的方式之一。通过退火金属材料能变软，方便首饰的加工和制作。

一、退火的概念

退火是指将金属加热到适当的温度，保持一定的时间之后缓慢冷却的热处理工艺。[①]“退火”是把金属变软、恢复原来延展性的专业术语。[②]不同的金属有不同的退火温度，也有不同的冷却方法。退火时，首先调整焊枪的火焰，将火焰调整到散火，用淡蓝色区域进行退火；将金属材料烧至微红，保持一段时间后缓慢冷却。这时候金属的硬度和脆性降低，方便进行敲打、拉丝、锯切等工艺的操作。加热后，大多数金属的颜色都会有变化：最初是颜色变深，也就是氧化；在氧化的过程中，金属被持续加热，直到颜色开始转为深红色。退火后金属表面会产生氧化层，待金属冷却后可以将金属淬火（冷却）。淬火是将冷却后的金属放置于冷水中降温冷却，然后放到稀硫酸中清洗氧化层，再用清水冲洗干净，方便加工制作。

二、线材的退火方法

很细的金属丝进行退火，可以用木棍缠绕起来后用银丝或者白铜丝绑紧进行退火，以免熔化。线盘要放在木炭上或者耐火砖上，注意可以将末端的线头绕住整盘线材，以免加热的时候散开。尽量用比较软的火焰。如果用铁丝捆住线材，酸洗前要去掉铁丝。在进入首饰制作工序之前，金属丝都需要退火，才能够变软以利于进行掐制和拉丝。

线材退火

① 李斌．金属热处理之退火 [J]. 科技传播，2012（19）：207.

② 邹宁馨，伏永和，高伟．现代首饰工艺与设计 [M]. 北京：中国纺织出版社，2005：17.

三、退火操作示范

（一）金属片退火

银片退火

（1）将银片放置在耐火砖上，点燃火枪，使用火焰中温度较高的位置加热金属片。火枪应该保持缓慢移动，以便金属片均匀受热。

（2）在退火时需要不断观察银片的颜色变化，当金属片呈现淡红色时，表明已经达到退火温度，继续移动火焰，以便整个金属片都呈现淡红色。银片两面都应该进行加热退火，防止受热不均匀。

（3）撤去火焰后，让银片在耐火砖上停留 2 分钟，银片由红色变暗。

（4）用镊子夹起银片放入冷水中进行淬火，再放入浓度为 10% 的硫酸溶液中浸泡 5 分钟。当金属片表面呈现干净亚白色的时候，用镊子从酸液中取出金属片，放入清水中冲洗干净。

（二）金属丝退火

（1）将 0.3 毫米的银丝盘成卷，用末端的银丝绑紧一圈准备退火。

绑紧银丝

（2）将成卷的金属丝放置在耐火砖上，点燃火枪，将火焰调整成散火，火枪保持缓慢移动，随着金属线画圈式加热。

（3）退火的时候要注意，用的火焰不能太强，要用软火进行均匀退火，画圈式均匀加热金属，看到银丝微微泛红后用镊子夹起来，再进行反面退火。

（4）退火后将金属丝放置冷却，然后将银丝的一头用锉修整成尖锥形，方便拉丝。

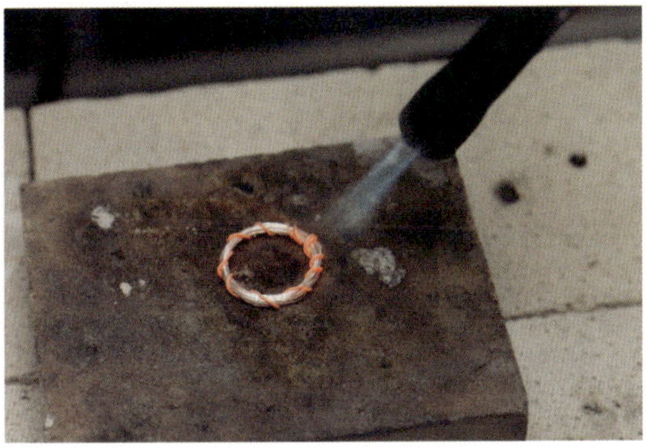

银丝退火

锉修银丝

（三）注意事项

在首饰加工的过程中，金属材料一旦变硬就要及时退火，否则金属材料会出现裂缝甚至断裂。退火的时候，将金属材料放在耐火砖或者木炭上，耐火砖和木炭的表面要保持干净，没有残留的焊药或者金属碎屑，否则，在给银片退火的时候，这些碎屑会熔化在金属片的表面，造成污染。

退火一般采用较软的散火，并且时间不宜过长。另外需要根据金属材料的大小来选择合适型号的焊枪并调整火焰的大小。在把金属材料放入清水或者酸液之前，一定要让金属材料自然冷却，否则容易溅出酸液。在给体积较大的金属材料退火时，可以用耐火砖围住，方便快速受热，增加退火的热量。

第三节　绵延不断：压延

压延机是首饰制作必不可少的设备，它包括压片机、压丝机和压片压条一体机。我们在首饰制作的过程中往往需要不同厚度的金属片或金属条。压延机是首饰制作过程中重要的金属片加工设备。

银条锻打

一、压延的步骤

（一）金属锭准备

将金属锭从油槽取出后，要用重锤将两面进行锻打，使金属被压实。等到金属锭变得坚固之后，用抛光过的锤子锤光表面，锉掉毛刺，进行退火。这样处理后的金属就可以经过压延机压薄、压条。①

（二）不同截面压滚

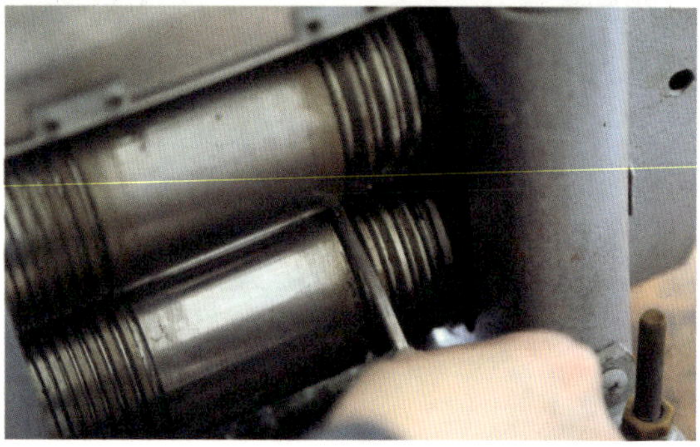

金属条压延

压延机有平面压滚、方口压滚和半圆凹槽压滚，是手工制造首饰加工材料不可少的工具，可将厚板迅速变薄并很均匀，也可压延出很细的条。

（三）光面压片

手动光面滚压延机，两滚之间要永远平行。在使用压延机之前，要先调整两滚之间的距离，让金属板材很容易通过；每压一次都要调窄一刻度压滚的距离，直到压出合适的薄板。每调窄一个刻度，都把金属板翻转正反面进行压延两次，这样可以保证金属板平整。每压 2 ～ 3 个刻度，要及时给金属板材退火，保持金属柔软，以免被压裂。②

（四）方材的压延

方棒或方线很容易用压滚碾细，每经过一个凹槽都要将金属过两次，后一次应翻转四分之一圈。③ 压到凹槽最细处后，可用拉丝板再拉成圆丝。

二、轧条的步骤

（1）对轧条机各部分进行检查，确认设备完好，擦拭压槽表面。

（2）检查熔炼后的银棒有无披锋现象，锉掉毛刺后进行退火。

（3）把银条送入轧条机最粗的 1 号轧槽，进行第一次碾压。

锉掉毛刺

第一次碾压

① 黄云光．首饰制作工艺学 [M]. 武汉：中国地质大学出版社，2005.

② 赵丹绮，王意婷．玩金术 [M]. 上海：上海科学技术出版社，2018：118.

③ 邹宁馨，伏永和，高伟．现代首饰工艺与设计 [M]. 北京：中国纺织出版社，2005：14.

（4）将碾压过的银条纵向旋转 90°，再次送入 1 号轧槽，进行第二次碾压。

（5）每个轧槽对银条进行两次碾压，这时银条截面已略呈方形，以此类推，在 2 号轧槽中重复进行第二次压轧，直到碾压至所需要的尺寸。

（6）在轧条过程中，银条会变硬造成断裂，需要及时退火，将银条放在耐火砖上烧至通红后再次压轧。

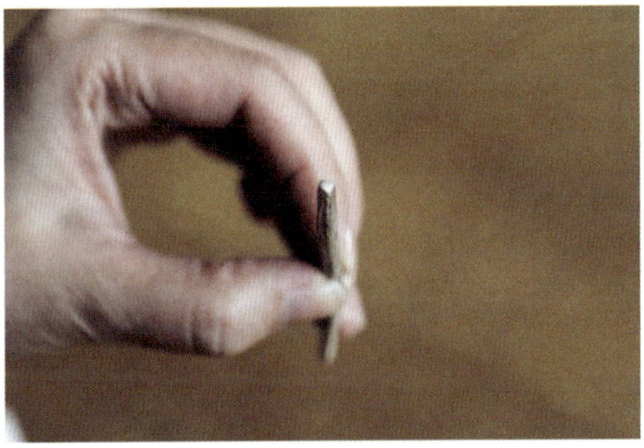

银条旋转 90°

银条退火

（7）每次轧条时，应始终注意将材料的同一个端头送入轧槽。

三、压片的步骤

将金属锭轧条后，通过手动压片机进行压延，可以压延成金属片。手动压片机是通过手柄的转动产生动力，通过两个滚轮来进行压片。压片的步骤如下：

（1）将金属块压延成金属片，然后进行退火。

压片

金属片退火

（2）调整两个滚轮之间的距离，上下滚轮保持平行一致，确定压延的厚度。

（3）转动手柄，将金属板送入压片机的滚轮中间，完成压片。压片后将金属片翻转，

调整滚轮

再次送入压片机进行压延。每次金属片压延，都要进行正反面两次压延，保持宽度一致。

（4）进一步调整压延机两个滚轮之间的距离，将刻度调小。

（5）再次将金属板进行正反两面压延，压延后将金属片进行退火。防止在压延的过程中金属片裂开。

（6）反复压延，直到金属片压到所需要的厚度为止。

第四节　千丝万缕：拉丝

粗细不同的金属丝用途非常广泛，既可以单独使用，也可以结合其他材料、宝石等一起使用。金属丝的加工方法较为简单，通过熔融金属后轧条，再借用拉丝机进行拉丝。拉丝的过程中要经常退火，防止金属丝在拉丝的过程中断裂。

拉丝的基本原理是通过退火恢复金属丝的延展性，借助拉丝钳用力抽拉金属丝，使金属丝通过直径比它稍小的模孔而压缩伸展，金属丝的直径缩小而长度增加。

一、拉丝的工具

拉丝板是一块厚钢板，钢板的表面有从小到大不同的孔口，方便拉不同尺寸的金属丝。拉丝板通常是用坚硬、不易变形的特殊钢材制作而成，孔口有方孔、圆孔、半圆孔、三角孔等，通过模孔可以改变金属丝的直径与形状。

二、拉丝的步骤

（1）检查金属丝有无飞边、开裂现象，如果有，就用剪刀或锉修整。

（2）用卡尺测量金属丝截面的对角尺寸，选择小于该尺寸 0.1 毫米的孔作为第一次拉丝的孔。

（3）将金属丝放在耐火砖上进行退火。

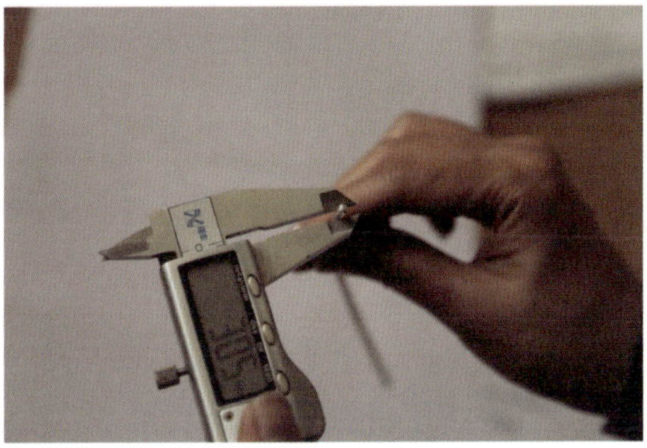

测量金属丝

金属丝退火

（4）用锤子将金属丝的一端丝头敲成尖锥形或用锉刀锉成尖锥形。金属丝的一端要锉细，直到插入金属板孔中并伸出足够的长度可以让金属钳夹紧。

（5）选择合适的拉丝板，将锉好的尖锥形丝头穿过拉丝板，用拔丝钳将丝头拉出。

敲成尖锥形

拉丝

（6）金属丝被压缩而延伸，并且硬化，所以拉丝数次后，应该及时退火。如果金属丝很细，可以把金属丝盘成丝卷，用银丝或白铜丝绑紧后再用较散的火进行正反两面退火。

（7）按照圆孔直径从大到小的顺序依次拉丝，反复退火，直到拉到所需的直径为止。

金属丝第二次退火

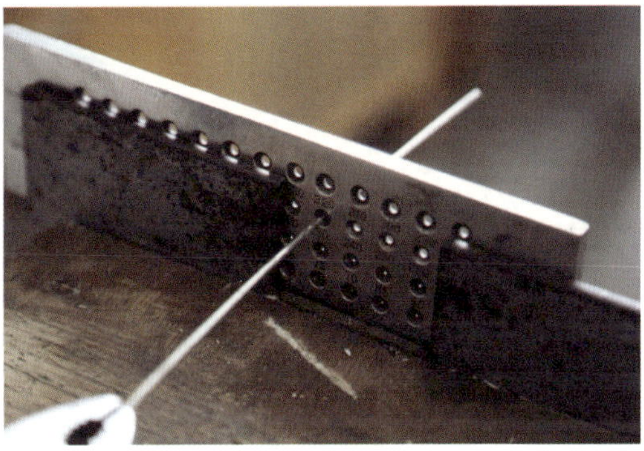

再次拉丝

本章小结

主要内容：首饰制作过程中常常用到不同型号的金属线材和金属板。本章通过介绍金属材料的化料、退火、压延和拉丝等实操工序，使学生掌握正确的金属材料的准备和板材的加工方法。

重点：金属材料的处理。能够根据设计的需要，加工出合适的金属板材和线材。

难点：化料的准备和加工。能够将金属溶液安全倒入合适的油槽并进行后期的处理。

任务模块

思考任务

1. 分析金属材料处理的方法和实操步骤。
2. 图文并茂地解释退火的概念和原理。
3. 图文并茂地解释压延的概念和步骤。
4. 图文并茂地解释拉丝的概念和步骤。

拓展任务

1. 将银料进行化料并倒入油槽。
2. 将金属银条锻打，锉修毛刺，进行设计备料。

设计任务

1. 根据设计，将银条锻打后，压延成 2 毫米厚和 1 毫米厚的金属板材。
2. 将银条锻打，拉丝、退火后，拉成 1 毫米粗和 0.6 毫米粗的银丝。

章节资源

1. 赵丹绮，王意婷 . 玩金术 [M]. 上海：上海科学技术出版社，2018.
2. 邹宁馨，伏永和，高伟 . 现代首饰工艺与设计 [M]. 北京：中国纺织出版社，2005.

第六章　巧夺天工：基础工艺

Basic Techniques

珠宝首饰设计具有艺术与技术的双重性，它既不是单纯的艺术，也不是单纯的技术，而是审美与艺术、工艺与技术的完美结合。[①] 首饰制作离不开高超的技艺和创造力。手工制作是首饰制作最基础的工艺，通过对金属进行剪切、锯切、锉修、焊接、折弯、拉丝等，将金属材料变成一件精美的首饰。工艺是首饰制作的重要因素，不同的工艺决定了首饰的不同视觉效果。本章将巧夺天工的手工基础工艺一一呈现。

第一节 裁月镂云：剪切、锯切

一件首饰的制作离不开剪切、锯切、镂空、锉修等基础工艺的加工。本节阐释金属片剪切的几种方式，以及常用的锯弓的使用方法和锯切的示范。

一、剪切

剪切是指利用剪刀、剪钳等工具对金属板材或者线材按照设计的需要进行裁剪。裁剪的工具有各种不同的样式与尺寸，满足不同厚度的金属片材和线条的剪切需要。一般来说，剪刀、剪钳的尺寸越大，可以裁剪的金属越厚，但当金属片材厚度达到 2 毫米以上的时候就较难用手工的方式来裁剪了，就需要利用一些剪切设备。

下面具体来看一下几种常见的剪切工具及其特点。

（一）金属剪刀

金属剪刀有各种尺寸与样式，除了能够裁剪直线，还能用于变化较多的曲线裁剪，但也容易造成金属板材的变形。

① 金克斯 · 麦克格兰斯 . 英国珠宝首饰制作基础教程 [M]. 蔡璐莎，张正国，译 . 上海：上海人民美术出版社，2009：52.

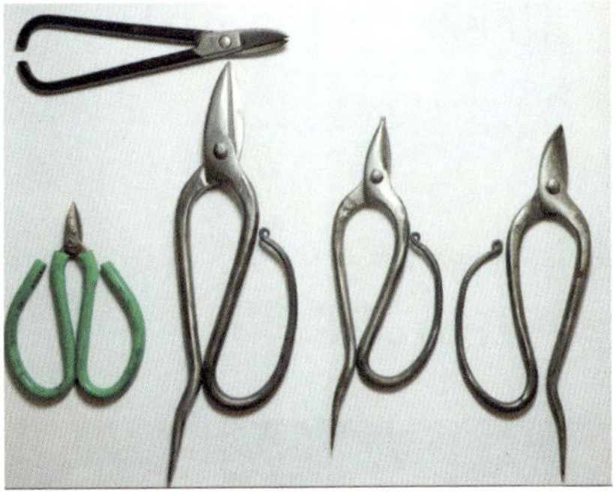

金属剪刀

（二）剪钳

剪钳用来剪切较薄的焊药和金属线材。

剪钳

（三）金属裁切机

金属裁切机也叫裁床，包括小型手动剪切裁床和大型脚踏式裁床。这种裁切机可以对金属板材进行直线剪切，操作过程中不会造成板材的变形。下图是小型手动剪切裁床，它可以对 1 毫米以内的金属片进行剪切。[①]

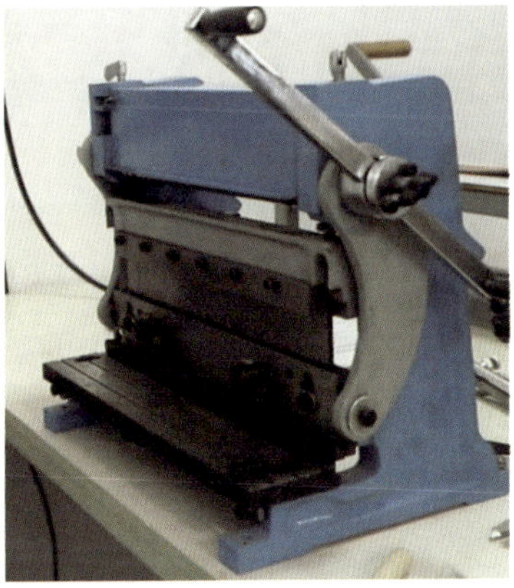

小型手动剪切裁床

① 邹宁馨，伏永和，高伟. 现代首饰工艺与设计 [M]. 北京：中国纺织出版社，2005：19.

在剪切之前，要先在金属片上画线，然后将金属片放入剪切机床内，画线的位置与裁刀对应后，压下手柄，进行剪切。

（四）桌上型剪台

桌上型剪台也是手动式剪切工具，主要用于较厚的金属板材与线材的直线裁剪，由于金属板较厚，剪切过程会造成金属板材的变形。

桌上型剪台

二、锯切

锯切是通过锯弓将金属片或者线材按照设计的需要切割成合适的形状和大小。

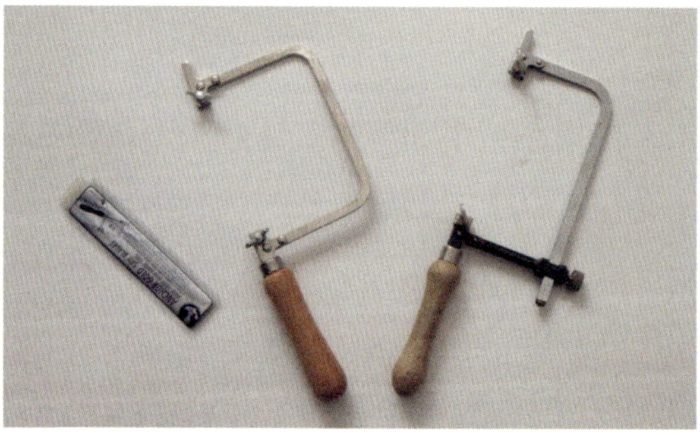

锯弓

锯弓是最灵活的手动锯切工具，也是首饰制作中最常用的工具。锯弓很小，锯条很细，所以也被称为线锯。锯弓是首饰制作中切割金属最精确的工具。不同种类锯弓的主要区别在于锯弓的深浅不同。锯弓有固定长度和可调节长度之分。[①]

学习锯切的过程是身体、锯弓与金属板材相互协调的过程。通过正确的练习，能用锯弓锯切出复杂的图案。锯切除了能够处理金属板材的外形，还可以镂空金属片。

① 金克斯·麦克格兰斯．英国珠宝首饰制作基础教程 [M]. 蔡璐莎，张正国，译．上海：上海人民美术出版社，2009：20–21.

（一）上锯条

首先拿住锯弓，将锯条的一端固定在锯弓顶部，齿尖指向手柄方向，拧紧螺丝。[①] 然后用力向前推动手柄，将锯条末端固定在锯弓尾部，将锯弓末端的螺丝拧紧，这样才能把锯条绷紧。一定要用手上紧锯弓的螺丝，尽量不要用钳子，防止滑丝。

上锯条

（二）锯切的方法

锯切的时候先固定锯切的位置，将锯弓推到最高位置，然后快速下拉。往前推的力度一定要小，重复这一上下推拉的动作时尽量用上所有的锯齿，能很快锯掉金属。[②]

锯切

想要锯出直角或者在锯切的过程中转弯，一定要让锯条与金属片保持垂直；在原地来回推拉几次，每次锯弓转动的角度要小，重复以上步骤直到转成想要的角度。[③]

注意：应提前在金属板上画好线，沿着画在金属板上的轮廓线锯的时候应该锯在线的外侧，留下线条方便锯完之后进行锉修整形。

①② 邹宁馨，伏永和，高伟．现代首饰工艺与设计 [M]. 北京：中国纺织出版社，2005：20.
③ 徐植．贵金属材料与首饰制作 [M]. 上海：上海人民美术出版社，2009：51.

锯直角

（三）撤锯条

撤锯条一般有两种方法：一是将锯条从锯缝中撤出来，可以上下拉一下锯弓，然后从中慢慢地退出；二是旋开锯弓上面固定锯条的螺丝，松开锯条，然后从中间把锯条抽出。在锯切的时候一定不要分心，要一次锯完。锯弓在使用完毕以后，要松开锯条，以免锯弓和锯条一直受力，同时也保护锯条。①

撤锯条

（四）锯切的注意事项

（1）锯切的时候一定要在台塞上进行。

（2）如果锯条使用时间较长，可以抹上蜂蜡以保护锯条。

（3）锯屑的回收。在台塞下面应该放置抽屉或者皮兜，以便在锯切和锉修的时候接住

① 金克斯·麦克格兰斯．英国珠宝首饰制作基础教程 [M]. 蔡璐莎，张正国，译．上海：上海人民美术出版社，2009：53.

金属屑进行回收。注意不同金属的锯屑要分开放置。①

第二节 钻坚研微：钻孔

《晋书 · 虞喜传》中说：“博闻强识，钻坚研微，有弗及之勤……”在首饰制作过程中，我们常需要钻研艰深精妙的工艺与知识。首饰制作常离不开钻头在金属片材上进行打孔。钻孔的方法和设备很多，可以根据具体情况选择。本节将讲解首饰制作常用的钻孔工具：手钻、手摇钻、高速台钻、吊机。

一、钻孔工具

（一）手钻

在钻孔的工具中，手钻是最细腻的，主要凭手的感觉来控制，不能用力太大，否则很容易折断钻头。钻孔时，先将钻头固定在双头索嘴上，再用手拧紧双头索嘴，金属板放在一块平整的木板上，然后进行打痕定点。预先在需要钻孔的位置用錾子或者钢钉借助锤子用力打一下，形成钻孔的定位点。

双头索嘴

（二）手摇钻

手摇钻是通过左右手共同操作的手动钻孔工具。使用手摇钻的时候，需要先将金属板固定，左手控制钻身，使钻头保持垂直并向下施力，右手旋转手柄，经由齿轮带动钻头旋转垂直钻孔。在使用手摇钻钻孔的时候，如果钻头小于 1 毫米，施加轻微的压力即可，因为手摇钻本身的重量已经有足够的压力了。

手摇钻

（三）高速台钻

高速台钻是通过钻头高速转动而对金属板材进行钻孔的设备。使用高速台钻时，需要先将金属板放在夹板上进行固定，确定钻孔位置。左手按住金属板边缘，右手调节钻头手

① 邹宁馨，伏永和，高伟．现代首饰工艺与设计 [M]. 北京：中国纺织出版社，2005：20.

柄上下移动进行钻孔。

在使用台钻的时候，一定要佩戴防护镜，提前将需要钻孔的金属板进行定点。在钻孔之前，确定钻头落下的位置与定点的位置是否重合。手按压金属板的位置要与钻头落下的位置保持一定的距离，避免钻头打孔的时候误伤手。

高速台钻

台钻打孔

（四）吊机

吊机是首饰制作中常用的钻孔工具，它可以通过手柄夹取不同的钻头、抛光轮等配件进行镶嵌、钻孔、抛光、打磨等工序的操作。

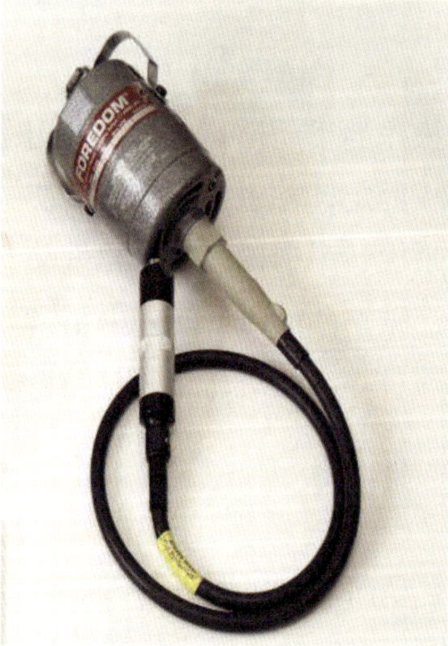

吊机

二、钻孔的注意事项

（1）定点打痕。提前用錾子和锤子在需要钻孔的位置定点，确定需要钻孔的位置。

定点打痕工具

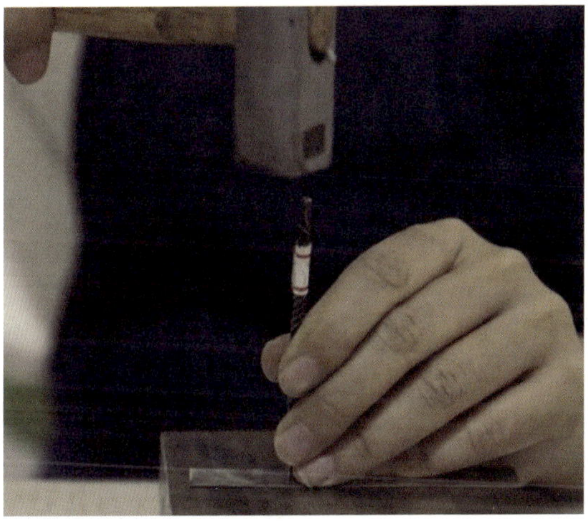

定点打痕

（2）当需要在镂空位置钻孔的时候，应该在镂空的内部钻孔，不要在金属片镂空的边缘线上钻孔。

（3）使用吊机和高速台钻的时候，一定要把头发扎起来，佩戴口罩和防护镜，穿盖脚面的鞋子，注意安全。

（4）给吊机安装细钻头的时候，露出的钻头的尖部应该尽量短，否则容易折断。[1]

（5）细钻头适用于高速旋转钻孔，但是施加在钻头上的力度要小，避免折断钻头。

安装钻头

① 王昶，袁军平 . 贵金属首饰制作工艺 [M]. 北京：化学工业出版社，2008：22.

（6）钻孔的时候可以使用一些润滑油，润滑的同时还可降低钻头由于高速旋转而产生的热量。

（7）注意钻头的品质，便宜的钻头会很快耗损而无法使用，建议选购高品质的钢制钻头。

（8）在金属片上进行钻孔的时候一定要注意方法和步骤。

第三节　铿锵顿挫：锉修

在《红楼梦》第二十二回中薛宝钗说："这一出戏……是一套北《点绛唇》，铿锵顿挫，韵律不用说是好的了……" 这里的铿锵顿挫，指有节奏而响亮的声音，形容音律和谐有力、动听。首饰制作中的锉修，规律地上下锉动，发出有力的顿挫声。首饰中的锉修是指用锉刀去除金属边缘不规则的部分，整理形状。根据设计需要锉出弯度、锉圆轮廓、锉光表面、锉掉多余的焊料等。锉修工序在首饰制作中非常重要，但是这一工序常常被初学者忽视，正确的操作方法需要通过学习和实践来掌握。[①]

一、锉刀

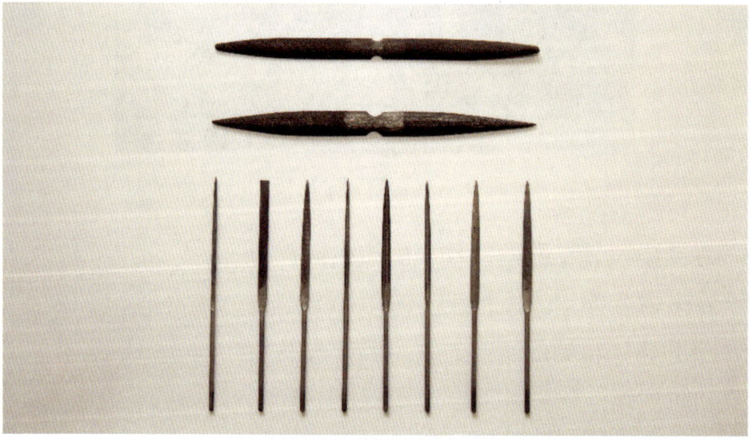

锉刀

锉刀是一种经过硬化处理的钢制工具，形状和尺寸各式各样，按照外形可分为以下几种：

（1）逐渐向顶端变窄变薄的尖锥状锉刀或者半圆尖锥状锉刀。

① 邹宁馨，伏永和，高伟．现代首饰工艺与设计 [M]. 北京：中国纺织出版社，2005：35.

（2）从底端到顶端呈平行的平板状锉刀。

（3）呈现不规则弯曲变化的异形锉刀。

尖锥状锉刀、平板状锉刀

常用的各种锉刀不仅在外形上不同，横截面也存在不同。锉刀的剖面形状有矩形、正方形、三角形、圆形、半圆形等。常用的有三角锉、扁平锉、圆锉、半圆锉、方形锉等。

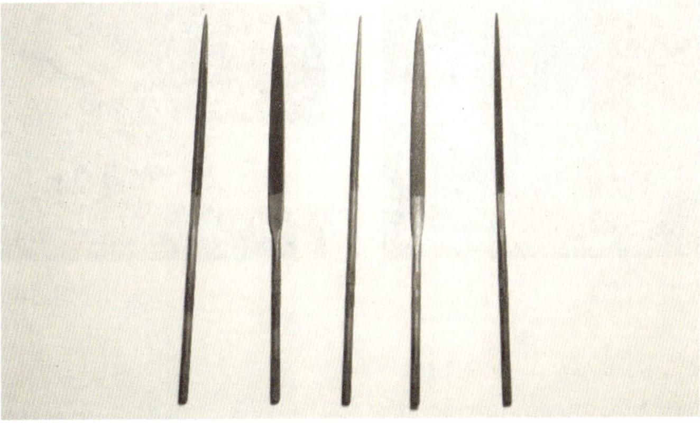

三角锉、扁平锉、圆锉、半圆锉、方形锉

锉刀按照尺寸可分为大、中、小号，根据锉修部位选择合适尺寸的锉刀。一般先用大号锉刀，快速去除金属。中号锉刀主要用于较细的边缘修整和形状的修形。小号锉刀主要用于较小夹缝以及表面的锉修，几乎不会留下锉痕。

二、锉修的方法

（1）锉刀的齿纹设计，可以使锉刀向前推进时产生锉削金属的作用力。因此，正确的锉修方法是使用适当的力量，将锉刀平稳向前推动，并且尽量使用整个锉刀的齿纹；回力的时候要轻，稍微抬起锉刀。

（2）在锉修金属部件时，可以借助台塞、台钳或戒指夹进行固定。在把金属部件放在台塞上锉修时，一定要用力平稳。台塞下面要有抽屉或者皮兜，兜住锉削掉的金属粉末。用锉刀的时候要尽量用上所有的齿，只有把锉刀按紧在工件上才能锉得快。

锉修

台塞

（3）小部件要用台钳或者戒指夹夹住再锉。

（4）锉的时候，要不时地轻轻磕碰锉刀，以免金属屑塞住锉齿。也可以准备一把铜丝刷，随时刷掉锉刀中间的金属粉末。

戒指夹固定

铜丝刷

（5）不要让锉刀接触水，以免生锈。

锉修技术是首饰制作最基础也是最重要的一项技法，看似简单，但是要想修整好金属的边缘需多加练习。

生锈的锉刀

三、不同形状锉刀的使用方法

不同形状的锉刀在使用的时候配合不同的处理工序。根据需要锉修打磨的位置，选用不同形状的锉刀。

直角的边缘打磨：在打磨有直角的工件时，可以采用平板锉刀以 90°方向进行打磨，可以获得较为锐利的直角。但在首饰制作过程中，我们常常将边缘打磨平滑而不带直角。采用平板锉，以 45°的方向顺着部件边缘打磨，可以得到平滑的弯角。

金属边缘的打磨：锯切好的金属片边缘需要打磨，可以选择椭圆形或者半圆形的锉刀。根据需要打磨的形状选择合适的锉刀进行修形。

圆形的锉刀用来打磨锯切后的圆孔或者有弧形的角度。打磨的时候一定要掌握好力度和方向。不要无意中打磨出额外的弧形凹槽。

三角形的锉刀用来锉修锯切的边角或者三角形，以及在金属片上锉出折角和凹槽，方便金属片进行对折焊接。

正方形的锉刀用于锉出直角和修形。

四、锉刀的使用与维护

锉修不同的贵金属，需要使用不同的锉刀，以避免不同性质金属粉末混合的污染。例如在锉修贵重金属金、银和软质金属锡、铝等时，锉刀上的金属屑容易附着在金属的表面，在加热或焊接的过程中融入金属并留下凹痕。在锉修首饰蜡时，要用专用的首饰蜡锉进行锉修，因为蜡质较软，容易卡在金属锉的齿痕之间。蜡锉的齿痕有凸起铆钉，可以快速去除蜡，进行修形。

在锉修的过程中，常有金属碎屑卡在锉刀齿纹内的情况发生，会影响锉修的效果，同时，被卡住的碎屑也容易刮伤工作物表面。这时可以用锉刀轻轻敲一下台塞，或者用铜丝刷沿着锉刀的齿纹刷掉金属碎屑。

锉刀应该放在干燥的环境内，防止生锈。在使用锉刀的时候，不要触碰水或者将手直接握在锉刀的齿纹上，因为水或者手上的汗液容易造成锉刀生锈。

第四节　错彩镂金：镂空

镂空首饰

南朝钟嵘在《诗品》中说：“谢诗如芙蓉出水，颜如错彩镂金。”错彩镂金原指涂饰和雕刻的表面十分华丽，后用以形容诗文的辞藻华丽。首饰制作离不开表面的装饰工艺，镂空技法可以呈现玲珑剔透的效果，再辅助抛光打磨，首饰会更加精细和完整。

在首饰制作中，镂空是指通过锯掉金属片的中间部位形成透空的图形，在首饰作品中呈现丰富的图案变化。镂空设计是常用的首饰创作表现手法。

一、镂空的方法

在需要镂空的内部位置钻一个小孔，把锯条穿入其中拧紧，锯下需要镂空的部分后再用锉刀修整边缘。

镂空内部

二、镂空的步骤

（1）确定要镂空的图案，画在金属片上。

（2）在需要镂空的位置打孔。

（3）将锯条穿过打孔的位置，用锯弓锯切金属片。锯切的时候要在画线的外围进行，留有一定边距便于修整形状。

（4）锯掉镂空的位置后，用锉刀锉修边缘，使镂空的线条流畅、表面光滑。

刻画

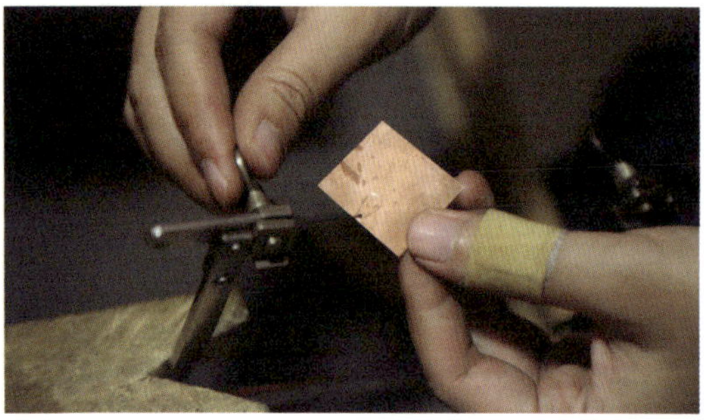

锯条穿孔

锉修水滴

在镂空的时候一定要注意提前画好图形，在画线的内侧打孔。不要在边缘线上打孔，防止打孔太大，边缘线镂空后不直。

第五节　以柔制刚：制管、制链

诸葛亮在《将苑·将刚》中说："善将者，其刚不可折，其柔不可卷，故以弱制强，以柔制刚。"这里的以柔制刚，指的是用柔和的办法去制服刚强。通过工具将纤细的金属丝制作成金属管或金属链，在增强牢固度的同时，还能增强其装饰功能。

一、制管

在首饰制作的过程中，常常需要金属管作为首饰的配件，如项圈、空心手镯或者胸针搭扣等。所以学会制作金属管能很好地解决首饰配件的需求。

制管的步骤如下：

（1）材料准备。先确定金属管的宽度，根据宽度计算周长，量取合适的材料。选择一块银片制作金属管。

（2）将金属料剪切后，把金属片一端剪切成三角形。

银片

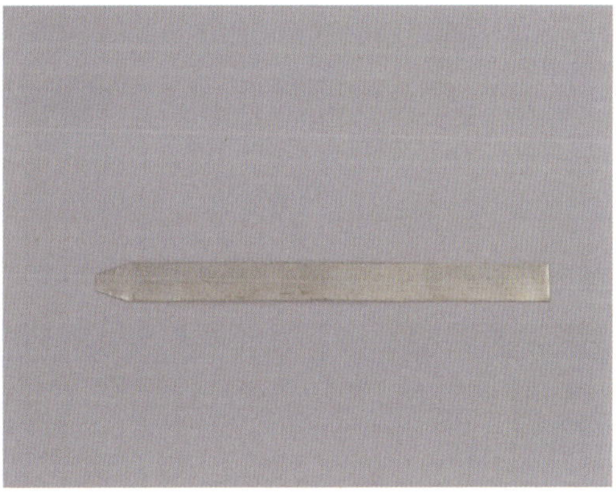

剪切后的银片

（3）将剪好的金属片进行正反两面退火，恢复金属的延展性后方便拉管。

（4）将金属片头部剪成的三角形弯曲成管状弧形，将弯曲好的金属片前段用圆嘴钳调整大小后，放入拉线板的模具中。

（5）将弯曲好的金属片伸入拉丝板第一个孔中进行抽拉。

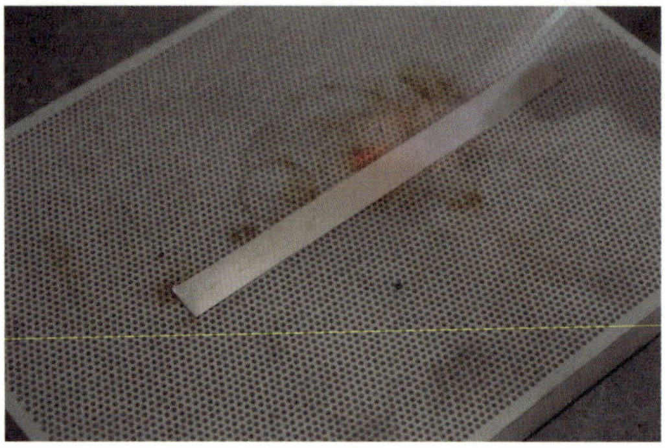

银片退火

拉管 1

（6）抽拉后的金属片弯曲成半圆管状体，再次在稍小的一个拉丝板孔中进行抽拉，金属片中间的缝隙逐渐变小，一直拉到金属片密合成金属管状。

拉管 2

拉管 3

（7）将抽拉成型的金属管缝隙中间放上中温或者高温焊药进行焊接。如果金属管较长，可以将焊药剪成小块后间隔放置。根据金属管的大小选择合适型号的火枪进行焊接。焊接的时候，可以用铁丝捆绑固定金属管。

（8）焊接后将金属管放入 10% 浓度的硫酸液中进行酸洗。酸洗后用清水冲洗干净，擦干表面。

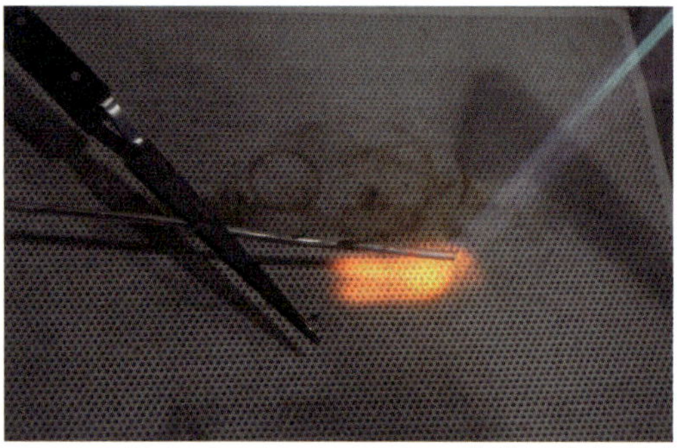

焊管

酸洗

（9）检查焊接的缝隙是否全部焊接牢固，如果有漏焊的地方需要进行二次焊接。焊接好的金属管用锉刀修整焊口，锉平表面，去掉多余的焊药。

（10）将焊接好的金属管头部拉管的位置用锯弓锯切掉，金属管便制作完成。

二、制链

准备工具

链条通常由一系列的金属环有规律地串联起来。链条是线材很重要的制成品，可以搭配吊坠、手链或者耳环等。链条必须结实，能够挂住吊坠或者手链，经得起拉扯。

制作链条需要准备一个模具或者一根成型棒，用来固定金属丝围绕成为环形或者其他形状。制作链条还需要准备金属丝、锯弓、钳子和一套焊接工具。

制链的步骤如下：

（1）选取一段 0.5 毫米粗的银丝绑紧进行退火，恢复金属的延展性，方便制丝的时候缠紧制作链条。

（2）绕圈。方法一：选一根绕线棒固定在手摇钻上，将金属丝的一头夹紧，右手紧拉金属丝，左手转动手摇钻将金属丝缠绕在绕线棒上。方法二：借助锉刀的一头作为模棒的一端，将退过火的金属丝缠绕，完成弹簧状线圈。

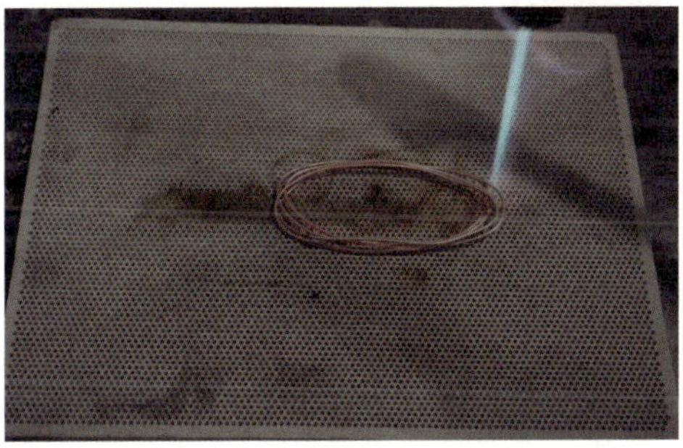

银丝退火

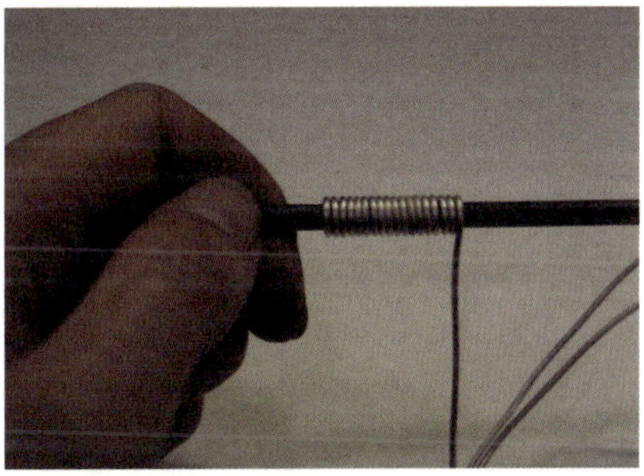

绕圈

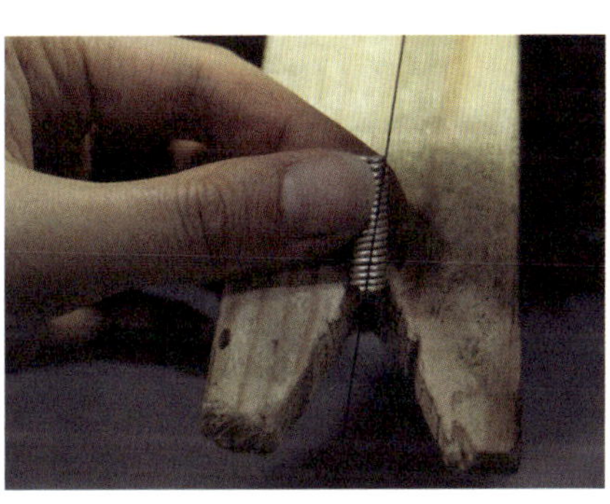

锯环

（3）将缠绕的金属丝取下，中间可以插入一根木棍作为支撑，然后用锯弓进行垂直锯切，锯切成单个的环形。

（4）将锯切好的环平铺在耐火砖上进行退火，用于整形，方便焊接。

（5）退火后用两个平口钳以左右对开的方式错开金属环。

（6）将多个金属环串起来，串好后用平口钳以左右对合的方式合并圈口，并夹紧接口，以达到无缝焊接。

错开金属环

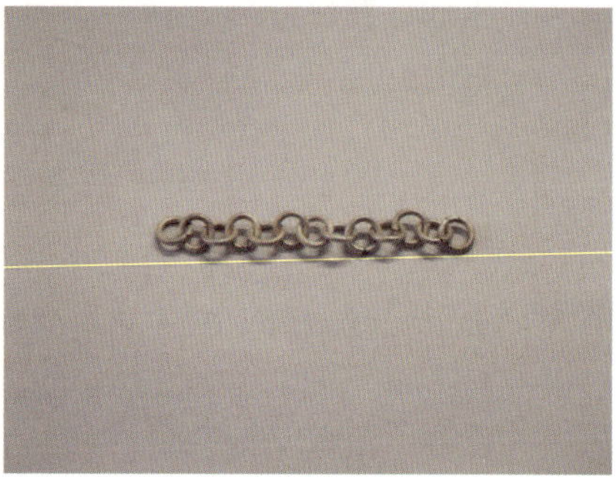

串并好的环

（7）准备中温或者低温焊药，将焊药剪成小块后蘸硼砂水放置于金属环的闭口上，用小号火枪对金属环逐个进行焊接。

（8）焊接后将金属链放入 10% 浓度的硫酸液中浸泡 10 ～ 15 分钟，用清水冲洗干净，擦干表面。

焊环

酸洗银环

第六节　严丝合缝：焊接

焊接是首饰制作的基础技法之一。焊接伴随着首饰制作的每一道工序。焊接是通过加热焊药将两个金属部件永久地连接在一起，没有缝隙。焊药是用于焊接的金属合金，其中的锌元素可以降低熔点。焊接之前要先将待焊接的两块金属结合的面锉平，达到无缝焊接，并使接口接合紧密。在焊接处涂少量的硼砂助熔。

一、焊接材料：焊药

焊药是金属工艺中连接和固定零部件、组装成型所必需的焊接材料，首饰制作工艺中常用的有金焊药和银焊药。

（一）金焊药

金焊药的制作是按照比例往金里添加银、紫铜或黄铜，用来降低金的纯度，获得较低的熔点。首饰材料商店有配好的焊药，可以根据需要挑选。建议在第一次焊接 18K 金时就用 18K 金焊药，这样能保证颜色相似；第二次焊接的时候，可以用稍低 K 数的焊药。含金量在 99% 以上的金制品所用的焊药，其含金量都应该在 96% 左右。由于某些工艺上的要求，为了使焊药的熔化速度快一些，也会使用成色较低一些的焊药，但是最低成色的纯金焊药其含金量也不应低于 90%。K 金焊药主要有黄 K 金焊药、白 K 金焊药和红 K 金焊药。由于 K 金的成色、颜色多种多样，因此 K 金的焊药种类也很多。焊药的 K 数并不意味着它熔流时的温度，通过加入不同的合金材料可以配制出两个以上不同熔点的焊药。下面是部分焊药数据一览表。

焊药	特点	颜色	熔点（℃）	熔流温度（℃）
8K 黄	低温型	浅黄色	629	691
10K 黄	低温型	暗黄色	724	754
12K 黄	高温型	黄色	774	807
14K 黄	低温型	暗黄色	721	754
10K 白	低温型	白色	702	732
12K 白	高温型	白色	724	783
14K 白	低温型	白色	704	746

（二）银焊药

银焊药是银、铜和锌的合金。在制作银焊药时，在足银中加入一定比例的铜和锌，降低焊药的熔点用于焊接银首饰，也可用来焊接紫铜、黄铜。银焊药的熔点主要由锌来决定：锌含量越多，熔点越低。锌含量多是一个不利因素，因为锌在高温情况下会给合金带来很多小洞。通常使用不同熔点的焊药，根据配比分为高温焊药、中温焊药、低温焊药和焊粉。

焊棒（用于磨焊粉）、高温焊药、中温焊药、低温焊药

1. 高温焊药

高温焊药的配方是 75% 银 +22% 铜 +3% 锌，熔点为 740.5℃。[①] 首饰制作过程中，一般要经过很多次焊接。为了防止开焊，往往会制作多种温度的焊药。在首饰制作过程中首先使用的是高温焊药，因为高温焊药的熔点高、耐火，可以反复焊烧，而且不容易开焊。

2. 中温焊药

中温焊药的配方是 70% 银 +20% 铜 +10% 锌，熔点为 690.5℃。

3. 低温焊药

低温焊药的配方是 65% 银 +20% 铜 +15% 锌，熔点为 671℃。

焊药	银	铜	锌	熔点（℃）	熔流温度（℃）
高温焊药	75%	22%	3%	740.5	787
中温焊药	70%	20%	10%	690.5	737.7
低温焊药	65%	20%	15%	671	718.3

注意：焊药达到熔点时并不会流动，而是需要一个更高的温度。如果一个工件要经过几次焊接，需先用高温焊药，然后用中温焊药，最后用低温焊药。低温焊药适合一次性焊接首饰。

4. 焊粉

焊粉是由 66% 银 +34% 紫铜配成。加入紫铜的焊粉，在焊接加热时易熔、不耐火，因此适用于大面积的花纹焊接和花丝填丝整体焊接。

二、焊接的方法

在焊接的过程中，根据所要焊接的物件大小，选择合适型号的焊枪，调整好火焰的温度。大部分的焊枪可以通过调节燃气与风量而获得不同温度的火焰。点火的时候先给燃气，

① 赵丹绮，王意婷 . 玩金术 [M]. 上海：上海科学技术出版社，2018：58–59.

再给空气，调节火焰的大小，直到黄色的火苗消失，在空气的助燃下呈现蓝黄色火焰。太黄的火焰温度较低，不能集中火力加热焊接。如果焊枪发出“呼呼”的声音，说明风量给得太大，火焰呈现蓝色。焊枪的火焰呈深蓝色时温度最高，呈黄色时温度最低，呈淡蓝色时温度适中。一般将火焰调整成聚火，用淡蓝色火焰使整体受热。金属部件受热后，局部加热需要焊接的部位。烧熔焊药，看到焊药熔化并顺着金属缝隙流入后将焊枪迅速移开，等待冷却。焊接的时候，不要使火焰离金属物件太近，应该距离金属物体 2 ～ 5 厘米。将焊接后的物件用 10% 浓度的硫酸液体进行酸洗。 酸洗后用清水冲洗干净，检查焊接的位置有无虚焊、砂粒、凹凸不平等。如果有虚焊的位置，需要再次焊接；如果有凹凸不平的位置，要用锉刀修整。一般用小的火焰焊接小部件的首饰接口，用大的火焰进行大部件的整体焊接或者熔融金属。

在焊接的过程中，金属物件保持干净清洁最重要。金属接口表面的氧化层、脏物和油渍都会影响焊接，应该通过酸洗去除。也可以通过砂纸打磨去除，并不是每次焊接都需要酸洗，焊剂往往能够使焊接接口保持清洁，并且能够起到促熔的作用。如果金属物件经过多次焊接后氧化层变黑，还需要继续焊接，可以酸洗干净后再次焊接。

金银首饰要放在耐火砖、蜂窝状陶瓷板上进行焊接。这些垫板可以反射热量，有利于焊接。不能将首饰物件放在金属板或者普通砖上焊接，因为金属板散热快，而且容易导热，普通砖块不易聚集热量。

熔点越高的焊药颜色越接近要焊接的材料，焊接后也越牢固。一般来说，焊药的熔点会比所焊金属的熔点低 60℃～ 120℃。金、银、铜焊药市场上都有销售，也可以自制。配制银焊药时，可以用一个干净的坩埚，在坩埚外面用焊枪进行预热，把配料放入坩埚中，高温加热直至金属熔化。做好的焊药可压成薄片、丝、棒或者锉成粉。通常将高、中、低温焊药制成片状，厚度为 0.3 ～ 0.4 毫米。在使用片状焊药时，可以先剪成须状，再横着剪断，将剪好的小片焊药放在焊口处。[①]

三、焊接的步骤

在首饰制作过程中，如果一件首饰需要经过多次焊接，要先用高温焊药，再用中温焊药，最后用低温焊药。如果在制作花丝首饰的时候，配件中有大面积的填丝需要焊接，可以使用焊粉焊接。将焊粉撒到填丝的表面，烧制后进行整体焊接。

在首饰焊接的时候，要进行整体受热。当焊接部位的温度与焊药同时达到焊药的熔点时，焊药才会流动。加热的步骤为：先将需要焊接的物件进行整体受热，然后将火焰靠近要焊接的部位进行画圈式加热，当温度上升后再集中火焰对准焊接的接口加热。

---

① 张晓燕 . 首饰艺术设计 [M]. 北京：中国纺织出版社，2010：225.

整体受热后，在局部集中火焰加热焊接处；当焊接处面积较大时，可以采用画圈式加热。当焊药熔化后，观察焊药熔流的位置是否充满整个接口。当焊药熔流整个接口后，将焊枪加热 1 秒后移开。如果焊药放得不够，可以补放。如果焊药没有熔流或者只熔流一半，则需要持续加热，焊枪画圈式加热后持续加热未熔流的位置，焊药会流向热量高的位置，完成整个焊接。如果在焊接过程中，焊药流向金属表面，说明焊接热量过高，特别是焊接不均匀时，焊药会流向温度最高的位置。如果焊药不熔而形成小球，则说明温度太低。

点焊接口示范：

（1）取银片压长条，剪成 2 毫米 ×2 毫米的正方形银片待用，作为花朵的中间底部焊接。

（2）取高温焊药，截成小段。

银片备用

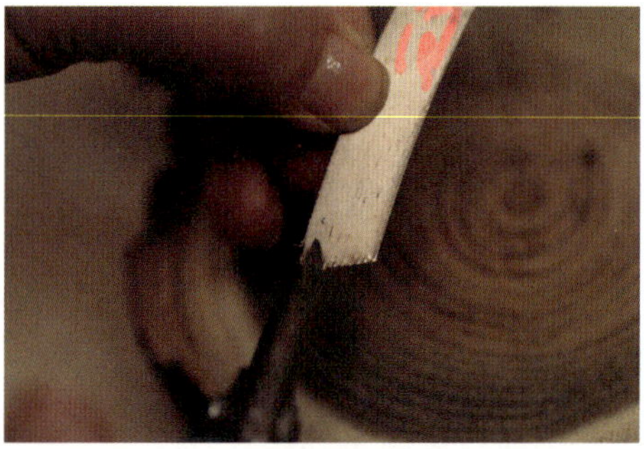

高温焊药

（3）用小号焊枪将小段高温焊药蘸硼砂焊在正方形银片上，焊药焊化一点即可。

（4）用镊子夹起银片蘸干硼砂后，放在花瓣外框中间。

（5）用焊枪转圈加热花瓣，使花瓣整体受热后再集中加热中间的银片，使焊药熔化。焊接的时候，不要加热得过红，防止焊化。

（6）将焊好的花瓣整形，检查是否有漏焊的地方。如有漏焊，用笔做标记。

烧熔焊药

确定焊接位置

（7）如果有漏焊，要进行第二次焊接。在花瓣的正面进行焊接，用小片焊药进行小火点焊。注意：使用小号焊枪，火苗集中。焊接后如果花瓣粘在台面上，用火枪预热一下，这样不易因拉拽而变形。

点焊焊接

整形外轮廓

整体焊接示范：

（1）用金属扁银丝做一个花朵的外轮廓，在固定外轮廓的过程中第一次焊接的时候采用高温焊药。

（2）制作好花朵的外轮廓后，调整形状，用花样银丝进行填丝。填丝后需要整个面进行焊接，采用焊粉进行第二次焊接。

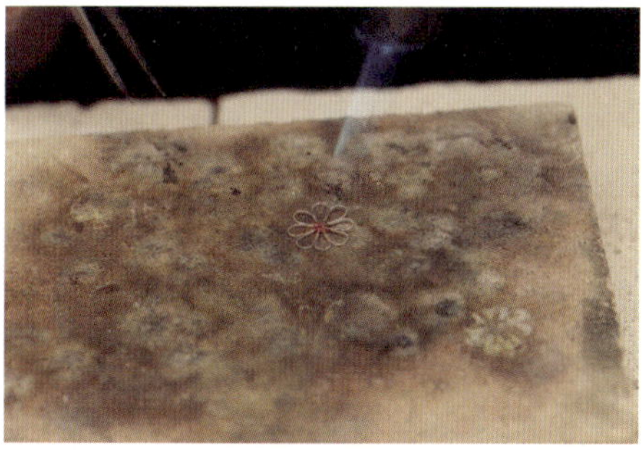

外轮廓焊接

填丝焊接

（3）用同样的方法制作大、中、小三个型号的花瓣，进行叠加摆形后焊接。第三次焊接用中温焊药。

（4）花朵的花蕊放置于顶部，摆形后进行最后一次焊接，用低温焊药。

整体焊接

花蕊焊接

四、焊接的注意事项

（1）焊接尽量用柔和的蓝色火焰，焊焰中蓝黄交界部位最热，离工件的距离应在 2.5 厘米左右。焊接的时候应该加热整个部件，使首饰整体受热，避免只烧焊料而焊药不熔化。

（2）焊药会流向金属最热的地方。当把小部件往大件上焊的时候，应注意主要加热大件。如果同时加热，小部件会变红，焊药会全部流到小部件上面。要使大小部件同时都达到需要的热度。

（3）如果焊接时加热的热量已足够，但焊药始终不流，说明金属表面的氧化层和污垢太厚，应将首饰零部件酸洗，放焊药后再重新焊接。

（4）焊接的时候，应偶尔抬一下焊枪，这样热量就会均匀传遍整个部件，花丝部分也不会烧化。

（5）焊药结成小球或隆起都是因为热量不够，或焊剂不够。

（6）焊接后留在焊缝上的珐琅质是硼砂凝结而成，应通过酸洗去除。

（7）焊接的金属表面和焊药都要保持清洁，不能有油污和氧化层。

（8）需要焊接的部位和焊药都要涂上焊剂硼砂。①

（9）焊接部位要对接得严丝合缝，最好能用铁丝绑紧。

（10）在焊接时一定要保证首饰整体受热均匀，既要加热焊药，也要整体加热。

（11）焊药一定要加热至烧熔，并使其流动到要焊接的金属的两边。

五、焊剂

大部分金属在焊接加热的过程中都会发生氧化变黑，而氧化层会妨碍焊药与金属的结合。为了防止这种现象发生，焊接时要使用焊剂。焊剂可以形成一层薄膜，将空气与金属隔离，防止因氧化而导致焊接不上，同时也可以舒缓金属表面因加热而产生的张力。长期以来，首饰制作都是采用硼砂做焊剂。硼砂与水混合成稀糨糊状，用毛刷将其涂在焊口处。硼砂要适量，防止过多黏结金属和焊砖。市面上也有现成的混合焊剂出售。

在使用硼砂的时候，可以和水混合形成助熔剂。当加热的时候，助熔剂受热水分蒸发，硼砂会开始膨胀形成一团白色的气泡质，此时可以移开火焰，等膨胀结束后检查焊药是否因为膨胀而移动，如果移动了就用镊子将焊药放回原来的位置。硼砂熔化后会形成透明的黏稠状保护层，保护层可以将空气隔离，避免产生氧化层。持续加热焊接接口和焊药，直到焊药熔流为止。

---

① 徐植 . 贵金属材料与首饰制作 [M]. 上海：上海人民美术出版社，2009：109.

第七节　伐毛洗髓：酸洗

汉代郭宪在《东方朔传》中提到“伐毛洗髓”，意思是刮去毛发，洗清骨髓，表示清除自身的污秽。首饰在制作过程中，不管是焊接还是退火，表面常常有氧化层，为了去除这些杂质，需要进行酸洗，这个过程也可以叫伐毛洗髓。

酸洗是将焊接或者退火后的金属物件浸入一定浓度的酸性溶液中，去除经过退火、焊接、铸造等产生的氧化物和金属表面的助熔剂等污物。酸洗在首饰制作中起着至关重要的作用，在配制酸洗溶液的时候一定要注意安全。

一、酸洗溶液的配制

酸洗是用稀释过的硫酸或磷酸等化学剂把焊接好的首饰清洗干净，去除杂质。清洗时要注意酸液的选择，要选择不会把产品腐蚀掉，但可以去除烧结在金属表面的硼釉砂层的酸液，以更利于加工和观察。

清洗首饰时常用磷酸清洗液：水 10 份，酸 3 份；或者用硫酸清洗液：水 10 份，酸 1 份。在配制溶液时一定要注意顺序：先把水倒入容器中，然后再加入酸液。如果不注意顺序而直接将水倒入浓硫酸中，酸液可能会溅出灼伤皮肤。

根据需要酸洗的金属物件上的氧化层或者污垢的多少，来配制酸液的浓度。酸液浓度越高，金属物件浸泡的时间越短；酸液浓度越低，金属物件浸泡的时间越长。

二、酸洗的温度

大部分酸液适合室温进行酸洗，也可以通过加热酸液来提高酸洗的效率。在酸液加热的过程中，不能加热至沸点，避免产生有毒的废气。在配制需要加热的酸液时，可以将浓度降低为 5%，配制好酸液后放入容器中并盖上盖子。浓度较低的酸液可以加热到 65℃左右，但是加热的时候要使盛放酸液的容器底部整体受热，不可以在容器的局部加热，如果是玻璃容器，局部小面积加热容易导致容器破裂。

三、酸洗的容器

盛放酸洗溶液的容器可以是陶瓷、耐酸玻璃和塑料制品。陶瓷和耐酸玻璃容器可以盛放、储存和加热酸液。不可以用铁质容器盛放酸液，容易腐蚀铁质容器。酸洗的容器要足够大，可以让首饰物件完全浸入酸洗溶液中。

酸洗金、银、铜质的首饰时，酸液要分开配比和盛放。储存酸液的容器要密封存放并做好标记，放置于阴凉干燥处。

四、酸洗的步骤

（1）将焊接好的花丝放入配制好的酸洗溶液中，浸泡 10 ～ 20 分钟。

（2）用筷子捞出花丝，用清水冲洗干净。

浸泡花丝

捞出花丝冲洗

（3）用铜丝刷清洗，再用吹风机吹干。

（4）如泡过酸液的花丝不够白，可用明矾水煮 5 ～ 10 分钟后再次冲洗干净，并用吹风机吹干。

铜丝刷清洗

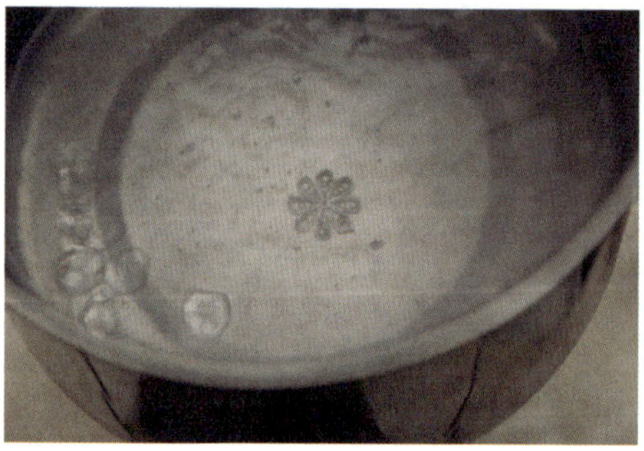

明矾水煮

（5）清洗干净的花丝首饰，可根据需要再做表面处理，如烧蓝、镀金、组装焊接等。

五、酸洗的注意事项

（1）在配制酸洗溶液的时候，要佩戴胶皮手套。一定要在通风处配制酸洗溶液，如果条件允许，可以在有抽风设备的条件下进行配制，以便将有害的气体抽出。

（2）在配制酸洗溶液的时候，容器内先倒水再倒酸液，应在有水源处进行操作。如果操作的顺序相反，酸液溅出容易伤到皮肤。

（3）盛放酸液，可以是塑料、耐酸玻璃和陶瓷容器，不要用金属容器，会将金属容器腐蚀导致液体漏掉。

（4）若皮肤接触到硝酸、硫酸、盐酸等，应立即用大量流动的水冲洗。如果有灼伤皮肤的现象，可以使用碳酸钠与水调和成膏状敷于患部，也可以将家用氨水稀释后使用。

（5）在将金属物件酸洗之前应将捆绑的铁丝去掉，不可以使用铁质镊子进行夹取。否则稀释后的铁和硫酸结合后会产生电镀现象，容易使酸洗的金属物件电镀上一层紫铜。在夹取金属物件的时候，应使用筷子或者塑料夹子。

（6）酸洗后，用清水冲洗干净金属物件，用吹风机吹干。

（7）酸洗溶液使用一段时间后，颜色逐渐呈现蓝绿色，表示酸洗溶液中含有大量的铜盐，已经失去了清洁功效，需要更换新的酸洗溶液。处理少量的酸洗溶液，可以用大量的水稀释后再倒入下水道，如果不经过稀释直接倒入下水道，容易造成排水管腐蚀。

第八节　磨砺以须：抛光打磨

金属首饰在经过锉修或者焊接酸洗完成后，可进行进一步的抛光打磨。抛光打磨是指用人工或机械，借助各种打磨工具如砂纸、研磨轮等，去除多余的金属，使金属表面平滑。

大多数抛光打磨是为了让金属重现光泽，或者是去除表面的氧化层。例如，铜和925银经过加热后会产生黑色的氧化层，可以通过稀释的酸液清洗，再经过抛光打磨就会呈现金属光泽。

一、打磨材料

市面上可以买到不同粗细目数的砂纸板以及干、湿砂纸，这些打磨材料可以用双面胶和胶水粘贴在形状各异的木块上，然后用手握住木块徒手进行打磨，或者将砂纸缠在机针上制作成砂纸卷，借助吊机可以打磨戒指的内圈。银饰表面的缎面和绒面效果有时会显得暗淡，可以在首饰制作的最后环节用铜丝刷和清洗剂刷洗银饰，这样表面会亮很多。其他的抛光打磨材料还有擦银布、研磨石、抛光蜡、铜丝刷、玻璃刷等。作为吊机的辅助工件的机针，其形状和粗细各有不同，使用不同的机针可以进行打磨。如用钢针、金刚砂针和胶轮、钢毛扫、铜丝扫、布轮、皮轮等，可以制作肌理效果。

二、抛光打磨的分类

（一）手工打磨

将砂纸粘贴在平整的木材或者亚克力板上，标清楚砂纸目数，从粗到细依次进行手工打磨。打磨首饰中细小的局部或者比较纤细的首饰适合于手工操作。经过砂纸抛光后，可以再用压光笔进行细节或者边缘的抛光。

砂纸

（二）机械打磨

机械打磨的速度要快得多，一般在抛光机的旋转轴上安装不同的抛光轮来操作，也可以使用吊机搭配砂纸棒、橡胶轮、羊毛轮、布轮依次进行打磨。用机器抛光要配合抛光蜡来使用。银饰的抛光通常先用棕色的抛光蜡进行抛光，去除表面的划痕，再用红色的抛光蜡继续抛光。使用机器抛光时，需要佩戴防护镜以及口罩，长发应该束起来，松散的衣服也应该扎好。

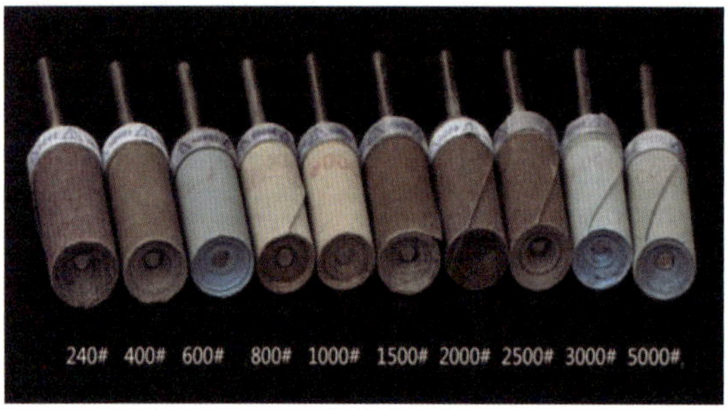

砂纸棒

机械打磨

（三）砂盘机打磨

砂盘机打磨去除金属非常快，主要用于平面的快速打磨，如制作錾刻工具等。

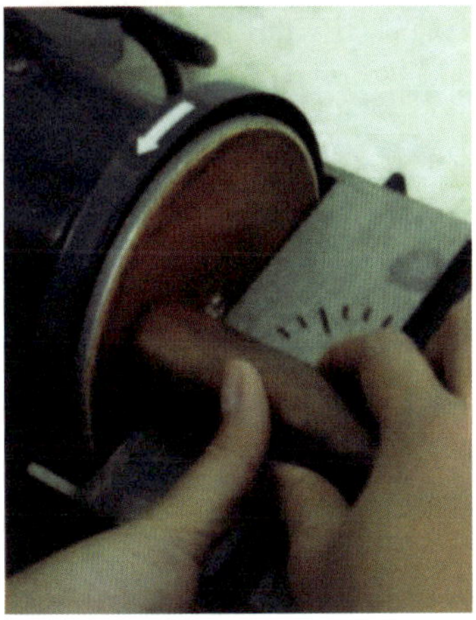

砂盘机打磨

三、镜面效果抛光打磨的方法

先用砂纸由粗到细，从 240 目、320 目、400 目、600 目、800 目……直到 3 000 目打磨。打磨后用橡胶轮去除划痕，再用羊毛轮蘸抛光蜡进行打磨，最后用布轮进行抛光。不同的抛光蜡作用不同，白蜡（石英砂）主要用来去除划痕，红蜡（合成氧化铁）起到擦亮上光的作用，绿蜡（非结晶氧化硅）的作用介于两者之间，既能研磨又能擦光。

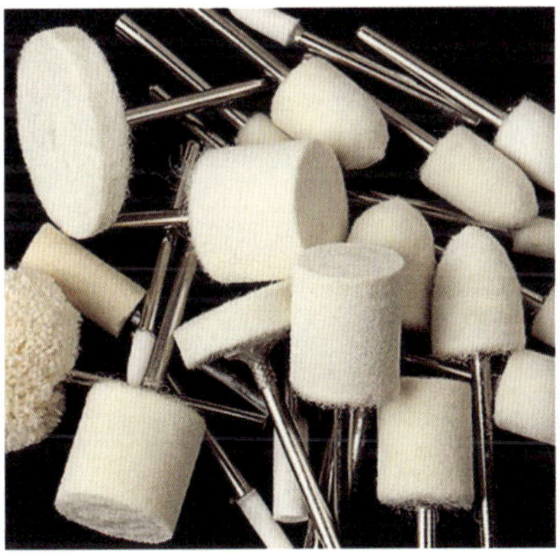

羊毛轮

抛光蜡

四、抛光打磨的注意事项

（1）在抛光打磨的时候一定要佩戴口罩，避免粉尘吸入口鼻。使用吊机进行抛光打磨的时候，长发一定要扎起。

（2）在使用抛光机时，用抛光轮下部进行抛光，双手应该紧紧握住首饰。如果首饰不慎被抛光轮挂住，应该迅速放手，并且关闭抛光机的电源。

（3）较小的银饰项链等，不适合用大的抛光机进行抛光，因为容易被抛光轮卷走；可以使用安装不同形状的抛光头的吊机，涂抹抛光蜡进行抛光。

（4）抛光后的首饰可以放入清洗液中或者超声波清洗机中清洗，也可以放入滚筒抛光机进行抛光清洗。滚筒抛光机中有不计其数的小钢球，这些小钢球有不同的尺寸。但是镶嵌宝石的首饰，不可以通过滚筒抛光机抛光。

本章小结

主要内容：本章讲述金属材料的基本加工工艺——剪切、钻孔、锉修、镂空、焊接、抛光打磨等，使学生掌握基础工艺与设计的基本关系，进一步了解首饰制作内部结构与外在形式表现之间的关系，从而为日后的设计创意服务。

重点：锯切、镂空、锉磨造型、焊接成型。

难点：把握焊接火候，掌握基本的高低温焊药的使用，将金属材料焊接成型。

任务模块

思考任务

1. 图文并茂地解释锯切、钻孔的概念，并讲述操作步骤。
2. 图文并茂地解释锉修的概念，分别列举各种类型锉刀的功能和使用方法。

拓展任务

1. 熟练使用工具设备，进行锯切、锉修、焊接、抛光打磨等工艺练习。
2. 根据设计要求进行基础焊接练习，能够完成戒指、吊坠等基础焊接。
3. 将焊接好的首饰进行抛光打磨。

设计任务

1. 以自然元素为主题，设计并制作一件首饰作品，练习镂空、锉修、焊接和抛光打磨。
2. 1∶1 绘制首饰设计效果图，根据设计完成作品，能够熟练掌握本章介绍的基础制作工艺。

章节资源

1. 赵丹绮，王意婷 . 玩金术 [M]. 上海：上海科学技术出版社，2018.
2. 张晓燕 . 首饰艺术设计 [M]. 北京：中国纺织出版社，2010.
3. 邹宁馨，伏永和，高伟 . 现代首饰工艺与设计 [M]. 北京：中国纺织出版社，2005.

第七章　画梁雕栋：装饰工艺

Decorative Techniques

在首饰设计制作的过程中，要充分利用金属的特性来进行装饰。首饰制作的装饰手法有很多，比如压制纹样、錾刻、金属腐蚀、化学染色、珐琅工艺、电镀工艺等。这些装饰手法可以给首饰设计增加更多的可能性，因为这些工艺技法使首饰的装饰效果在色彩、肌理等方面的对比更加丰富。当然，在多数情况下，装饰手法是建立在一个设计完美的立体构成基础之上的，为首饰设计锦上添花。

第一节　压制纹样

压制纹样是使用特殊的表面图案来替代原有的光滑的金属表面。要达到这种效果有很多方法，可以在金属退火后，使用锤子、錾子或者压延机来进行金属表面的肌理制作。

金属表面的纹样可以使首饰呈现不同的视觉效果。纯银材料十分柔软，延展性好，可以使用压延机制作出图案和肌理。在制作肌理之前，银材料必须通过退火来恢复金属的延展性，从而变软。变软之后的银材料更容易制作各种纹理，也可以防止金属出现裂纹。

一、金属表面处理

在给金属首饰制作肌理之前，要进行金属表面的处理。以银片为例：将银片用砂纸（从220目至600目）进行打磨，去除表面划痕，然后退火、酸洗、清洗。把这个过程反复进行三次，使银片变得非常柔软。在进入压延机之前，一定要让银片彻底干燥，否则压延机的滚轮上会沾上水，导致生锈，从而腐蚀金属压延机的表面。

二、压延机制作纹理

压延机一般用于金属片或者金属丝的压延，使金属片或者金属丝变薄、变宽、变长。当把一块银片随同另一块有纹理的材料一起压延时，材料的纹理就会被转印到银片上。这种方法能够获得许多不同的肌理效果。

许多材料都可用来压印肌理，如水彩纸、干树叶、羽毛、布料、蕾丝织物、金属丝、有纹理的黄铜片、金属丝网、绳子、砂纸等，可尝试的材料范围相当广。也可以把两块带有不同肌理的材料压印在一起，如果其中的一块材料比另一块厚，则较厚材料的纹理可能会覆盖较薄材料的纹理。

材料图

三、压延的方法

用两块银片把压印材料夹在中间，像三明治一样叠在一起，再通过压延机，这样在金属的表面就会出现纹理，而且两块银片上的纹理是镜像的，特别适合做对称的耳饰。在只需要一面有肌理的情况下，如果压印材料较硬，有可能会损坏压延机的滚轮时，就须使用两块金属片来包裹它，可以采用两块铜片或者铝片，将要压延的金属和材料放置于两片金属片中间。通过压延机后，压印的材料就会印制在金属片上。较软的压印材料如羽毛只需用一块银片，将羽毛和银片放置在两块铝板中间后直接碾压即可，压印的纹理就会出现在银片上。

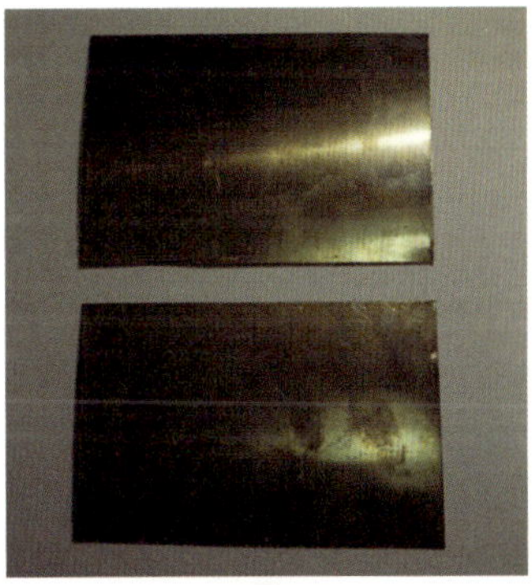

两块铜片

压印的材料只能使用一次，不能反复使用，所以想要一次压印成功，正确调节压延机两个滚轮之间的距离是关键。当转动压延机的把手，感觉到了阻力，但并不需要使出浑身力气才能一点点转动时，说明滚轮之间的距离是合适的。调节滚轮之间的距离，首先依靠目测，然后把需要压延的金属片放入压延机，轻轻转动把手，感觉一下阻力的大小，根据具体情况再调节滚轮间隙。

压延之后还要根据设计将金属片进行裁切、塑形等进一步的加工。所以，应该压印一块比所需面积更大的肌理银片，压印好的肌理应该贴上胶带保护，防止后续加工的工具对纹理造成损害。尽量不要对肌理银片进行焊接，因为焊药熔化后会流进肌理凹陷的地方，破坏肌理效果。

压印

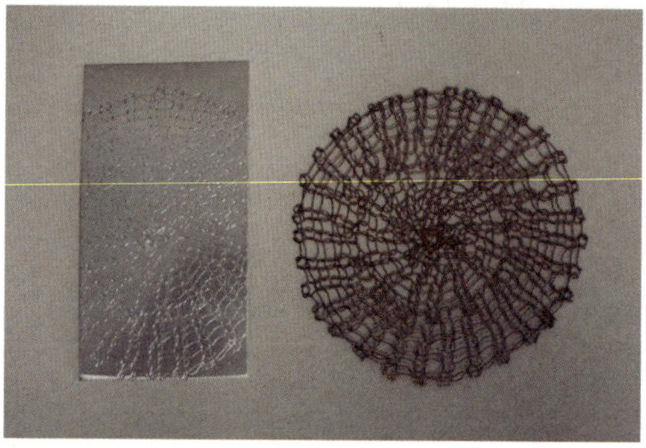

压印完成图

第二节　錾刻工艺

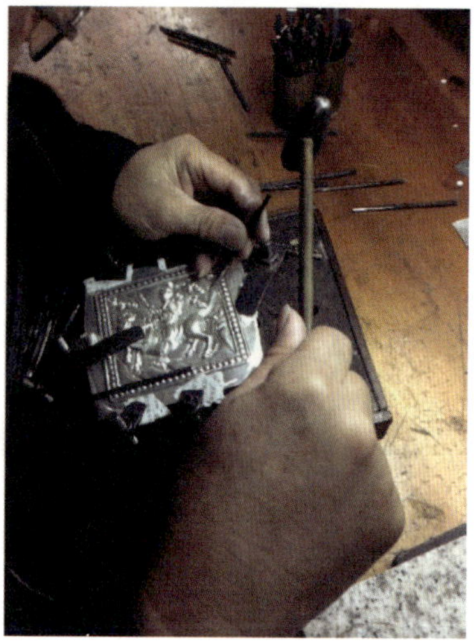

錾刻作品（李正云）

錾刻工艺是采用不同纹样的金属錾把设计图案錾刻在金属板表面，通过锤子敲击金属錾使金属表面呈现凸起和凹陷，形成立体的金属图案。通常先用金属錾将金属表面錾刻出图案的外轮廓，确定外轮廓造型后再在金属板的表面进行纹样的敲击，将金属板进行凹陷或者凸起的造型创作，使金属出现浮雕的效果。[①] 在錾刻的过程中，根据设计的需要，凸起和凹陷是交替进行的，比如叶子的脉络是凹陷的，叶面是凸起的。錾刻的工具称为錾子，錾子的纹样种类很多，錾花时将金属板固定在錾花胶或铅块上进行。

一、錾子

一般专业的錾刻工序需要至少 50 把錾子。最好是先做出若干最常用的錾子，然后再根据需要进行添加。

① 张晓燕 . 首饰艺术设计 [M]. 北京：中国纺织出版社，2010：241.

（一）錾子的分类

（1）刻线錾子：錾口有直型和弯型两种。錾头不能锉得过分锐利，以免凿穿金属板表面。[①]

（2）圆顶錾子：用于从背面顶起金属。这种錾子的錾头有些是圆形，有些是长方形，錾头四周都倒角呈圆弧状，这样就不会在金属表面刻出过深的痕迹。

（3）平錾子：用于从正面整平和压光金属。錾子末端的工作面十分平滑，直角的边缘略经打磨呈圆弧状。[②]

錾子

（4）做背景效果的錾子：能打成细点或横竖交叉的细线，通常用于制作浮雕背景部分。

（5）窝錾：由凸形窝錾和立方体的凹窝台组成。凸形窝錾用来制作半圆球，配合凹窝台使用。敲打窝錾时要轻，以免将金属錾穿。大的窝錾也可用硬木制作，用于整形处理。[③]

（二）錾子的制作方法

錾子一般用工具钢或方钢条制成。直径 0.5 厘米的粗钢条适合做刻线錾子，直径 0.6 厘米的方钢条可做大点的錾子，直径 1 厘米以上的钢条适合做专门凸起的圆头錾子。用圆钢棒可做截面为圆形的錾子或压光用錾子。一般钢棒可锯成 10 厘米长，做大的窝錾可锯成 11 厘米长。

1. 刻线錾子

刻线錾子用直径 0.5 厘米的方钢，锯成 10 厘米长，在 8 ～ 9 厘米的位置向外收细至 1.6 毫米，然后锉出刃。刃不能锐利，以免錾穿金属。锉好以后，要打磨细腻（用极细的砂纸打磨）。錾子要经蘸火处理，以达到一定的硬度。

其他造型錾子的制作方法与此类似。

2. 窝錾

有些情况下要锻打（热锻）錾子，特别是窝錾。要将钢材锻平或锻宽。具体做法是将钢材烧至桃红色，在砧子上锻打。锻打成型后，放置冷却后，用锉刀加工整形。

二、錾刻锤子

錾刻锤子有一个较宽的锤口和一条细长的柄，这样在使用时有一定的弹性，便于快速敲击。锤口为 2.5 厘米的锤子最常用。

① 赵丹绮，王意婷 . 玩金术 [M]. 上海：上海科学技术出版社，2018：109.

② 邹宁馨，伏永和，高伟 . 现代首饰工艺与设计 [M]. 北京：中国纺织出版社，2005：42.

③ 同② 43.

三、錾刻胶

（一）配制錾刻胶

錾刻胶是錾刻金属板下面的衬板，它的硬度正好适合承受金属的敲击。同时，当用錾子敲击特定部位时，它又能适当凹陷。[①] 錾刻胶有较强的黏度和弹性，使用方便，去除时也比较容易。

錾刻胶的原料为松香、石膏粉和动物油脂。

石膏粉的作用是将松香硬化（固化），而动物油脂又可将松香软化，动物油脂可用猪油。冬天时加入动物油脂能使錾刻胶软化。夏天使用时应多加石膏粉，让錾刻胶变硬一点。一般錾刻胶可在一个敞口锅中配制，慢慢加热松香使其熔化，在缓慢搅拌的同时加入石膏粉，然后再加动物油脂。

熬制錾刻胶

（二）錾刻胶的盛放

錾刻胶

理想的盛放錾刻胶的容器是铁碗或者铁盘，一般直径在 15 ～ 20 厘米，置于一个胶圈或皮圈之上。这样，铁碗或铁盘能在上面自如地转动，任意调整角度，以利于錾刻。避免用薄金属做盛放錾刻胶的容器，因为容器太轻的话，在敲击时会产生振动，而且锋利的容器边缘容易造成事故。做大的錾花可以在厚木板上堆上錾刻胶。

注意：设计的图案在金属板未粘到錾刻胶上时就要拓印上去。图案的外围要留下足够的金属余量，这部分余量在完成錾刻之后要锯掉。金属板在上胶之前要退火，

① 邹宁馨，伏永和，高伟. 现代首饰工艺与设计 [M]. 北京：中国纺织出版社，2005：44.

金属的造型一般在上胶之前就做好，当然也可与錾刻工序结合进行。

（三）将金属板粘到錾刻胶上的方法

在金属板的背面抹上油，以便于錾刻好后从胶上取下。慢慢加热胶的表面，移动焊枪（调整出空气含量很小的文火）以免烧燃錾刻胶。当胶表面足够软以后，把金属板放在上面，往两边移动板材，挤出里面的空气。金属板的边缘部分要用錾刻胶压住，以保证它粘得很稳固。錾刻胶可以自然冷却，也可以用凉水冲使之快速冷却。

注意：如果将金属板略加热后再粘到胶上会更牢固。经过若干小时之后，錾刻胶会变得很脆，需要重新加热。

四、錾刻造型及程序

实际上，錾刻工艺并不复杂，需要的是耐心、艺术眼光和造型能力。0.4 ～ 1.0 毫米厚度的金属板都可用于錾刻，其中 0.8 毫米厚度的板材最常用，而较薄的板材适用于做小型或较浅的浮雕。

（一）直线纹

直线纹一般用于走出图案形状或将图案的深陷部分最先做出标记。操作时用拇指配合食指和中指捏住錾子，无名指和小指按住金属板，以免滑动，将錾子向一侧倾斜 5°，然后用锤子敲击錾子，让錾尖凿进金属。顺畅地移动拿錾子的手，通过敲击的快慢掌握刻线的进度。当然，线的深度也是通过敲击的轻重来把握。

錾刻直线

注意：錾子应当被锤子锤着移动。如果将錾子持成垂直，就不容易往前移动，同时还会錾得过深，有凿穿的危险；如果錾子过斜，则容易打滑。

（二）弧线

很多弧线也是用直线錾子敲出的。直线錾子可以磨得很窄，打磨圆润，用于錾弧线，操作手法与錾直线相同，但要注意根据需要转动錾子，旋转角度，以刻出弧线。如果錾一条直径很小的圆弧，錾子要向后倾斜。有时弧形口的錾子用于做要求严格的弧线，如果做圆圈刻线，则用管状錾子。

錾刻弧线

（三）出现裂口或凿穿

裂穿现象有可能是金属板在敲打中变硬变脆或敲击力度过大造成的，需要焊补。在修补前要用钻或锉扩大裂口和洞，并锉成规则的形状，在里面填上一段金属线或钉进一个楔子，让两面略凸出，用焊药焊住后酸洗、打磨。

（四）凸出或隆起的表面

若表面凸出或隆起，则要从板材的反面敲击。

（1）在正面用錾子刻好形，把工件从胶上取下，去干净胶，退火，然后把正面黏到胶上。

（2）标出要凸起的部位，用窝錾敲击，有时可直接用圆头锤子敲打。要把握好角度，要能敲到所需的高度，不同的隆起要用不同弧度的錾子敲击来实现。粗錾子用来敲大面积和较深的隆起，小錾子可以找准凸起的角度。敲击的轻重也根据需要而不同。在做极高的隆起时，金属板要不时退火。如果圆錾太细或錾子移动太快，就很难做出圆润光滑的轮廓，并有明显的錾痕。出现这种情况时，要及时退火。

錾刻浮雕（吴智）

（3）隆起完成之后，把金属板翻回正面，用光滑的錾子整形，整理轮廓，再錾刻细部。

注意：工件反过来以后，凸起部分的背面一定要确认填满了沥青，以免錾的时候走形。可以用轻轻敲击的办法，看是否有气泡在背部。把胶烧得更软一些，再粘上工件可避免有气泡。如果需要，工件从胶上取下以后，把圆錾固定在台钳上，放在錾子圆顶上敲打整形。

五、从錾刻胶上取下工件

用范围较大的柔软火焰加热錾刻胶，用钳子将工件取下，擦掉胶渍。如果是首饰，则把它烧至浅红色，这样錾刻胶就被烧成了白色的灰烬，同时也给工件进行了退火。冷却以后酸洗，金属即可恢复当初的颜色。如果金属上仍有錾刻胶，就用柴油把胶溶化掉。

六、铅块垫料

小型首饰如耳饰，可以用铅块垫着錾刻。铅在錾击下会略微变形，从而可以保持工件的原形。錾刻也可垫着木头进行，小钉可以打在工件的四周以固定工件。

注意：在使用铅块做垫料錾金件时会污染首饰工件。

七、制作示范

（1）在银板上用铅笔画出所要制作的图案线稿，修改整理并强化出适当细节。稍加修饰后，按照铅笔线稿使用錾刻刀将所绘图像刻出。

（2）使用刀口不利的宽面錾刻刀反向捶打出物体厚度。

（3）将银板退火后，使用金工锤木柄修平银板四周。

（4）加热松香填在银板的凹槽中，并加热银板的表面使錾刻胶下的气泡排出。加热錾刻胶板表面并将银板固定在錾刻胶板上。不要使用水冷却，要使其始终保持温度。

（5）使用平头錾刻刀来修整浮雕的大型，再用小錾刻刀来强化细节。錾刻的过程需要耐心，浮雕的制作考验手工艺制作者对细节、空间的把握。

錾刻（李正云）

注意事项：

（1）线条粗细合适。

（2）准备完备的工具。不同的工具可以塑造出不同的肌理。

（3）分清线条层次。选择合适的工具进行錾刻，可以在錾刻胶板上略微加热以方便塑形。

（4）錾刻刀的角不能太锋利，以免对金属板造成损害。

（5）在錾刻的过程中要多次退火，防止金属板变硬，因捶打而开裂。

第三节　金属腐蚀

一、配制腐蚀溶液

金属腐蚀是通过使用稀释的酸液来腐蚀金属表面从而实现设计的一种工艺技法。对于

配制酸液

铜和银的腐蚀，可以选用硝酸溶液来进行配比。使用硝酸时，按照硝和水 1∶4 的比例配制腐蚀溶液。佩戴好护目镜和口罩，戴上手套，在通风处配制腐蚀的酸液。准备一个带有盖子的耐热玻璃器皿或者塑料器皿来放置溶液，先放水，再倒入酸液进行混合。对于酸性溶液，只能用塑料或不锈钢镊子放入或取出物体。尽量把装有硝酸的器皿放置在通风的位置。

酸只会腐蚀它所接触到的金属表面，可以用沥青盖住不需要腐蚀的区域，将金属的背面和边缘用胶带封住，也可以将整片金属表面涂满沥青。等沥青干了以后，在需要腐蚀的位置上刻出纹样和图案。

二、金属片的准备

选取一块银片或者铜片，将金属片进行退火，退火后用 1∶8 的稀酸溶液进行表面氧化层的清洗，清洗后在冷水下冲洗干净。如果水流没有在金属表面产生小水珠，说明金属表面很干净；如果金属表面出现小水珠，说明金属表面还未清洗干净，需要再次退火并用稀酸溶液进行清洗。

三、腐蚀的步骤

（1）将洗干净的金属片放置在纸巾上，将多余的水吸干净。尽量只用手拿取边缘，将金属表面用沥青涂抹均匀。可以借助吹风机将沥青吹热熔化后用毛刷涂抹均匀。将金属片的边缘和背面用胶带封住，可以用棕色的防水胶带将背面贴好后再折叠到正面的边缘处，牢牢包裹金属片的四边。最后用沥青将四个边涂抹，防止酸液腐蚀。

（2）等沥青干后，在金属片上刻画需要腐蚀的图案。将需要腐蚀的地方用刻刀除去沥青，露出金属片的地方放入酸液中进行腐蚀。

涂抹沥青

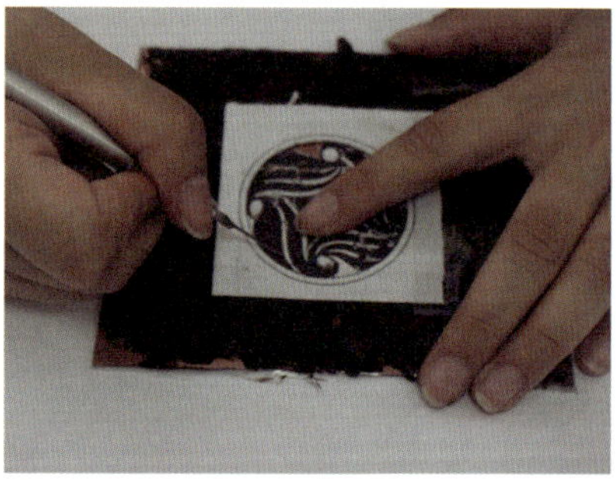
刻画腐蚀图案

（3）用镊子将金属片放入酸液中，盖上盖子等待 5 分钟，金属的颜色会变暗并产生气泡，轻微晃动容器让酸液流动。等待一段时间后取出金属片，看腐蚀是否达到一定的深度：如果腐蚀达到理想状态，用纸巾蘸汽油擦掉沥青，冲洗干净；如果腐蚀未达到理想状态，可以继续放入酸液中进行腐蚀。

金属片放入酸液中

注意：腐蚀的速度与温度和酸液浓度有一定的关系。不能因为腐蚀得慢而在腐蚀的过程中加入酸液，酸液过浓，金属片被腐蚀的表面会出现坑坑洼洼的现象。

（4）对金属的腐蚀可能会持续一两个小时，当腐蚀达到所需要的深度时，撕掉胶带，并用纸巾蘸丙酮或者汽油擦掉金属表面的沥青。清洗干净后，根据设计将腐蚀后的金属切割或者弯曲制作成想要的首饰。

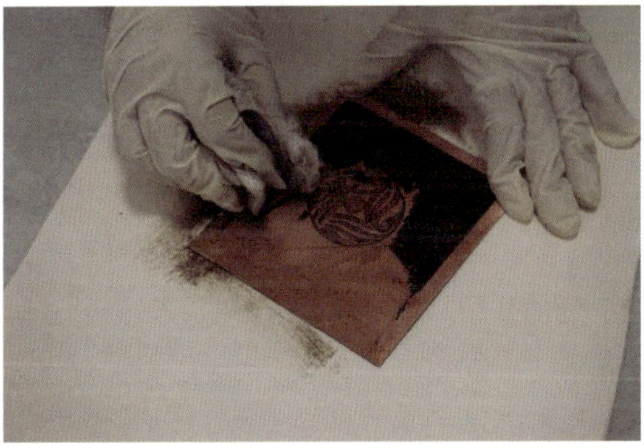
擦掉金属表面的沥青

腐蚀完成图

四、注意事项

检查腐蚀深度的时候，要小心地将金属片从酸液中取出，在冷水下冲洗并用纸巾擦干净，然后查看沥青和金属交界的位置，可以看到浅浅的落差；如果没有，则将金属片放回酸液中多等待一会儿，直到腐蚀的深度达到理想的程度。

在腐蚀的过程中，金属片的四周很容易被酸液腐蚀，所以尽量选稍微大一点尺寸的金属片来做腐蚀，以弥补腐蚀带来的损耗。防腐蚀的沥青层不能涂得太薄，否则在腐蚀的过程中防腐蚀层容易脱落；如果发现防腐蚀层脱落，要立刻取出金属片，彻底清洗和晾干，然后重新涂上沥青。

第四节　化学染色

运用化学以及加热的方法可以控制金属的表面着色。当银材料表面有凹陷或纹理时，可以将银进行着色后擦掉凸起的部分。有肌理的位置有着色，这样能够加强金属色彩的对比，增强细节的对比效果。另外，把着色控制在一定范围内，或者把着色后的银材料与其他金属一起使用，可以增加设计的丰富性。

化学染色工艺只对银材料的表面起作用，所以，对于那些较易磨损的首饰如戒指来说，其表面的色彩不会维持很长时间，会在长时间佩戴的情况下不断被摩擦而褪色。为了有效避免这种情况的发生，可以给银材料的表面制作纹理着色，然后擦去凸起处的颜色，只留下凹陷处的颜色，凹陷处的颜色是不易摩擦到的。

化学染色工艺应该在所有焊接和抛光工作都结束之后再进行。银材料的表面精修抛光程度对着色效果有着直接的影响，例如毛糙的金属表面着色后色彩会比较明显。在进行化学染色之前，银材料的表面必须去掉油污、清洗干净。化学染色必须在通风良好的地方、通风柜里或者在户外操作，工作人员必须佩戴口罩、橡胶手套，穿好工作服，并尽量靠近水源。

一、银的氧化处理

用化学染色来给银做氧化处理，通常使用的是硫化钾溶液，这种溶液能使白银的表面变黑，就像银暴露在空气中会自然氧化变黑一样。可以把极少量的钾硫（呈块状）溶解到100毫升的温水中，温度控制在60℃～70℃。溶液的气味很强、很难闻，如果不方便加热溶液，可以把银饰放入配制好的硫化钾溶液中，大约20秒就可以氧化变黑。银饰变黑后用清水彻底洗净即可。可以购买市面上的成品做旧液。

把银饰表面某些凸起的局部颜色擦掉，只留下凹陷处的氧化色，这样可以获得做旧的首饰效果。除了深灰色和黑色，银材料还能做出许多颜色，如黄色、红色、蓝色、紫色以及棕色。如果想要获得这些颜色，必须使用凉的硫化钾溶液来着色，将银饰放入溶液中后要仔细观察银饰的颜色变化，一旦银饰的表面出现想要的颜色就立刻从溶液中取出银饰。不过，这种方法不具备重复性，很难再一次获得与先前相同的颜色。

做旧液

给着色之后的银饰打上蜡，可以很好地保护色彩以及使色彩更深。当银饰与溶液发生反应的时间较短，颜色不是深灰或黑色时，就可以给银饰打蜡。打蜡时应先在局部试一试效果。打完蜡的银饰的颜色会相对稳定，不会出现意料之外的色彩变化。

现在市面上也有一种商用浓缩氧化着色剂，不需要加热就可以把银饰做成灰色或者黑色。用毛刷将着色剂涂在想要着色的位置，反复涂抹，颜色就会变得越来越深。最后将银饰洗净、晾干再打上蜡，银饰的色彩就会更深而且不易变色。

打磨银饰的凸起

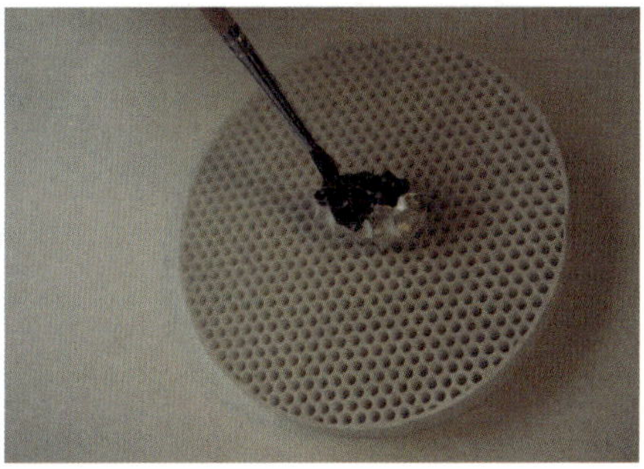

涂抹着色剂

二、镀铜着色

给表面饰有纹理的银饰镀铜着色，尤其是在着色之后，把凸起处的颜色擦掉，只留下凹陷处的颜色，着色效果尤为显著。给银饰镀铜着色时，要使用金属丝来捆绑银饰，再把银饰放入温热的酸液中。捆绑丝缠绕在银饰上，不仅可以加快镀铜的速度，还可以使镀层更厚。把一小块紫铜放入酸液中，尤其是新配制的酸液中，也可以同样获得加快镀铜速度的效果。镀铜所获得的颜色比氧化所获得的颜色更易变暗，所以，一段时间之后，银饰的表面就会镀一层铜。

第五节　珐琅工艺

一、珐琅工艺的类型

珐琅工艺因制作的工艺不同可分为掐丝珐琅、錾胎珐琅、锤胎珐琅、七宝烧、画珐琅、透明珐琅等，其中掐丝珐琅工艺和锤胎珐琅工艺是首饰制作中常用的技艺。

我们常说的“景泰蓝”工艺又称掐丝珐琅。它是在金属胎上，按照图样设计描绘出纹样轮廓线，然后用细而薄的金属丝或金属片焊接或黏合在纹样轮廓线上，组成纹饰图案，再于纹样轮廓线的空白处点施各种颜色的珐琅釉料，经多次焙烧、磨光、镀金而成。掐丝珐琅器与錾胎珐琅器表面效果相似，同样呈现出宝石镶嵌的效果，但掐丝珐琅器的图案纹饰线条纤细而婉转，在烧制和磨光过程中容易产生断裂现象并常留有焊痕；而錾胎珐琅器的纹饰线条比较粗犷，无接头和焊痕。[①]

景泰蓝作品《繁荣绽放》（熊松涛）

掐丝珐琅莲纹圆盒（明）

锤胎珐琅工艺是在金属胎上用金属"锤"或利用钢錾"敲"的技法，从金属胎的背面锤起线、锤出纹饰图案，然后点施珐琅釉料，再经焙烧、磨光、镀金而成。在其凸出或者凹陷的部分点施珐琅釉料，形成三维立体效果。

七宝烧是日本的一种传统工艺，它是以贵金属为胎，外面装饰以石英为主体的原料及各种色料，经烧制而成。七宝烧具有胎质轻薄、珐琅釉料细腻、光泽闪耀、色调艳丽明快等特点，在烧制之后无须打磨表面就很光亮。[②]

画珐琅是先在紫铜胎上施白色的珐琅釉料，入窑烧制后使表面平滑，然后用各色珐琅釉料绘制图案，再经过烧制而成。这种珐琅工艺带有绘画味道，常用来做珐琅画。还有一种人们常说的"珐琅彩"工艺，是使用非金属胎，如瓷、紫砂、玻璃等，经过填彩色砂固定后，呈现出珐琅画的工艺品，它属于陶瓷艺术。

灰地疏竹鸡雏七宝烧坛式瓶

画珐琅缠枝莲托八宝纹攒盒（清）

---

① 琳达·达尔蒂.珐琅艺术[M].上海：上海科学技术出版社，2015：9.

② 李芳.探索铸胎掐丝珐琅与多种工艺结合的美[J].文物鉴定与鉴赏，2021，214（19）：88–90.

透明珐琅，是在金属胎上用金属錾刻或锤花技法锤錾出浅浮雕，再罩以具有透明或半透明性质的珐琅釉，经烧制后，显露出因图案线条粗细、深浅不同而引起的视觉上明暗、浓淡的变化。透明珐琅是在錾胎珐琅衰落时开始兴起并发展起来的。

透明珐琅冰梅纹罐（清）

以上几种不同的珐琅工艺在首饰的制作工艺中灵活运用，能够产生不同的艺术效果。珐琅特殊釉料的质感与贵金属相配，既提高了珐琅的身价，又增加了首饰的文化品位，可谓相得益彰。

二、珐琅的釉料

珐琅釉料的种类很多，一般常见的有高温釉料和低温釉料、透明釉料和颜色釉料、光瓷釉、铅釉和无铅釉等。它的主要材料由瓷土、长石、石英等构成，以硼砂、纯碱为熔剂，用氟化物、氧化钛、氧化锑作为乳化剂，着色剂为金属氧化物，在经过粉碎、混合、熔融等步骤后，迅速倒入水中，在冷水降温作用下冷却成珐琅块，然后经过细磨得到珐琅粉；也可以配入黏土，经过湿磨后而得到珐琅浆。珐琅属硅酸盐类物质，一般属于低温色釉，烧结温度在 1 000℃以下。[①] 在教学中经常使用的北京珐琅厂的釉料的烧制温度一般在 650℃～700℃，可以非常方便地制作掐丝珐琅首饰。

釉料

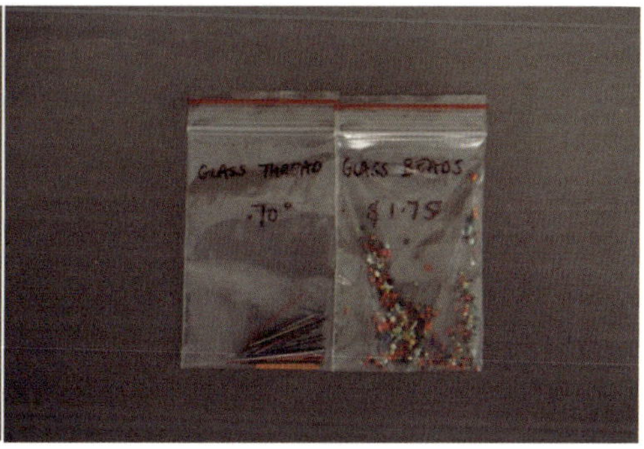

珐琅玻璃料

① 李芳．探索铸胎掐丝珐琅与多种工艺结合的美 [J]. 文物鉴定与鉴赏，2021，214（19）：88–90.

三、各种花丝

在珐琅工艺中，常用各种花丝掐制后再烧制珐琅。常用的金属丝是扁丝，通常在市场上购买圆形截面的铜丝或者银丝，使用压片机压成所需要的厚度和立面高度。其他的金属花丝的种类有许多种，比如竹节丝、祥丝、拱丝、凤眼丝、麻花丝、蔓丝、麦穗丝、小辫丝、门洞丝等。这些不同的花丝不仅在首饰的珐琅工艺中使用，还常在首饰的花丝工艺中用到，第八章第一节首饰花丝工艺中将会详细讲解。

本章小结

主要内容： 本章讲述了首饰的表面装饰工艺，系统讲解了首饰装饰工艺的特征和实操，包括錾刻工艺、腐蚀工艺、金属染色工艺、珐琅工艺等。在分析各类首饰结构造型的原理和制作工艺的基础上，强化首饰表面造型的科学性、实用性和审美性。

重点： 熟练掌握錾刻、腐蚀、金属染色、珐琅等工艺的制作方法并练习。

难点： 熟练掌握錾刻和珐琅工艺。

任务模块

思考任务

1. 分析理解压制纹样的制作方法。
2. 分析理解金属腐蚀的制作方法。
3. 分析理解珐琅工艺的分类和基本制作方法。

拓展任务

1. 选择一种带有肌理的材料，通过纹样压制转化到金属片上。
2. 选择一种植物的纹样，绘制后将纹样錾刻到金属薄片上。
3. 选择一件首饰进行表面染色处理，能够独立完成金属染色。

设计任务

以自然元素为灵感，设计四件首饰作品，绘制 1∶1 效果图，完成金属造型后采用表面装饰工艺处理作品。

章节资源

1. 赵丹绮，王意婷 . 玩金术 [M]. 上海：上海科学技术出版社，2018.
2. 邹宁馨，伏永和，高伟 . 现代首饰工艺与设计 [M]. 北京：中国纺织出版社，2005.
3. 琳达 · 达尔蒂 . 珐琅艺术 [M]. 上海：上海科学技术出版社，2015.
4. 卢艺，韩儒派 . 珐琅工艺 [M]. 北京：人民邮电出版社，2022.
5. 曹雪明 . 百工录 · 首饰錾刻艺术 [M]. 南京：江苏美术出版社，2013.

第八章　匠心独运：成型工艺

Shaping Techniques

首饰成型工艺是指将首饰设计想法转化为实际首饰产品的过程。在匠心独运的首饰成型工艺中，要注重独特的设计和精湛的技艺，追求匠人的艺术表达和个性创新，通过一系列的工序将首饰设计转化为实际的精美饰品。本章将通过首饰花丝工艺、起版与铸造工艺、镶嵌工艺呈现首饰成型工艺的原理及制作方法。

第一节　首饰花丝工艺

一、首饰花丝工艺概述

（一）首饰花丝工艺的来源

首饰花丝工艺来源于花丝镶嵌工艺。花丝镶嵌又称为金银细金工艺，从狭义上讲是指传统手工制作金银器中的“花丝工艺”和“镶嵌工艺”的合称，从广义上讲是金银器制作过程中的全部传统手工技艺。[①] 首饰花丝镶嵌工艺在2008年被列入我国第二批国家级非物质文化遗产名录，是中国细金工艺中的一项古老技艺，也是珠宝首饰专业教学中一门重要的技法课程。

（二）花丝工艺的概念

花丝工艺是将黄金、白银等贵金属拉成细丝，运用掐、填、攒、焊、堆、垒、编、织八大工艺技法制作完成。镶嵌工艺则是把金、银薄片捶打成型，把宝石嵌进去，制成装饰品或首饰。整个工艺过程较为复杂，首先要制胎，以便造型；再用堆、垒、编、织等方法，将花丝成型，加以烧焊；酸洗后烧蓝或镀金银，再提亮。“花丝”部分是花丝工艺中繁杂缜密、工序严格的主要部分之一，花丝有正反花丝、拱丝、麻花丝、竹节丝、螺丝、凤眼丝、祥丝、麦穗丝、小松丝等十几种不同纹样。[②] 花丝的掐、填、攒、焊、堆、垒、编、织八

① 唐克美，李苍彦. 金银细金工艺和景泰蓝 [M]. 郑州：大象出版社，2004：3.

② 杨伯达. 中国美术全集. 工艺美术编 [M]. 北京：文物出版社，1987：88.

种工艺技法更是各有讲究，创造出了很多令世人惊叹的金银器作品。[①] 在明清时，花丝工艺被誉为“燕京八绝”之首。[②]

（三）花丝工艺的发展历程

据史料记载和考古发现，花丝工艺的雏形源于商代，商代的黄金饰品以金片、金叶、金箔形式点缀于器物上。在考古发掘的商代墓葬中，北京平谷刘家河商墓的金笄、金耳铛、金臂钏的出土有了黄金制品出现的历史依据。随着青铜器装饰工艺的发展而产生的错金银的技艺，为金银器的发展奠定了雄厚的技术基础。[③] 由此可知 2 000 多年前，我国先民已经熟练掌握了黄金材质的锤揲、錾刻、镂空等金属制造工艺。

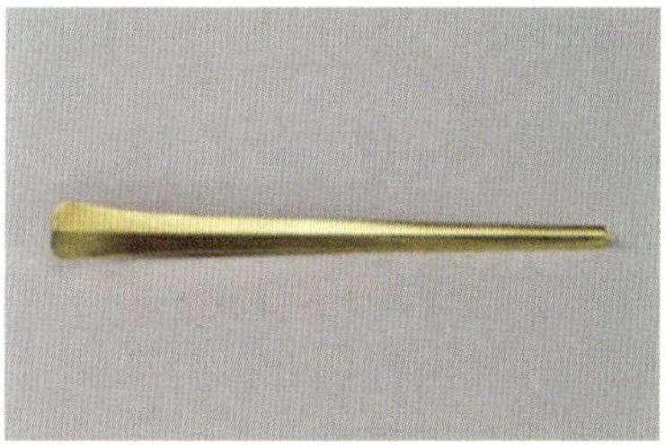

金笄

金耳铛

金臂钏

在随后的 2 000 多年间，细金工艺不断发展与完善，涉及的工艺也在不断地融汇创新。由于银的提炼技术较为复杂，故银器的制作晚于黄金。春秋至战国时期，银的提炼、制造、使用有了较大的发展，匠师们制作出了细如发丝的金银丝，将其嵌入青铜器之上，也就是我们现在常说的“金银错”工艺。这是金银细丝形成的雏形。如战国时期的“错金银马首形铜辕饰”采用的就是错金银工艺。中国最早的手工艺技术文献《考工记》中记载了木工、金工、皮革、染色、刮磨、陶瓷等六大类 30 多个工种的内容。这里所说的“金工”是指青铜器的制作，虽然与金银器的制作并没有直接的联系，但当时中原地区与北方少数民族聚居地区均出现了与现代花丝镶嵌制作技艺相似的金银器制作工艺。现在的花丝工艺也由此而来。

西汉时期张骞出使西域开创了“丝绸之路”，西方的金银器及其制作工艺涌入中国，使得中国金银器制作技艺有了极大的发展。到两汉时期，金银细金工艺尤其是在花丝的掐丝、编丝和图案的种类上又有了新突破，出现了花丝、祥丝、金珠等样式。在制作工艺上形成了掐、填、堆、垒一整套技法，丰富了金银细金工艺的表现力，使器物的造型、图案装饰手法更加完美，在历史上初步形成了从材料加工、制胎、錾刻、花丝工艺、烧焊、表

① 陈红辉．花丝工艺的创新性研究 [J]. 设计，2015（1）：87–89.

② 厉宝华．花丝镶嵌 [M]. 北京：北京美术摄影出版社，2015：46.

③ 唐克美，李苍彦．金银细金工艺和景泰蓝 [M]. 郑州：大象出版社，2004：7–8.

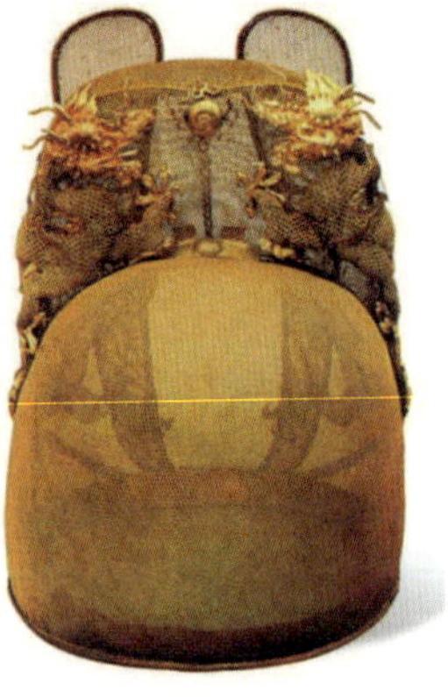

金丝翼善冠（明）

面处理、镶嵌宝石等艺术与工艺相结合的、独立的细金工艺的制作流程。[①]

此后的隋、唐、宋、元、明、清各朝，在运用传统技艺的基础上也创造了许多饶有特色的、代表该朝水平的技艺，并在实践中完善提高、发展。[②] 如唐代的鎏金工艺、金银平脱工艺，明清的花丝编织工艺、花丝平填工艺、錾刻工艺、镶嵌工艺、银蓝工艺等，都达到了当时的顶峰境界。[③] 定陵出土的金丝翼善冠，就展示了明朝在拔丝、编织、焊接等方面高超的技艺。

现代金银细金工艺在继承传统工艺的基础之上，在设计和工具设备上不断开拓创新，创造了很多精美的作品。

二、花丝的种类

金、银、铜是制作花丝的原材料。花丝既是花丝工艺的初成品（可直接参与纹样制作），又是花丝工艺的基础材料之一。所以花丝制作得是否均匀，影响着成品的美观。花丝的种类有 20 多种，常用的有花丝、拱丝、竹节丝、螺丝、祥丝、小松丝、蔓丝、码丝（垒丝）、麦穗丝、凤眼丝、麻花丝、小辫丝、套泡丝、拉泡丝、门洞丝、抿丝、赶珠丝、坡棱丝等。

（1）花丝：两根或三根素丝用木板搓成一股，即成花丝。

（2）拱丝：将单根素圆丝或扁丝在两根细棍上来回缠绕成拱形，达到所需长度时把两根细棍抽出，再把缠好的拱形调整均匀。拱丝常用来制作花的外轮廓。[④]

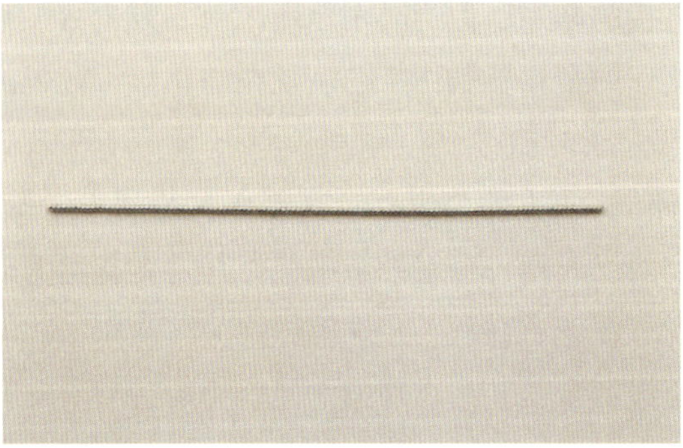

花丝

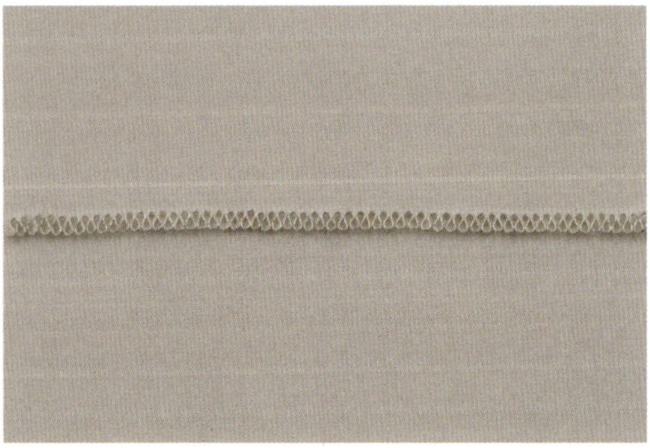

拱丝

① 唐克美，李苍彦. 金银细金工艺和景泰蓝 [M]. 郑州：大象出版社，2004：53.

②③ 李中豪. 浅谈花丝镶嵌工艺的传承与发展 [J]. 文学教育，2014（10）：94.

④ 同① 81–82.

（3）竹节丝：将单股素扁丝向前方搓制，即成竹节丝。越用力，搓的次数越多，竹节越密。[①]

（4）螺丝：把细圆素丝缠绕在一根细棍上，抽出棍子即成螺丝。

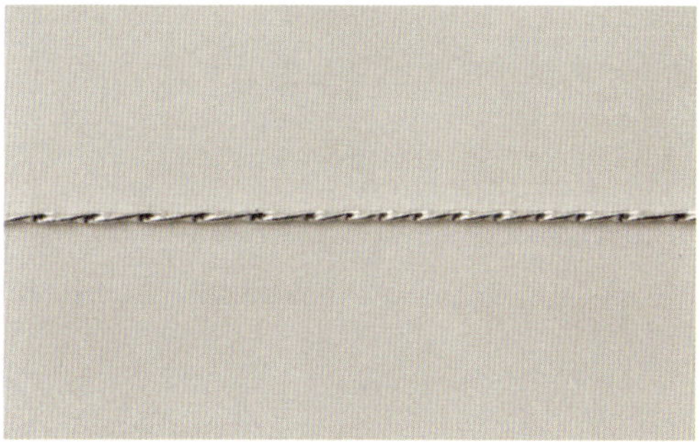

竹节丝

螺丝

（5）祥丝：制法同螺丝，但是不抽掉里面的细棍，即为祥丝。

（6）小松丝：把螺丝剪断，围成小圆圈，并在接头处点焊，主要用于装饰花卉的花蕊。

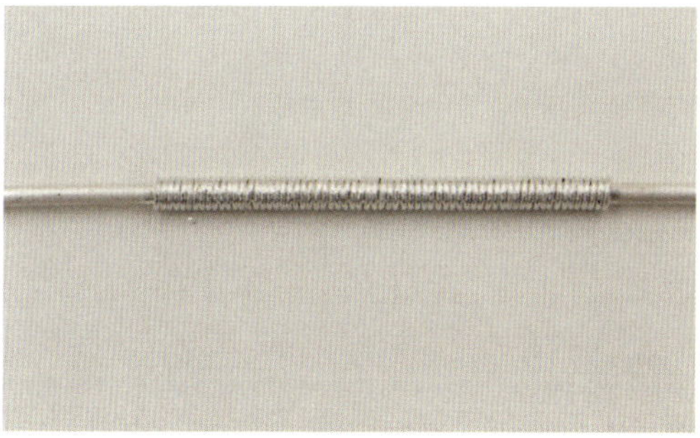

祥丝

小松丝

（7）蔓丝：俗称旋螺纹，又叫唐草纹。将素扁丝卷成小蔓，常用于平填表现花蔓。

（8）码丝（垒丝）：将螺丝向一边推倒拉开，压扁即成码丝。

蔓丝

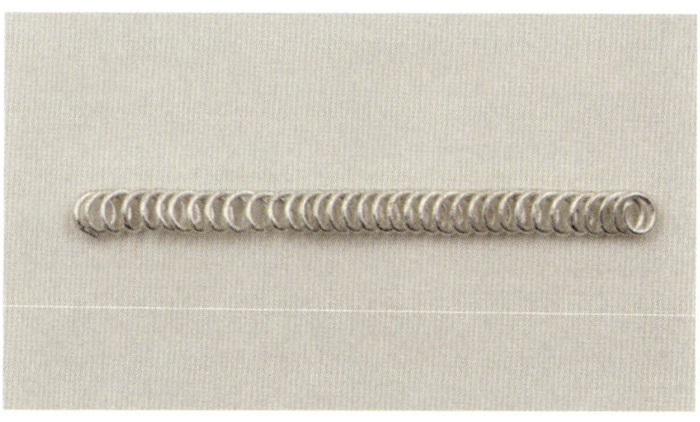

码丝

① 唐克美，李苍彦. 金银细金工艺和景泰蓝 [M]. 郑州：大象出版社，2004：81–82.

（9）麦穗丝：正反花丝并在一起焊接，因外形像麦穗，故称麦穗丝。

（10）凤眼丝：也称“正反花丝”。将两股素圆花丝搓成花丝，再按相反方向搓回来后压扁，花丝中间有像凤眼的孔，所以人们形象地称之为凤眼丝。

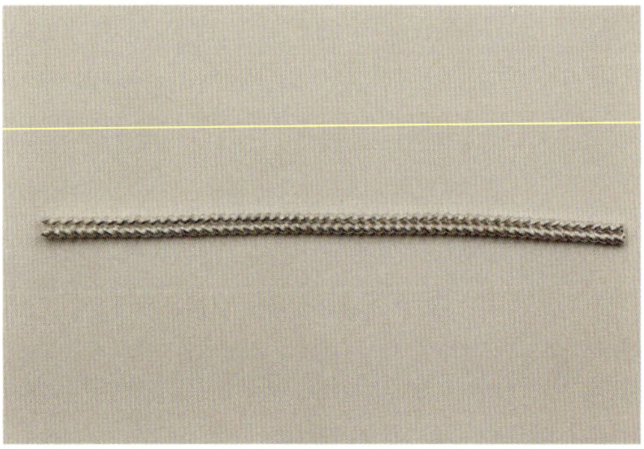

麦穗丝

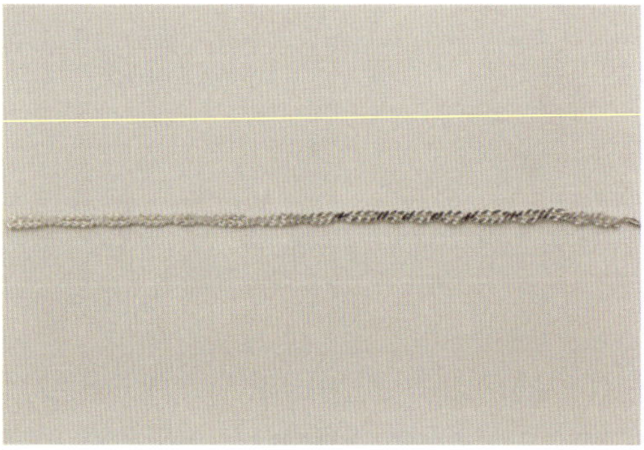

凤眼丝

（11）麻花丝：两根花丝按正方向搓成一股即成正麻花丝，反搓为反麻花丝。

（12）小辫丝：用三根或多根花丝编成小辫式样即为小辫丝。

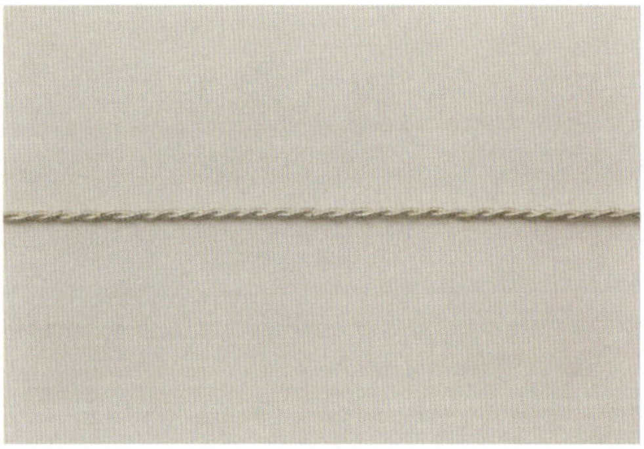

麻花丝

小辫丝

（13）套泡丝：将相同间隙的螺丝根根相套在一起，即为套泡丝。

（14）拉泡丝：将套泡丝向一个方向拉开拉长，螺丝之间形成相同间距，再用焊药焊接固定，即为拉泡丝。

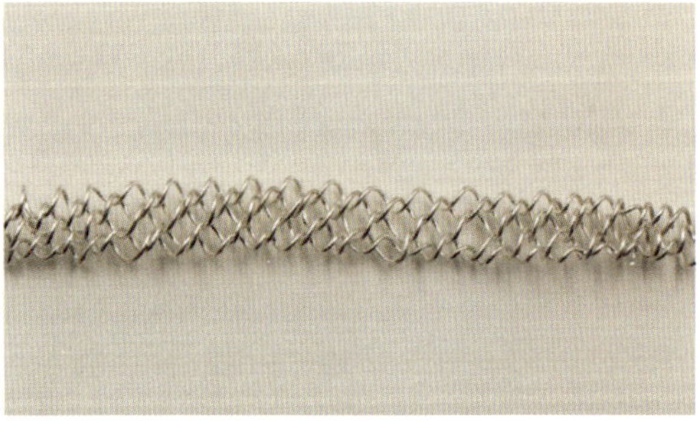

套泡丝

拉泡丝

（15）门洞丝：将单根素圆丝或扁丝在两根细棍上来回缠绕，丝与丝之间形成的间距相等，像门洞一样，即为门洞丝。

（16）抿丝：多根花丝拼成平面焊接在一起，即为抿丝。

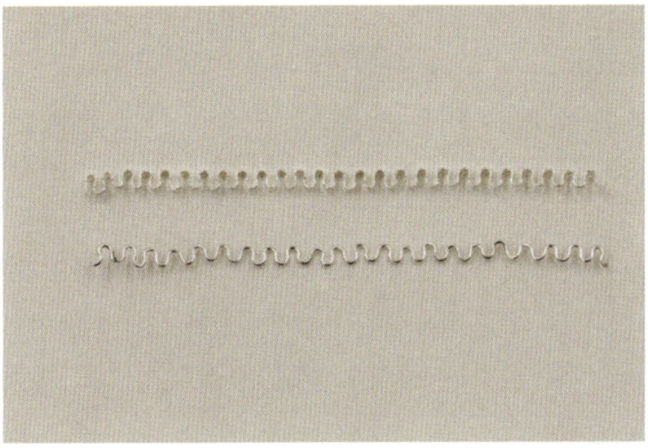

门洞丝

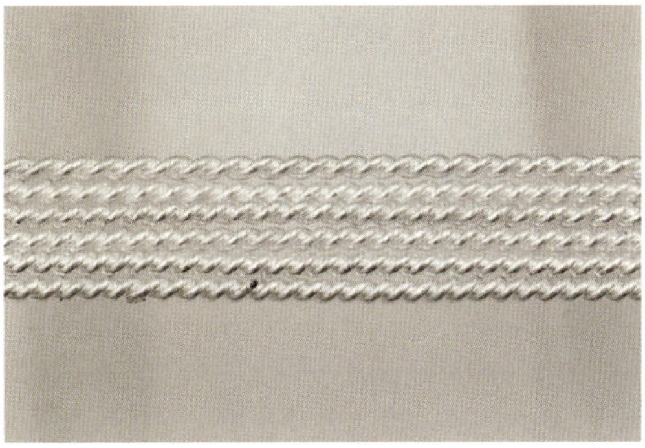

抿丝

（17）赶珠丝：用赶珠刀在素丝上赶制出成串的珠丝。

（18）坡棱丝：用刀片在压扁的素丝上刮削出一个斜面，其横截面为下坡形的丝，即为坡棱丝。[①]

花丝种类多种多样，可根据制作的需要千变万化，制成不同的纹样，如锯齿纹、古钱纹、套泡丝纹、拉泡丝纹、回纹、平填螺旋纹、编织纹、云纹、梅花纹、枣花锦纹等。

花丝纹样的表现方法有两种：一种是平面表现法，把花丝与素丝掐制成各种花纹，然后按主次、虚实、疏密关系填充图案框架，把填好的平面纹样进行焊接后再翻转、折叠，做出立体产品；另一种是浮雕表现法，主要用于立体工件，通常由很多单独纹样经过重叠焊接形成，能够表现出图案花纹的层次感和立体感。

三、花丝工艺的基本技法

花丝工艺的制作方法通常用掐、填、攒、焊、堆、垒、编、织八个字来概括，下面分别介绍。[②]

（一）掐

掐丝是花丝工艺的基础技法。掐丝是借助镊子把花丝或者素丝根据图案掐制成各种花纹轮廓，一般轮廓用扁丝以方便填丝焊接牢固。

掐丝工序包括膘丝、断丝和制丝、掐丝、剪胚四道工序。

（1）膘丝：用猪膘等黏性物质将两股以上的花丝或素丝并排粘在塑料棍上，干后揭下

① 唐克美，李苍彦 . 金银细金工艺和景泰蓝 [M]. 郑州：大象出版社，2004：82.

② 同① 88.

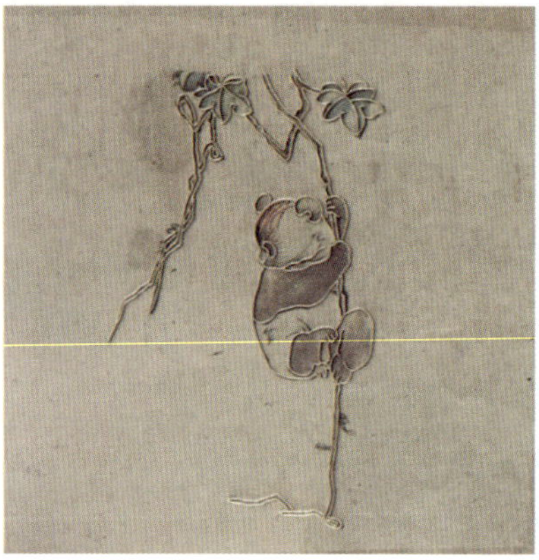

熊猫掐丝图

来备用。花丝要膘几股是根据产品的需要和技工的技术水平决定的。如有的图案需要四个相同的纹样，那么就膘四股花丝或者素丝。当然还要依据制作者的水平，水平高的制作者一镊子可以掐制很多根丝，那么就可以多膘几股。

（2）断丝和制丝：根据纹样所需，把丝剪断或制成长短相同的丝以备用。

（3）掐丝：把断好的丝用镊子掐成纹样，把掐好的膘丝用焊枪虚烧一下，猪膘即被烧成散灰，膘丝散开，成为多个相同纹样的丝，再摆在焊片上，撒上焊药，焊好待用。

（4）剪胚：把焊好的花丝胚片沿花丝边缘剪下，备用。

掐丝是一项最难掌握的工艺。早在清代就有“花丝王”张聚伍，掐功高超，一镊子掐成《二十四孝图》，人物形象逼真，线条流畅，具有工笔白描的效果，俗称“一镊子绝活”。民国时期老艺人李荣的“一镊子绝活”《西厢记》，以及当代工艺美术大师姚迎春的《飞天》，均显示了掐丝的高超技艺。

（二）填

填丝又称平填，即把压扁的单股花丝或素丝充填在掐制好的纹样轮廓里。[①]

填丝步骤如下：

（1）把素丝掐制的轮廓粘在纸上，开始填丝。

（2）沿着素丝的大边一圈一圈填花丝，填满为止。或者先把将要填的丝掐好，再整体填充。

铜鼓填丝

花丝填满

① 颜建超，章梅芳 . 花丝及其纹样在古代文物上的运用 [J]. 广西民族大学学报（自然科学版），2019，25（1）：35–44.

（3）在填好的纹样上撒上焊粉，进行焊接固定。

撒焊粉

填丝的要点在于所用的花丝必须是压扁的单股丝，所填轮廓必须封口焊接。填好的纹样部件在需要“翻”“冲”“窝”的时候，要用木制工具或石膏模型，防止毁坏花纹，且填的丝要与外框大小正好吻合，大了填不进去。

（三）攒

攒，即组装，就是把用不同方法做好的单独纹样组装成复杂纹样，再把这些复杂的纹样组装到胎型上。[①] 组装分为半成品组装和成品组装。[②] 半成品组装是通过焊接的方式使零散制好的纹样攒在一起。成品组装一般情况下只需要用一些工具和一些冷连接的方法，无须过火。比如：用钉子、螺丝、万能胶等工具，通过挤、压、榫等物理方法连接。

（四）焊

焊接的工序是通过烧熔第三块金属而将另外两块金属连接在一起，第三块金属的熔点要低于其他两块金属，第三块金属即为焊药。[③] 当焊药熔化后，流入两块金属之间，将它们焊接在一起。

焊接是花丝工艺的基础技法之一。焊接伴随着花丝工艺的每一道工序，要求面广，对焊药、焊枪、火候要求都很严格。焊接的方法主要有点焊、片焊、整焊。

（1）点焊，即焊接某一点，一般用于部件的大小接口处或外轮廓的焊接。点焊用药由制作工件步骤的前后顺序决定，一般使用高温或中温焊药焊接比较牢固。

（2）片焊，也称平焊，焊接平面零部件。片焊用于花丝纹样的拼接、填丝的焊接，一般采用焊粉焊接。

---

① 唐克美，李苍彦 . 金银细金工艺和景泰蓝 [M]. 郑州：大象出版社，2004：93.

② 左书侨 . 花丝镶嵌在当代都市审美语境下的艺术转型 [D]. 重庆，西南大学，2016.

③ 吴小军 . 浅析首饰快速连接结构的设计理念 [J]. 艺术科技，2013（1）：164.

点焊

片焊

（3）整焊，即大件的焊接，多用于半成品的组装焊接，一般使用低温焊药或者焊粉焊接。

整焊

（五）堆

堆，即堆灰，是用白芨和碳粉堆起的胎被火烧成灰烬飞掉，只剩下镂空的花丝空胎。[①]

堆灰的工序如下：

（1）把磨成粉的炭用白芨加水调成泥，再捏制成所需的胎型。

（2）备制各种花丝或素丝，掐成所需纹样。

（3）把掐制好的花丝纹样用白芨粘在用炭粉做成的胎型上。

（4）根据所粘花纹的疏密，决定使用焊粉或焊药。花纹密集的，使用焊粉一次性焊接；花纹稀疏的，用焊药进行点焊。

（5）补修、堆灰完成后，检查焊接是否牢固，如有开口，再使用点焊焊接。

堆灰工艺只能焊接一遍，这是由它的镂空性质决定的，所以只适合透体的作品。采用堆灰技法制成的产品玲珑透体、独具特色。

① 唐克美，李苍彦 . 金银细金工艺和景泰蓝 [M]. 郑州：大象出版社，2004：88.

（六）垒

垒是将两层以上的花丝纹样叠加在一起焊接的组合。使用垒的技法主要是为了体现产品的立体效果。垒有两种做法：一种是在实胎体上粘贴花丝纹样进行焊接；另一种是在制作过程中将单独纹样叠成图案焊接而成。

垒

（七）编

编是用不同型号的花丝或素丝，按经纬线编成花纹。

编的工序如下：

（1）轧丝，根据需要把花丝或素丝压扁或者压半扁，待用。

（2）把所需花丝或者素丝过火烧软，以便编起来柔软随形。

（3）根据设计的需要进行编织。

编

编丝的纹样很多，有席纹、小辫、人字、十字、正方形、棱形等。编丝时大多使用压扁的素丝，也使用片式扁丝，可编成平面或立体的部件。[①]平面编织即编成平面金属网用以装饰；立体编织可以直接编成立体的部件，也可以通过平面编织的零部件组装成立体的部件。编丝时手劲要均匀，不能过紧。花丝有延展性，用力过大，丝的粗细会变形，编出的纹样不平，会影响成品效果。编出的花纹要疏密均匀，焊粉撒得要适量，如果焊粉过多，就会把过密的花丝糊住。

（八）织

织是将单股花丝或者素圆丝穿插或者借助工具制成网状的纹样。织的种类很少，目前套泡纹的制作一般使用织的技法。“套泡坯”是网状纹样，在此基础上经过加工又可以织成不同纹样的网，有圆孔网、方孔网、扁圆网等。在各种网上穿插细丝后或压或拉又形成新的纹样。织的技法一般用于花丝人物的裙带。

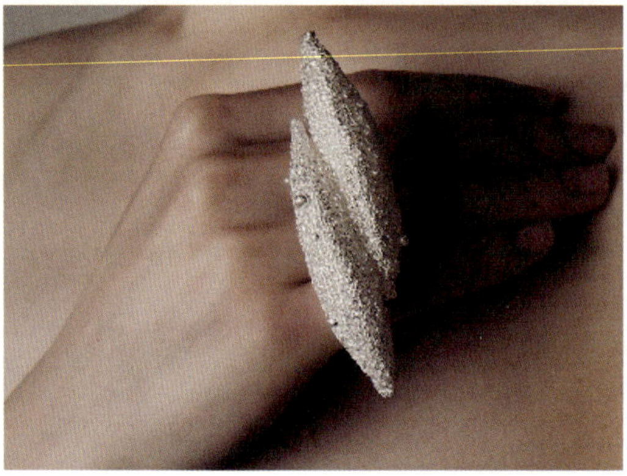

织

第二节　起版与铸造工艺

手工制作好的单件首饰如果想要进行批量化的生产，通常要使用起版与失蜡铸造工艺。失蜡铸造工艺是目前国际上贵金属加工行业中最常用的工艺。它的制作流程是：制作首饰原型（即起版）、压模、开胶模、注蜡模、修整蜡模、种蜡树、灌石膏筒、石膏抽真空、自然凝固、烘焙石膏、熔金、浇铸、炸石膏、冲洗、酸洗毛坯、剪水口、滚光。[②]利用失蜡铸造工艺可以大批量地生产品种多样、造型美观复杂的首饰。

① 唐克美，李苍彦 . 金银细金工艺和景泰蓝 [M]. 郑州：大象出版社，2004：89.

② 邹宁馨，伏永和，高伟 . 现代首饰工艺与设计 [M]. 北京：中国纺织出版社，2005：81–83.

批量生产的蜡模

一、起版

起版主要用于手工制作精确的模型，是按照设计图纸，选择加工性能好的材料如银或黄铜制作而成。按照设计图，采用金属材料，手工制作精细准确的样版，并在合适的位置焊上水线。保证浇铸时引导金属液体顺利灌入的水口棒，被称为水线。水线一般是长 15 毫米、直径 3 ～ 5 毫米的铜条。水线的接法根据首饰造型而定，常用的有单水口、双叉水口、三叉水口。

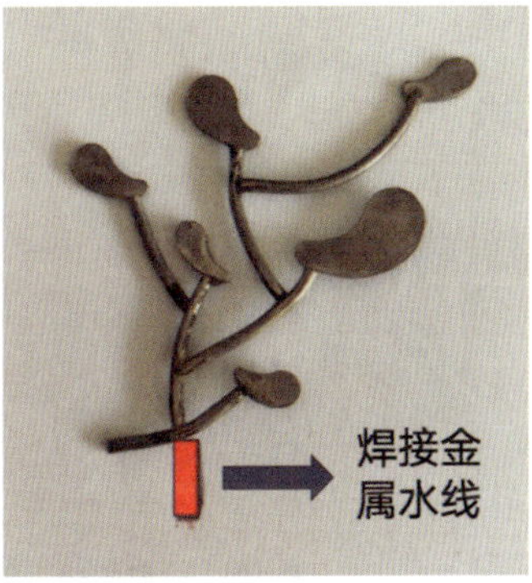

水线

起版是首饰批量化制作工序中最为重要的。一个具有优秀造型功底的起版师能够很好地理解设计师的意图，并将设计图纸中的首饰呈现出来；相反，一个只懂得工艺制作而没有艺术审美的起版师尽管制作工艺娴熟，但首饰制作出来会缺乏造型美感。所以，首饰工厂中目前比较缺乏既有良好的设计基本功，又有着长期制作首饰样版经验的人才。

首饰起版师常使用银、铜、首饰蜡等材料根据设计师的设计图纸制作原型样版，其中最为常用的是蜡版和银版。首饰样版在制作完成后往往要焊上水线（即浇铸线），便于蜡液的注入和流出；起版师往往根据样版的大小形状来确定水线的粗细、长短及位置。此外，手工制作的银版因要考虑后期工作中的收缩率和表面加工余量，一般要比最终产品大 3% ～ 5%。

首饰样版做好后进入下一道工序前，要检查首饰样版表面是否光洁、水线的长短是否适合压模，然后根据原型的造型尺寸选择合适的铝合金压制胶模，并准备好开胶模用的手术刀、刀片、尖嘴钳、镊子等。

首饰样版

铝合金框

二、压模

将准备好的首饰原型夹在硅胶片之间装入铝合金框中，经过加压加热后硫化成型。压制胶模使用的工具是压模机。

压模机

压模过程中需要注意以下几点：

（1）确保金属首版与硅胶片不要粘在一起。尽量选用银版，银版相对于铜版来说不容易粘连。

（2）在操作过程中确保压模框和硅胶片的清洁，不得用手接触硅胶表面。

（3）根据胶模的厚度及复杂程度等确定加热温度和时间，一般加热温度为 150℃，胶模厚度为 3.2 毫米。根据首饰样版来选择用多少层胶模，如果使用 4 层胶模，加热时间为 30 ～ 35 分钟；如果首饰样版复杂，则需要降低加热温度并延长加热时间。

（4）硅胶片与首版之间不能有缝隙，如果有缝隙，可以将胶模剪成小块填满缝隙。

（5）压模机应先预热，再放入已压好的硅胶片压模框，旋紧手柄使加热板压紧压模框。硫化时间到后迅速取出胶模，自然冷却至室温。

在压模机中，放置金属原型和硅橡胶板，经过升温加压的热压（硫化）过程，制成橡胶铸模。具体操作如下：

（1）将金属原型打磨光滑、清洗干净，或进行铜模电镀。

（2）生橡胶片厚度大约为 3.2 毫米，可按铝框内尺寸剪取若干块待用。

（3）金属原型居中夹进生橡胶片里，将水口安排在侧面中线的中心部位，置于一个预选的铝框中，用多层橡胶片和碎橡胶片填满框内空隙，并高出模框 2 ～ 3 毫米。

（4）压模机预热后，在上下两块加热板之间放入铝框，控制温度在 150℃，2 ～ 3 分钟后慢慢旋转压紧胶模，注意不要用力过大，10 分钟后可以检查一下它的松紧程度。

（5）硫化时间为 30 ～ 90 分钟，可按胶模内橡胶片层数和温度等条件来确定时间，一般层数多、温度较低时，硫化时间较长。

（6）在完成生胶转化为熟胶的硫化过程后，立即取出模框，待其自然冷却或投入冷水中冷却。

橡胶模必须保持金属原型的完整形态，不能有任何缺陷，不能缺角少边、花纹不清，应该镂空的地方要镂空，应该圆滑的地方要圆滑。

三、开胶模

开胶模是首饰失蜡铸造工艺中难度和要求都比较高的工序。它是将压制好的胶模割开，将首饰样版取出的过程。首版被取出后，工艺师还要根据胶模的复杂程度将胶模进行分割，方便注蜡后蜡模能够被取出，因为胶模的质量直接影响着后期蜡模的制作。质量高的胶模在后期注蜡后不会发生变形、断裂等现象，也不需要花太多时间修整蜡模。

开胶模

开胶模的过程中，在刀片上蘸些水，以保证刀片和胶模之间的润滑。通常先根据原型的形状和大小来确定开胶模的方式，现在多采用直线或四角定位切割方法，也可采用曲线切割方法，再用割刀小心剖开橡胶模，取出金属原型。

（1）直线切割方法：先从橡胶模的侧面中线的角端处平直进刀切割，从水口处入手，然后沿水口一刀一刀逐渐向两侧切割，以每刀切进 2 ～ 3 毫米为宜。靠近金属原型时要格外小心，刀尖不要划伤原型，有些细微之处不能被切断，如副石的小孔、花纹的凹凸部分等。

（2）四角定位切割方法：在橡胶模的侧面中线靠角端处各割出两个对应的凹凸三角形，一片橡胶模的内侧是凹陷三角形，另一片的内侧是凸出三角形，两片橡胶模恰好可以紧密拼合，这是为了防止注蜡时橡胶模错位而特别割制的。具体操作与直线切割方法基本相同，也是平直进刀，切至原型的水口，然后沿水口逐渐向两侧切割，注意四个凹凸三角形的对称性分割。

（3）曲线切割方法：要求将橡胶模边部切割成锯齿状，这也是为了防止注蜡时橡胶模错位。

通常使用医用手术刀进行切割，注意及时换下用钝的刀片，并不时蘸些水或家用洗涤剂，起到润滑作用。橡胶模切割要合理，要让橡胶模既能紧密接合，又能轻松打开；既要有利于注蜡，又能方便取出蜡模。同时，切割更不能损伤橡胶模内腔，从而造成注蜡时的形体缺陷。

四、制作蜡模

制作蜡模分为注蜡模和修整蜡模两道工序。

（一）注蜡模

胶模做好后，下一步的操作就是注蜡模了。注蜡模是一种利用胶模注压出蜡模的工序。在注蜡机中装入专用的铸造蜡片，经过升温加压，将液体蜡注入处于合拢空心状态的橡胶模中，冷却后掰开胶模，取出蜡质模型。按照生产需要，可以重复注蜡操作，得到一批形状相同的蜡模。

注蜡模

全自动真空注蜡机的性能比较好，可以自动送料、调温、调压，还可以将橡胶模自动送往注蜡嘴前注入蜡液。全自动真空注蜡机的生产效率高，容易操作，注出的蜡模丰满光滑，分布均匀。真空注蜡机和气压注蜡机都需要气泵加压。

注蜡机中的蜡液温度和气压的高低，关系到蜡模的质量，应该严格控制。蜡液的熔化温度在 70℃，注蜡机一般调节在 70℃～ 75℃，让蜡液熔融。蜡在温度较低时，黏度变大，流动性差，会造成蜡液流不到橡胶模的每个地方的情况，从而导致蜡模残缺不全。气压通常根据所注蜡模体积的大小和难易程度而定：当气压过低时，可能会导致蜡液注不满橡胶模，造成蜡模残缺不全；相反，如果温度太高或气压太高，可能会使蜡液从橡胶模接缝流出，有时还会从注蜡嘴流出，这样注出的蜡模有多余的边棱，必须修整后才能使用，会造成很大的浪费，有时甚至会出现残次蜡模。

注蜡机

为了方便蜡模的取出，一般在注蜡前应把橡胶模掰开，向空腔里面喷洒一些脱蜡剂（或脱模剂），或者刷上一些滑石粉。注意控制粉、剂的用量，并及时清除缝隙处的积存物。

注蜡时，通常用两块有机玻璃（或其他材料）贴在橡胶模的上下两面，用双手紧紧握住，让橡胶模两瓣紧合以保证不会漏出蜡液。接着把橡胶模对准出蜡嘴，顶住后轻轻踩下气压踏板，蜡液被迅速挤进橡胶模，随即松开踏板。待蜡液凝固后，打开橡胶模，并用力掰开模内的暗槽，取出蜡模。检查蜡模的质量，严重残缺不全的应该抛弃，部分缺损或存在多余边刺的需经过修整使它恢复原来的造型。

（二）修整蜡模

修整蜡模多用手术刀、钢针和焊蜡机。例如，蜡模出现毛刺、毛边时，可用手术刀将其修理光滑；花纹不清晰或孔眼不通时，可用刀尖或钢针修整，加热后的钢针很适合于穿孔；蜡模出现掉爪等较大缺损时，可用焊蜡机进行修复。修整蜡模还有一项重要的工序就是改圈口。即当出现需要修改金属铸件的圈口、镶口的大小或将椭圆变成圆形等情况时，可以选择修改蜡模，而不是修改浇铸出来的金属铸件。这是省时省工的办法。

修整蜡模

五、种蜡树

蜡模修整好后即进行种蜡树。种蜡树是指将制作好的蜡模按照顺序使用焊蜡机从底向上分层焊接在一根蜡棒上的过程。[①] 在这个过程中，蜡模要按顺序排列，相互之间要

① 徐植．贵金属材料与首饰制作 [M]. 上海：上海人民美术出版社，2009：76–77.

留有至少 2 毫米的空隙，不能接触到一起，种好的蜡树和外面的石膏筒壁之间至少留有 5 毫米的空隙，蜡树与石膏筒的底部要留 10 毫米左右的空隙。所以，种蜡树前，要先根据石膏筒的大小测算好蜡模排列的立体空间大小，确定好蜡树的高度及体积以方便后续操作。

种蜡树

可使用测量的方法得出用于浇铸的金属的重量。测量的方法是在种蜡树前对橡胶底盘进行称重，然后种蜡树后再进行称重，把两次称重的数值相减得出蜡树的重量。把蜡树的重量按石蜡与铸造金属的密度换算公式进行换算，从而计算出金属的重量。

种好的蜡树

圆形橡胶盘是蜡模树的底座，其内径刚好与不锈钢石膏筒壁相同。为了方便蜡棒插入固定，一般在橡胶底盘中心会有一个圆形突起的凹孔。种蜡树的第一步就是将蜡棒插入凹孔中，利用熔化的蜡液使其固定。接下来将蜡模一个个从棒头部开始由上向下或者从棒底部由下向上一层层焊接在蜡棒上。为防止蜡液滴落在下层蜡模上，一般采用由上向下逐层焊接的方法。

种蜡树过程中的注意事项：

（1）注意蜡模与蜡棒之间结合的角度，一般真空铸造的单个蜡模和蜡芯呈 70° ~ 80°，离心铸造的蜡模和蜡芯呈 45° ~ 60°。

（2）同一棵蜡树上的不同蜡模最好厚薄相当。

（3）种完蜡树后，要检查蜡模是否焊接牢固、水线与蜡芯连接是否光滑，避免有夹角。同时，检查蜡模之间是否有空隙和滴落的蜡滴等。

以上操作完成后，方可进入下一步操作。

六、石膏模的制作

蜡树种好后，下一步就是制作石膏模。首先要准备专业用的首饰铸造粉。这种铸造粉要满足一些基本的条件：耐火温度高，热膨胀率小，浇铸出的产品表面光滑，以及浇铸后的产品易与石膏模分离等。

制作石膏模首先要称量蜡树，并根据不锈钢套筒尺寸计算出石膏和水的用量。一般平均 100 克铸造粉用 38 ～ 40 克的水来调和，水温在 21℃～ 26℃，水温过高会缩短凝固时间，水温过低则会延长凝固时间。将铸造粉与水混合后经搅拌倒入铸筒内的标准时间为 9 分钟，若低于 9 分钟，则铸造粉与水不能充分混合，蜡模表面会产生水泡，从而影响铸造效果；若高于 9 分钟，则铸造浆液流动性减弱，有些细节就不能很好地被填充，蜡模也容易产生龟裂。[①]

将不锈钢筒套在蜡树橡胶底座上，使套筒与底座紧密相连。按照比例将石膏粉加入一定量的水中，均匀搅拌约 3 分钟，尽量减少浆液中的气泡，然后使用真空机进行 1 ～ 1.5 分钟的脱泡，接着将石膏浆液倒入石膏套筒内，让石膏浆液淹没蜡树并高出 2 厘米后马上将石膏套筒置于真空机内进行 2.5 ～ 3 分钟的二次脱泡，边脱泡边振动石膏筒。最后将石膏筒放入空气中自然干燥 1 ～ 2 小时。

等待灌石膏的蜡树

制作石膏模

具体操作及要点如下：

（1）在已套好蜡树的钢筒外部缠上胶纸，将所有的孔洞都堵住。

① 金英福 . 首饰精密铸造过程中的影响因素分析 [J]. 铸造技术，2005（7）：82–83.

（2）根据钢筒套的大小和数量以及蜡树的大小来称取适量的石膏铸粉。

（3）用量筒量取适量的蒸馏水（或自来水）。水温最好控制在 21℃～ 26℃，水温偏低会延长凝固时间，水温偏高会缩短凝固时间。

（4）在搅拌容器中放入准备好的水，再往水中倒进匹配的石膏铸粉。切忌逆向操作，即往石膏铸粉内加水。

（5）石膏铸粉入水后，立即开始搅拌作业。一般搅拌时间为 9 分钟左右，搅拌时间的长短与室温、水温、水质和石膏铸粉的存储温度等因素有关。搅拌时间的估算方法，是从石膏铸粉倒入水中开始计时，直至粉浆表面失去光泽所需的时间，减去 2 分钟，即是制浆的实际工作时间。

（6）搅拌石膏铸粉浆料，可以用手工操作，也可以使用搅拌机来获得更均匀的浆料。当将石膏铸粉浆搅拌成稀粥状后，放进抽真空机 1. 5 ～ 2 分钟，以除去石膏铸粉浆中的气泡。

（7）将套有蜡树的钢筒套摆上抽真空机，把去除气泡后的石膏铸粉浆沿着钢筒套内壁慢慢倒下，要避免直接将石膏铸粉浆倒在蜡树上而造成蜡模的损坏。

（8）钢筒套内倒入的石膏铸粉浆，应该完全淹没并高出蜡树 2 厘米，以确保石膏铸粉模底部的厚度。如果钢筒套不够高，可在其顶端围上一圈硬纸片后再灌浆，以提高模底部的厚度。

（9）灌浆完毕后，马上进行振动。当浆中气泡冒出得差不多时，盖上有机玻璃真空罩，抽真空 1 ～ 2 分钟，尽量把石膏铸粉浆中的气泡抽去。因为没有气泡的石膏铸粉浆容易填满蜡树中的所有缝隙，粉浆也比较致密，这样才可能制得形态完整、花纹清晰、表面光滑的石膏模。

（10）将抽过真空的灌浆钢筒套轻轻地放在平整的台面上，避开阳光，静置一段时间（通常为 1 ～ 2 小时），给石膏模足够的凝固时间。

七、脱蜡模

脱蜡模是将蜡模熔化流出，留下空心石膏模的过程。除蒸汽脱蜡外，常用的一种方式就是通过焙烧炉脱蜡。当焙烧炉内温度在 60℃以下时，将铸焙筒有序地放入焙烧炉中，注口向下。设置好焙烧炉的自控加热时间、温度等进行脱蜡烘模。烘模时注意按照铸粉供应商所推荐的烘模曲线去操作，烘模后再降温到所需的浇铸温度。铂金的铸筒脱蜡烘模时的温度要达到 950℃～ 1 000℃，K 金（足金、银、铜）的铸筒的烧结温度在 750℃以下。

脱蜡模

具体操作及要点如下：

（1）脱蜡、焙烧之前，要取下石膏模上的橡胶底托，同时也要去掉硬纸片等杂物，清除钢筒套底部和外部多余的石膏。

（2）将套有钢筒套的石膏模放入专用蒸蜡炉内，进行 1～2 小时脱蜡；或者放入可控温度的电炉（如烘箱）中，先脱蜡后焙烧，在同一炉中完成。

（3）按照石膏模的大小、石膏铸粉的品质和类型等具体情况，来确定热处理的条件：温度范围（室温至 800℃）、浇铸温度（400℃～600℃）和时间（通常在 6～12 小时）。例如，一个 80 毫米 ×100 毫米的石膏模筒热处理全程时间为 7～8 小时。

具体操作如下所述：

先将电炉预热到 200℃后，将浇铸口朝下的石膏模筒放在炉内的支架上，以便熔化的蜡液流出或烧尽。在 200℃处恒温 1 小时，再升高到 400℃恒温 1 小时。这个时间段就是脱蜡温区。升温至 600℃恒温 1 小时，再升温至 800℃保温 1 小时。这个时间段就是所谓的干燥温区。最后将温度降低到浇铸温度（如在 400℃～600℃的温度范围内选定一个数值），并在此温度保持 1～2 小时。这个时段就是所谓的浇铸保温区。浇铸保温区的最终温度是浇铸温度，它的高低与铸件的大小有关，如小型的铸件设定为 480℃～540℃，较大的铸件设定为 370℃～480℃。

（4）升温速度一般控制在每小时 100℃～200℃。如果升温太快，石膏模易产生裂缝，影响浇铸质量，甚至出现漏模现象，造成石膏模的损坏和浪费；如果升温太慢，不仅会延长焙烧时间，还会引起除蜡不尽、石膏模干燥不彻底等问题，这也将影响浇铸的质量。

（5）不同产品在干燥、脱蜡、焙烧三个阶段存在不同的温度要求，可将热处理温度曲线的相关数据输入可编程温度控制器，进而实现严格有效的温度控制。

八、熔金浇铸

真空加压铸造机

熔金浇铸是将金属液体通过离心力、加压等方法注入铸模内，以完成首饰批量化制作的过程。[①] 目前熔金浇铸的方法根据使用工具的类型分为两种：一种是利用氧化乙炔、熔金炉熔化金属后，再用离心机等将金属液注入空腔内。此过程中，熔金和铸造是分开的。另一种是利用先进的首饰器械真空离心铸造机或真空加压铸造机，将两个过程合二为一。其中，后者可以提高毛坯质量，减少砂眼、孔洞、表面粗糙等问题。

按照蜡树的质量计算出具体需要多少浇铸原料。浇铸时，对于常规 14K 金、18K 金而言，熔融液体的浇铸温度一般控制在 1 000℃～ 1 160℃。此外，由于浇铸过程是在空气中进行，为防止熔融液体在空气中表面氧化，往往使用硼砂、硼酸、木炭等物质与空气隔离。

目前常用的四种铸造方法是浇灌法、离心铸造法、负压吸引铸造法、加压铸造法。为使产品尽可能地减少砂眼、提高质量，通常使用铸造机通过施加压力、真空、吸引、离心力等使熔融的金属液体充分填充铸模的每个细微部分。[②] 铸造机有很多种类型，最为常用的有两种：真空吸引加压铸造机和离心铸造机。选用不同的铸造方法，在浇铸温度、金属熔融液体温度、浇铸压力以及铸造后的静置时间等各项参数方面的要求也各不相同，这些参数有时候决定着铸造后首饰工件的质量。[③]

铸造好的工件要先去掉石膏铸粉，方法是：先把铸粉模冷却到适当温度，再用冷却的自来水冲洗底部，让铸粉模遇冷产生爆裂，从而使得铸造金属工件与铸粉模分离；然后，用高压水枪喷射冲洗铸造工件，使铸粉脱落干净；最后根据不同的金属选用不同浓度的硫酸或者氢氟酸的水溶液，浸泡不同的时间。通过以上步骤，铸粉被彻底清除干净，再从酸液中取出金属工件，用清水清洗之后烘干。

九、后续操作

对清洗干净的树枝状毛坯进行称重，计算损耗量，将清洗干净的金属树上的一个个金属模通过剪毛坯工序进行分类，然后在距离工件 1.5 毫米处按一定角度将水线剪断。接下来检查毛坯质量，包括工件的完整程度，如有没有残缺、裂缝、变形等，有没有成色不

① 王昶，袁军平 . 贵金属首饰制作工艺 [M]. 北京：化学工业出版社，2008：135.

②③ 许珠信 . 精密铸造法首饰加工 [J]. 黄金，2004（2）：47–51.

足等，有无砂孔、缩孔、气孔等孔洞缺陷以及表面是否光滑等问题。最后再按照不同质量进行分类。

在大批铸件制造中，经常会出现缺铸、变形、砂眼等质量问题。造成以上质量问题的原因大致有以下几点：

（1）配金不合理，使得铸件的硬度不够，质软而易变形。

（2）石膏模中的残余气体没有完全排尽。

（3）石膏模筒焙烧温度与金属熔体浇铸温度很难完全一致。

（4）石膏模脱蜡不完全。

（5）熔金坩埚的内壁杂物混入金属熔体，使铸件的表面或内部出现砂眼。

（6）由于铸件结构复杂、造型精细，以及抽气负压力（真空度）和离心力不足，会出现缺铸的情况。

铸造出来的首饰毛坯呈现为树状聚集在一起，行业内称之为金树，这是从蜡树倒模过来的。使用剪钳将首饰毛坯一个个从金树上剪下来，并尽量将铸件上的水口棒剪短，接着进行以下“执模”操作：

（1）用锯弓除去铸件水口棒的残留部分。

（2）用橡胶锤和铁砧矫正平整度。

（3）用橡胶锤和戒指铁将戒圈整圆。

（4）用钳子、锉刀、镊子、钢针等工具修整花纹和底线。

（5）用焊枪修补铸件砂眼、移动花饰、焊上镶口断爪等。

（6）用锉刀锉去和锉平铸件表面不平或凸出、多余的部分。

（7）用砂纸或砂纸棒对铸件表面进行仔细的打磨，不能留下任何锉痕。

（8）用焊枪把各种附件如接口、链扣、坠环等焊在铸件上，并进行锉修整理。

（9）工厂一般使用“炸金”化学处理的方法，除去执模后的铸件表面残留物（如氧化物、油脂等）。学校、工作室不建议使用，采用浓度 15% 的稀硫酸水进行酸洗即可。

炸金使用的氰化钾是剧毒的化学药品，必须在通风良好的排风橱内作业，操作人员应该戴上防毒口罩和橡皮手套。炸金后最好用 10% 的硫酸亚铁溶液将用过的容器清洗干净，同时把手也冲洗干净。残留液体要保存在有盖的专用桶中，以便统一处理回收贵金属。炸金的具体操作如下：

1）将首饰铸件（如 18K 金饰品）放置于电烘箱中，在 300℃～ 400℃温度下烘烤，待其表面变黑。

2）迅速将它们浸泡在 20% ～ 25% 的稀酸溶液中反复多次，直到首饰铸件表面的黑色氧化物完全被清除为止。

3）将白色的氰化钾固体溶解在热水中，浓度以 0.013 克 / 毫升为宜。

4）待氰化钾溶液煮沸后，将首饰铸件置于其中，并立即加入 30% 浓度的双氧水，均匀摇动 5 ～ 6 秒后倒去残液，反复几次，直至 18K 金饰品表面呈现亮金黄色为止。

在首饰铸件的执模中，最麻烦的是修补铸件上的砂眼。修补砂眼的关键是根据金属的颜色配好焊药，否则补焊处的颜色将有别于铸件本体的颜色，影响整体的色泽一致性。焊片的配制要求是通过加入锌元素降低熔化温度，使修补时焊片先熔化并填充铸件砂眼，而铸件却不会熔化和变形。

第三节　镶嵌工艺

精美的首饰离不开形态各异、色彩绚丽的宝石，宝石显示了大自然鬼斧神工般的神奇力量，具有摄人心魄的震撼力，可以使人产生无限的遐想，是大自然送给人类最精美的“礼物”。

镶嵌工艺就是将不同色彩、形状、质地的宝石，通过镶嵌的技法形成不同的造型和款式，使首饰成为具有较高鉴赏价值的工艺品和装饰品的一种工艺技术手段。镶嵌工艺的技术含量较高，操作难度大，以手工制作为主，强调操作者的技术熟练程度。镶嵌的质量影响首饰的艺术效果，是衡量首饰质量的标准之一，也是制作工艺水平的体现。

在贵金属质量检验中，对于镶嵌宝石的最终效果有着严格的检验标准。比如：镶石是否牢固服帖，宝石是否松动；镶齿是否对称，镶口是否周正；俯视宝石是否不露底托；宝石表面是否有刮痕；佩戴和使用时是否刮手、钩衣物等。这些都影响着宝石镶嵌的质量。

一、常用的镶嵌方式

在首饰制作中，常采用的镶嵌方式有爪镶、包镶、钉镶等。

（一）爪镶

爪镶

爪镶是最为常见的镶嵌方式，是用金属爪嵌牢宝石的方法。根据镶嵌的爪的数量，爪镶可以分为二爪镶、三爪镶、四爪镶、六爪镶等，根据爪的形状，爪镶又可以分为圆爪、方爪、三角爪、齿爪、尖角爪、心形爪、异形爪等。

通常，三爪镶嵌的各爪间隔 120°、四爪镶嵌的各爪间隔 90°，六爪镶嵌的各爪间隔 60°。

本书第九章将介绍爪镶制作案例。

（二）包镶

包镶是利用金属边将宝石包裹镶嵌的一种方式，主要应用于半弧形宝石。包镶可以分为有边包镶和无边包镶，其中有边包镶是在宝石的周围有一圈金属边包裹的镶嵌方式，而无边包镶是在宝石周围包裹金属无环状边的镶嵌方式，主要用于镶嵌小颗粒宝石。

制作包边镶口之前，应先用游标卡尺测量宝石的各边，然后选用合适厚度的金属片进行退火，围绕宝石的周边做成圆环包边，圆环的大小应能与宝石紧密贴合。圆环做好后，以高温焊药进行点焊焊接，并矫正圆环的形状，从而与宝石契合。之后根据宝石的高度来锉削金属边的高度，通常金属边的高度是宝石高度的 1/3。若金属边太高，会使镶边不直，太低又无法包住宝石。镶口做好后，再用金属片封底。封底处锯切掏底，用于宝石透光和减轻金属的重量。打磨干净镶口后，将宝石放入，借助工具将宝石镶嵌。本书第九章将介绍包镶制作案例。

包镶

（三）钉镶

钉镶是一种用于镶嵌直径小于 3 毫米的小宝石的镶嵌方法。钉镶可以分为倒钉镶、起钉镶、齿钉镶等。倒钉镶是指在已经开好钉孔的首饰托架上镶嵌宝石的一种方法，将提前做好的钉压向宝石并且在镶口上固定宝石。起钉镶是在没有钉孔的首饰托架上，由制作者根据设计需要在金属面上画线、排石、钻孔、起钉的一种方法。相对而言，起钉镶虽然工艺难度较大，但随意性较强，可以雕出各种各样的钉形。齿钉镶是利用已有的金属小齿，以齿代替钉在接近根部的位置镶住宝石的一种方法，它的随意性不如起钉镶，但比起钉镶更饱满。

钉镶

二、起钉镶案例

（一）机械起钉

材料和工具准备：2 毫米宝石、1.5 毫米厚的铜片、钻头、伞针、碟针、钢针、斜牙针、三角微镶刀、平顶针、吸珠针、打磨机、磨刀石、铅笔、直尺、砂纸、火枪、火漆球等。

制作过程：

（1）用火枪加热火漆球上的火漆，火漆流动后停止加热，把铜片平放固定在火漆球上，等待火漆冷却。

（2）用铅笔在铜片上绘制一条直线，测量宝石腰部的大小，从直线一端开始，每隔与宝石腰部相等的距离点一个点，并在每条线段上绘制中心点。

（3）把钻头安装在打磨机手柄上，打磨机转动后，用钻头在铜片绘制的每个线段中心点打孔。打磨机手柄的钻头要始终垂直于铜片。

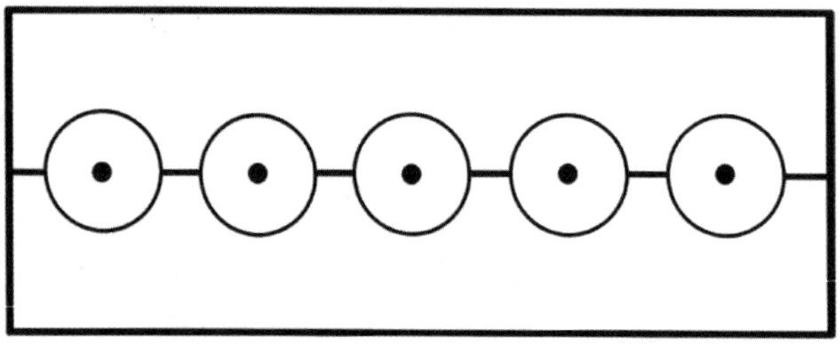

定点

中心点打孔

（4）把伞针安装在打磨机的手柄上，打磨机转动后，用伞针把孔扩大。在使用伞针的整个过程中，伞针要垂直于铜片。

（5）孔的深度是宝石台面到宝石底部的距离，孔的最大直径等于宝石腰部的直径。把宝石放入孔洞中，要低于铜片表面。

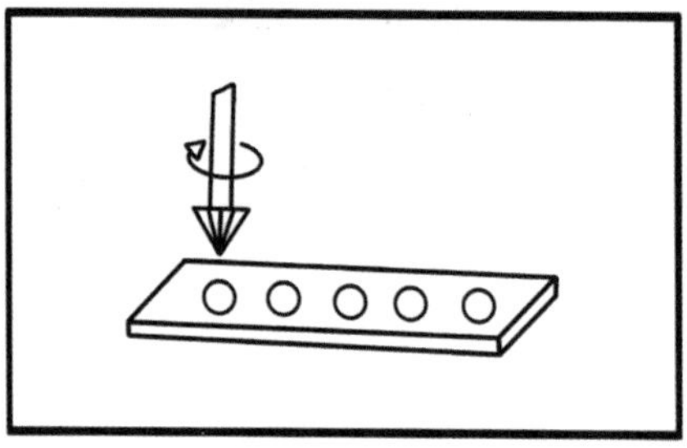

伞针扩孔

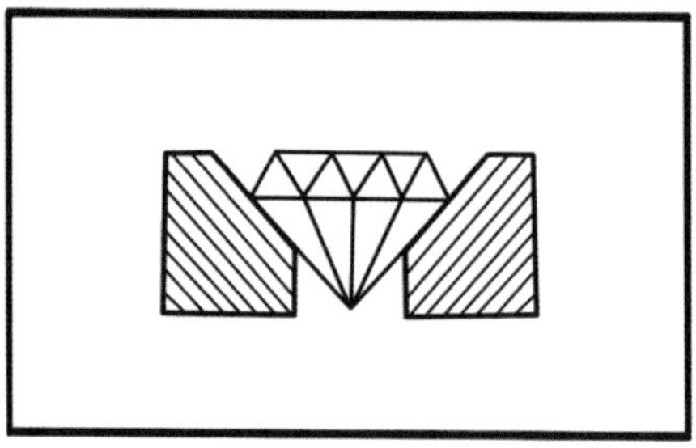

宝石放入孔洞中

制作小平铲刀

（6）绘制矩形边框。用铅笔在孔洞四周绘制一个矩形，矩形的每条边与孔间隔 1 毫米左右。

（7）把碟针安装在打磨机上，打磨机转动，用碟针沿着绘制的矩形进行开槽，其深度约为铜片厚度的 1/3。

（8）制作小平铲刀，把钢针放在磨刀石上前后摩擦，不要转动方向；待摩擦面变成小平面时，将钢针转动 180° 继续前后摩擦，不要转动方向。摩擦完成后，钢针头部呈扁平形状。把制作好的小平铲刀安装在金属锁嘴的手柄上。

（9）用三角微镶刀沿着碟针的运动轨迹修整矩形开槽，再用改制的平铲微镶刀铲除孔洞周围多余的金属。

（10）把斜牙针安装在打磨机上，待打磨机转动后，用斜牙针在孔与孔之间、过其中心点横向开槽。斜牙针与铜片大约呈 45° 夹角，槽的深度约为金属厚度的 1/3。

（11）制作起钉镶镶爪，把钻石放到孔洞中并用平顶针按压平整，用三角微镶刀把宝石之间上下位置的金属一分为二，铲入后左右晃动。

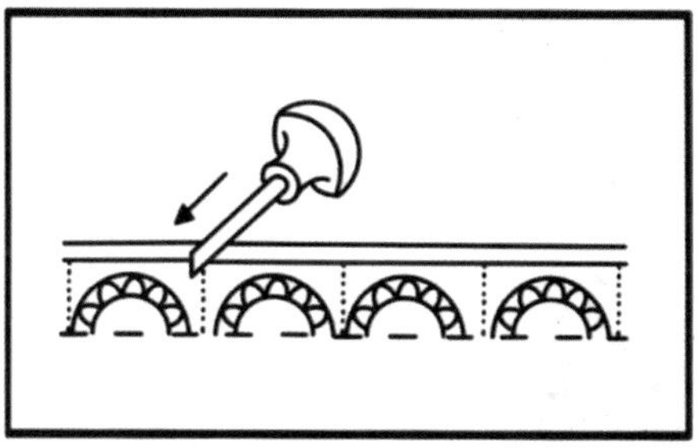

开槽

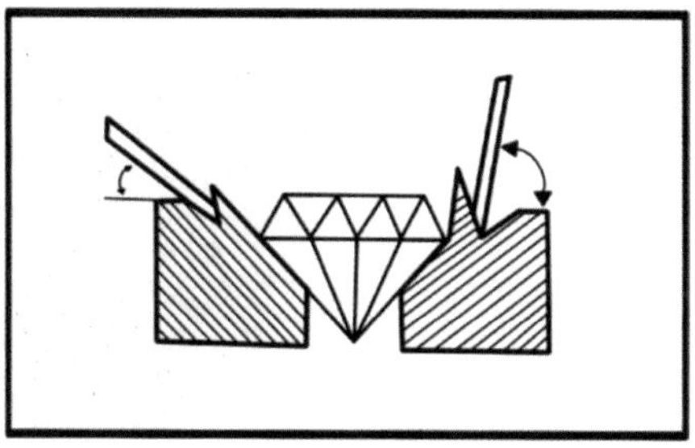

制作起钉镶镶爪

（12）明确三角微镶刀铲除金属的位置，每两颗相邻宝石与矩形卡槽交界位置的中心点开始到宝石之间开槽位置结束。宝石的上下两部分的金属都要用微镶刀平分。

（13）把吸珠针安装在打磨机手柄上，打磨机转动，吸珠针扣在镶爪上，将其打磨圆滑。在打磨过程中，吸珠针也要向下按压镶爪，使每个镶爪都贴合宝石。

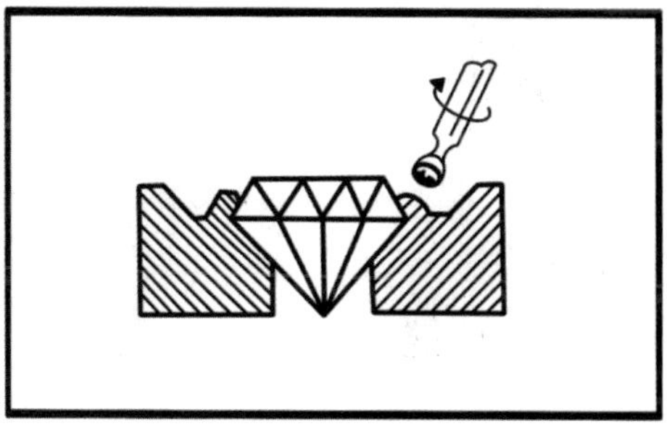

打磨镶爪

（14）用改制的平铲微镶刀把起钉镶爪周围的金属清理干净，把钉完整地露出来。检查镶爪是否有棱角，如果有棱角，就再次用吸珠针进行打磨至圆滑。

（15）依次用 800 目、1 200 目、1 500 目、2 000 目、3 000 目的小片砂纸打磨抛光槽。

（16）用火枪加热铜片周围的火漆，待火漆流动时用镊子将铜片取下来放入天那水或者稀料中，清洗铜片上残留的火漆。

（17）依次用 800 目、1 200 目、1 500 目、2 000 目、3 000 目的砂纸打磨抛光铜片。

机械起钉镶嵌方式镶嵌宝石制作完成。

（二）虎爪钉镶

材料和工具准备：1.5 毫米宝石、1.6 毫米壁厚的戒指、微镶球戒指套、钻头、波针、斜牙针、打磨机、吸珠锥、砂纸等。

制作过程：

（1）把戒指固定在微镶球戒指套上，用游标卡尺绘制出戒指宽度的中心线，再用圆规或机剪在中心线上定点，每个点之间的距离为 1.6 毫米。

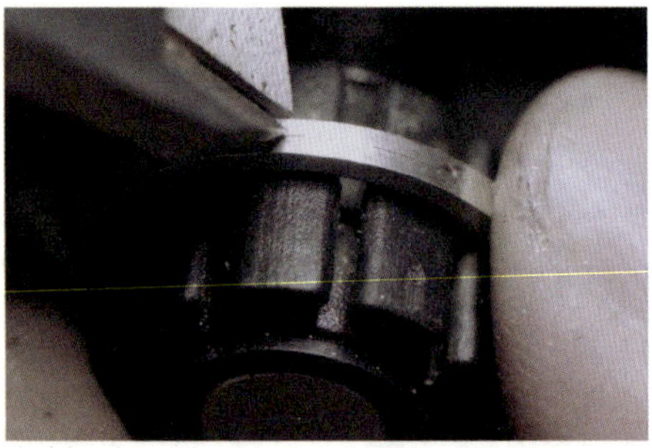

绘制中心线

（2）把最小号波针安装在打磨机手柄上。打磨机转动后，用最小号波针在戒指定点位置打磨出一个小凹槽。把钻头安装在打磨机上，用钻头在小凹槽处打孔；再把适当型号的波针安装在打磨机上，把孔扩大。

戒指定点

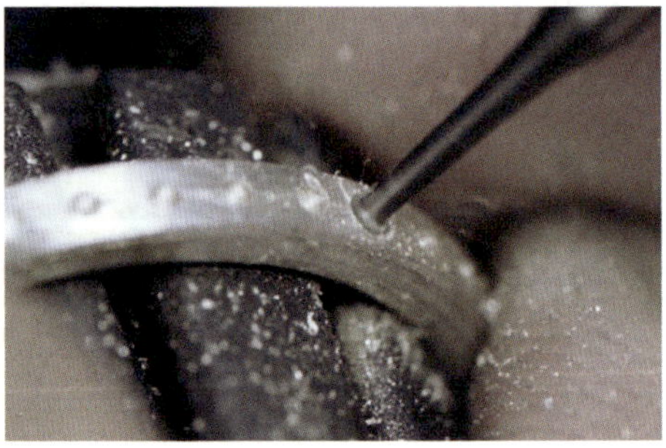

打孔

扩孔

（3）孔的深度等同于宝石台面到底部的距离，孔的最大直径等同于宝石的腰部直径。

（4）把适当型号的斜牙针安装在打磨机手柄上。打磨机转动后，使斜牙针沿着铜片的中线横向开槽，槽的深度约为 0.5 毫米。然后再用斜牙针在孔之间的中间且垂直于铜片的中心线位置进行纵向开槽。在开槽过程中，斜牙针始终与水平面呈 45°夹角。

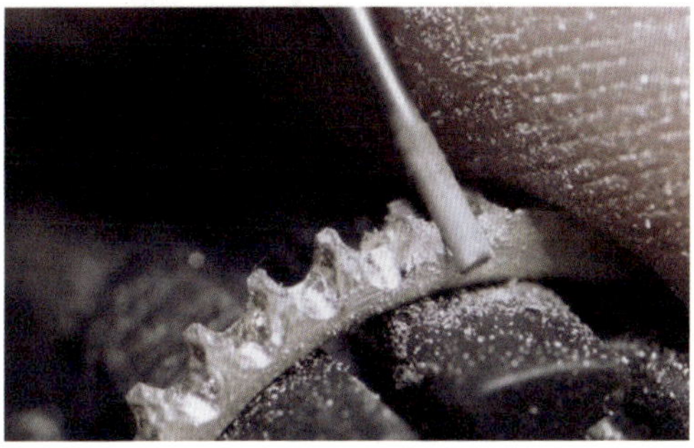

横向开槽

纵向开槽

（5）把宝石放入槽中，检查宝石的台面是否与铜片表面在一个平面上、是否平整，如果宝石高于铜片，可以用波针修整孔洞，进行扩孔。

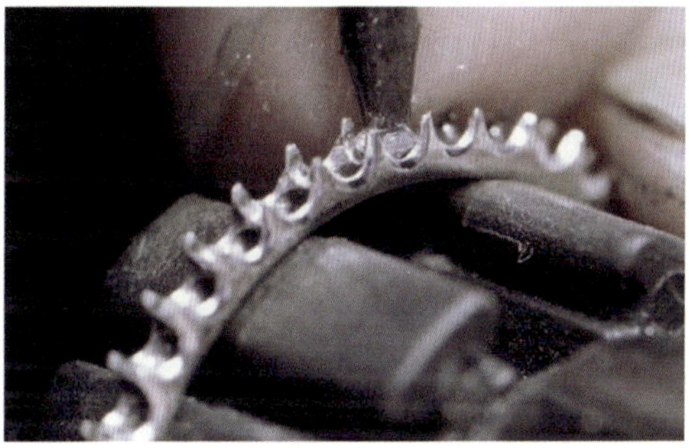

宝石放入槽中

（6）把宝石全部放入制作的金属底托中，用吸珠锥按住镶钉向宝石的方向推动，使金属完全贴近宝石。镶爪全部推动完成后，检查宝石是否晃动。如果宝石晃动，再次用吸珠锥推动镶爪。

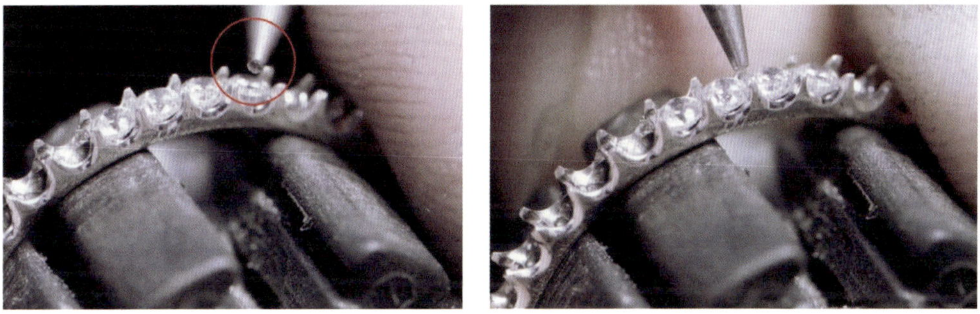

吸珠锥推爪

（7）把镶嵌完成的戒指从微镶球戒指套上取下，依次用 800 目、1 200 目、1 500 目、2 000 目、3 000 目的砂纸打磨抛光铜片。虎爪钉镶方式镶嵌宝石制作完成。

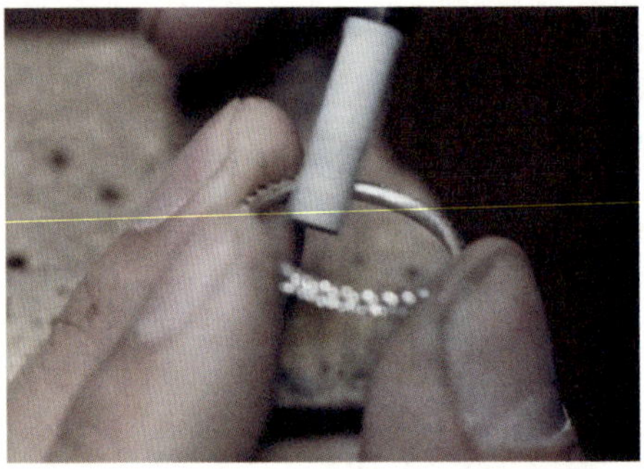

抛光

完成图

除了以上镶嵌方式，还有轨道镶、闷镶、无边镶、珍珠镶等。有时候根据设计的需要，一款首饰上会出现多种镶嵌方法，统称混合镶。这里不再一一介绍。

本章小结

主要内容：本章以首饰成型工艺中的首饰花丝工艺、起版与铸造工艺、镶嵌工艺为例，系统讲解了首饰成型工艺的特点。以非物质文化遗产花丝工艺为例，讲解了花丝工艺的概念、花丝的种类以及花丝工艺制作流程。以起版工艺为例，讲解了在商业首饰制作中批量生产采用的失蜡铸造的原理和操作流程。以宝石镶嵌为例，讲解了在首饰制作中常用的包镶、瓜镶和起钉镶的制作方法。

重点：首饰花丝工艺、起版与铸造工艺、镶嵌工艺的概念和工艺技法分类。

难点：镶嵌工艺实操，熟练掌握爪镶、包镶和起钉镶的制作方法。

任务模块

思考任务

1. 分析理解花丝工艺的概念，图文并茂地解释花丝的种类。
2. 图文并茂地解释失蜡铸造的原理和制作流程。

3. 图文并茂地解释镶嵌工艺的概念和种类。

4. 分析现代首饰制作中常见的造型方法。

拓展任务

1. 观察市场上的商业首饰，分析花丝镶嵌工艺常用的材料和宝石种类。

2. 试述商业首饰中钻戒的镶嵌款式类型和金属材料之间的关系。

设计任务

创新设计一件以婚庆文化为主题的首饰作品，完成 1:1 设计效果图，撰写设计说明，体现制作工艺和金属材料的选择，能够利用造型工艺呈现较为理想的设计效果图。

章节资源

1. 张晓燕 . 首饰艺术设计 [M]. 北京：中国纺织出版社，2010.

2. 徐植 . 贵金属材料与首饰制作 [M]. 上海：上海人民美术出版社，2009.

3. 赵丹绮，王意婷 . 玩金术 [M]. 上海：上海科学技术出版社，2018.

4. 厉宝华 . 花丝镶嵌 [M]. 北京：北京美术摄影出版社，2015.

5. 徐爽 . 燕京八绝 · 花丝镶嵌 [M]. 南京：江苏凤凰美术出版社，2018.

第九章　博关经典：案例赏析

Case Studies

本章案例赏析是为了巩固前面章节所学的知识，以达到深刻理解设计方法、材料属性和工艺技法的目的。

第一节　錾刻制作案例

一、水滴纹錾刻案例

材料和工具准备：15 厘米 ×15 厘米 ×1.2 毫米紫铜片、砂纸、钢尺、铅笔、钢钉、錾刻胶、錾子、錾刻锤、焊枪等。

制作过程：

（1）将紫铜片用焊枪进行正反两面均匀退火，退火后将紫铜片快速放入冷水中进行冷却。

（2）用 60 目砂纸将紫铜片的表面进行打磨，去除氧化层。

退火后的紫铜片

打磨紫铜片

（3）用铅笔在紫铜片上画出 1 厘米宽的长条，间距相等，用来直线錾刻。

（4）用焊枪烧熔錾刻胶表面，让錾刻胶表面平整。将紫铜片固定于錾刻胶板上，用手调整平整，再用锤子的木柄按压进行固定。

画 1 厘米宽的长条

固定紫铜板

（5）用铅笔在紫铜片上绘制二方连续的水滴纹样，用于练习錾刻走线。

（6）根据绘制的纹样进行錾刻。錾子与桌面倾斜角度为 30°，錾子底边与紫铜片的接触面为 2/3 平行面，以方便在铜板上錾刻走线。

绘制纹样

錾子与桌面倾斜 30°

（7）将錾子立起来，未接触铜片的 1/3 用来控制方向，与铜片接触的 2/3 用于在铜板上进行錾刻。根据水滴纹的图形，将錾子随着线的走向进行錾刻。利用锤子敲击的錾子的回弹力，带动錾子前行。

（8）重复相同的錾刻方法，先从水滴纹的上面开始走线，然后慢慢旋转到水滴纹的下方。在旋转錾刻弧形或转折时，把錾子与铜底面的接触面积减少，锤子的力度减轻。

錾子接触铜板方法

錾刻纹样 1

錾刻纹样 2

錾刻纹样 3

（9）将紫铜片錾刻完所有水滴纹后，用焊枪加热錾刻胶，将紫铜片取出。

（10）用火枪将紫铜片背面和四周的錾刻胶加热烧熔，直到紫铜片表面呈现黑色磨砂状。

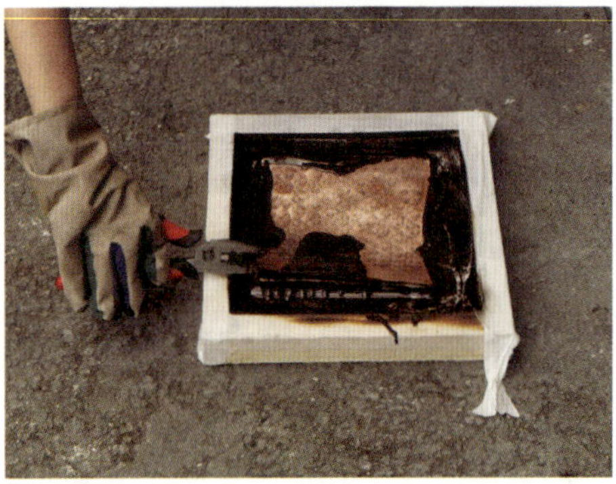

取出紫铜片

去除錾刻胶

（11）用清水冲洗紫铜片进行淬火，并用 60 目砂纸将紫铜片打磨干净，去除表面氧化层，用橡胶锤从反面进行整形敲平。

水滴纹錾刻练习完成。

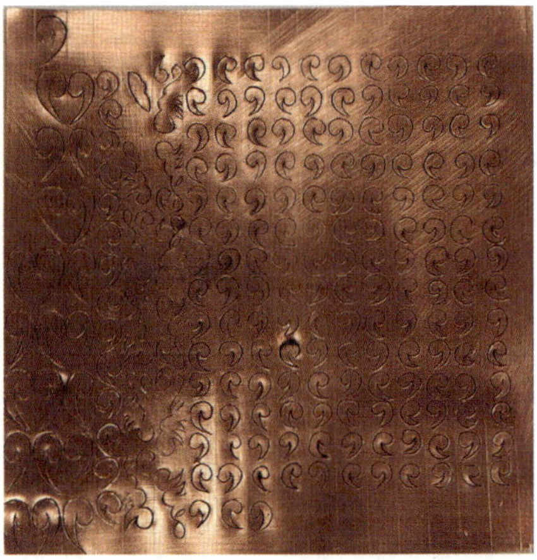

水滴纹錾刻练习完成

二、直线和弧线錾刻案例

材料和工具准备：錾刻锤、180 毫米 ×180 毫米 ×1.2 毫米紫铜片、錾子、60 目砂纸、1 500 目砂纸、焊枪、錾刻胶等。

材料

制作过程：

（1）将紫铜片进行正反两面退火，待冷却后用 60 目砂纸将表面氧化层抛光，备用。

退火紫铜片

（2）用焊枪加热錾刻胶表面，使錾刻胶表面变软。将打磨后的紫铜片平铺在錾刻胶上，借助錾刻锤将紫铜片四周压实到没有气泡。用手按压铜片使其平整，并使錾刻胶固定紫铜片。

焊枪加热錾刻胶表面

錾刻胶固定紫铜片

（3）将打印好的设计图用胶水固定粘贴在紫铜片上，或在紫铜片上绘制图案用于錾刻。

（4）打磨錾子。把平头錾两侧用 1 500 目砂纸打磨光滑，再用锉刀把錾子顶部打磨平整，用砂纸把錾头打磨圆滑，直至錾子具有薄、平、滑的特点。

把设计图纸固定在紫铜片上

打磨錾子

（5）根据设计图进行錾刻，錾子与桌面倾斜角度为 30°，錾子底边与铜片的接触面为 2/3 的平行面，以方便錾子在铜板上走线。

（6）将錾子立起来，未接触铜片的 1/3 用来控制方向，与铜片接触的 2/3 用于在铜板上进行錾刻。

錾子与桌面倾斜 30°

錾子与铜片接触面

（7）右手握锤子，将锤子手柄末端置于右手中心位置，中指为杠杆支撑点，食指和拇指紧握锤子手柄敲击錾子顶部。

（8）錾刻走线。用錾刻锤敲击平口錾，錾头要顺着图案的边缘线按照从上往下、从右往左的走线方式进行刻线，錾头与图案的夹角保持 30° 左右。

（9）在敲击的过程中要均匀用力，右手握锤子木柄的末端，用惯性敲击錾子，左手拇指和食指轻轻捏着錾子，中指和无名指顶住錾子，同时无名指始终顶在紫铜片上，使錾子保持稳定。通过连续敲击，使錾子通过敲击的震动向前推进，保持惯性进行直线錾刻。不要用力过大，线条流畅自然即可。

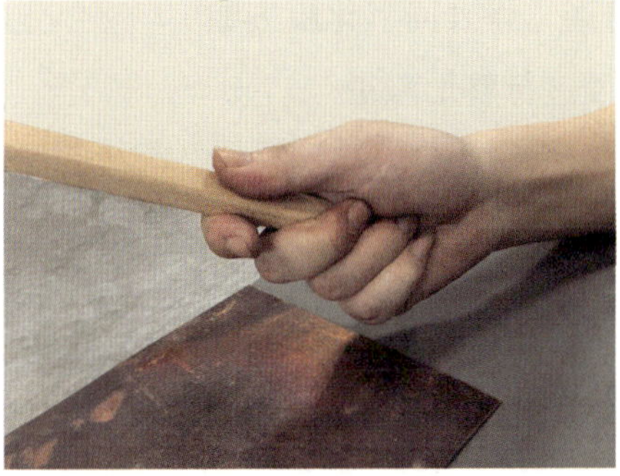
握锤方法

錾刻走线

（10）錾刻弧线。在刻画弧线或者转折处时，可以用左手的拇指和食指转动錾子来控制錾刻方向、錾刻大弧线时，可以通过左手的手腕和手臂转动錾子来控制方向。在錾刻小弧线或者转弯的时候，将錾子接触面减少，锤子的力度减轻。

握錾方法

錾刻弧线

（11）錾刻结束后，用焊枪调软火加热錾刻胶，将铜片四周预热，錾刻胶变软后用钳子将紫铜板取出。

（12）用焊枪加热紫铜片背面的錾刻胶，将錾刻胶烧至表面呈黑色磨砂状态，使錾刻胶熔化、松香蒸发。将紫铜片反转，再将正面四周錾刻胶烧熔。

（13）将紫铜片退火，烧到表面出现紫铜原有的颜色。紫铜片退火完毕后进行冷却。

錾刻胶烧化

紫铜片表面出现原有颜色

（14）将冷却后的紫铜片用 60 目砂纸进行打磨，将表面氧化层去除。

（15）将清洗打磨好的紫铜片用橡胶锤从反面进行整形敲平。

打磨冷却后的紫铜片

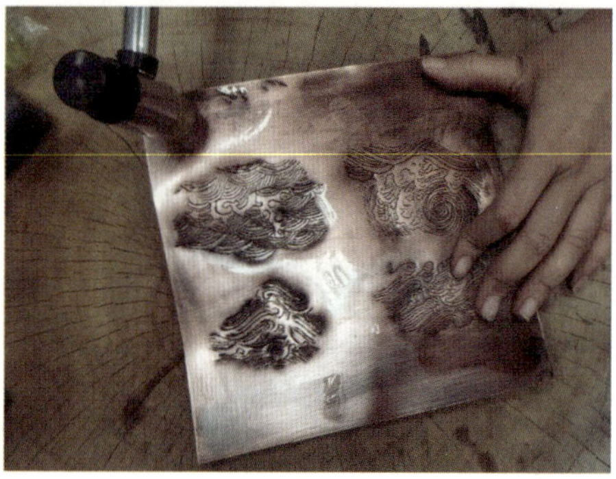

整形敲平紫铜片

錾刻制作完成。

三、錾刻盘案例

材料和工具准备：1.2 毫米厚、直径 11 厘米的紫铜片，砂纸，錾刻胶，錾子，橡胶锤，錾刻锤，焊枪等。

制作过程：

（1）用焊枪将圆形紫铜片进行正反两面均匀退火，退火后将紫铜片快速放入冷水中进行冷却。

（2）用 60 目砂纸将紫铜片的表面进行打磨，去除氧化层。

退火后的紫铜片

打磨紫铜片

（3）用焊枪加热錾刻胶表面，使錾刻胶表面变软。将打磨后的紫铜片平铺在錾刻胶上，借助錾刻锤将紫铜片四周压实到没有气泡。用手按压铜片使其平整，并使錾刻胶固定紫铜片。

（4）将设计图打印后，用胶水固定粘贴在紫铜片上。胶水不要太多，轻轻涂抹即可。

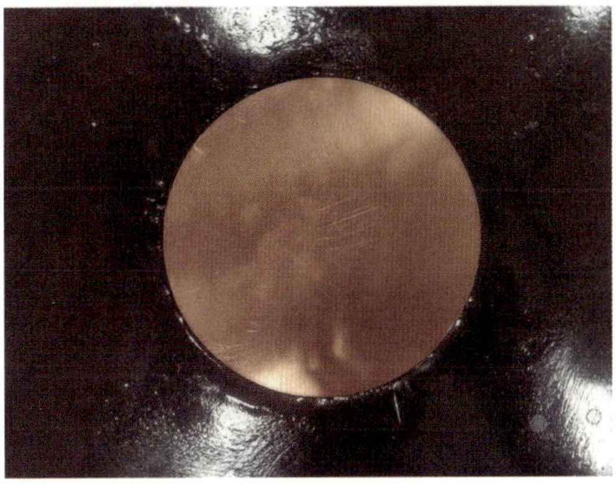

錾刻胶固定紫铜片

固定设计图纸

（5）根据绘制的纹样进行錾刻。錾子与桌面倾斜角度为 30°，錾子底边与紫铜片的接触面为 2/3 平行面，以方便錾子在铜片上錾刻走线。

（6）将錾子立起来，未接触铜片的 1/3 平行面用于控制方向，与铜片接触的 2/3 平行面用于在铜片上进行錾刻。由于设计图案较小，图案纹样复杂，在旋转錾刻弧形或转折时，把錾子与铜底面的接触面积减少，锤子的力度减轻。

錾子与桌面倾斜 30°

錾子接触铜板方法

（7）用小号弧形錾子錾刻花卉的顶部花蕊，根据花蕊的大小控制錾子旋转的角度。用錾刻锤捶打錾子，带动錾子前行走线。

（8）将紫铜片錾刻完成后，用湿布将设计图纸沾湿后去掉，检查錾刻的纹样是否完整、线条是否流畅。

（9）如果有未錾刻的位置，用錾子进行调整，再次錾刻。

（10）将紫铜片錾刻完所有纹样后，用焊枪加热錾刻胶，将紫铜片取下。

錾刻花蕊

去除设计图纸

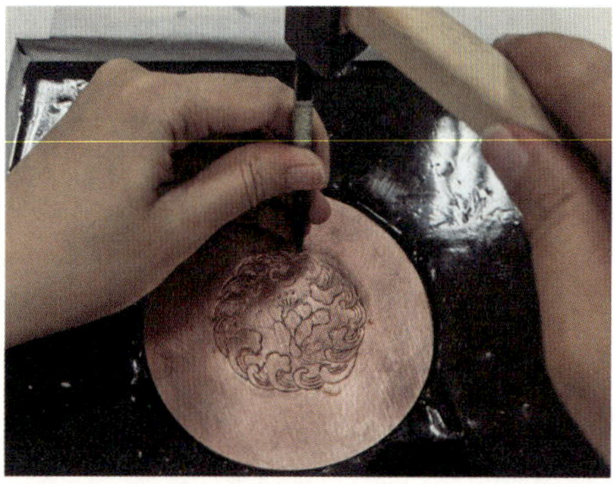

检查后再次錾刻

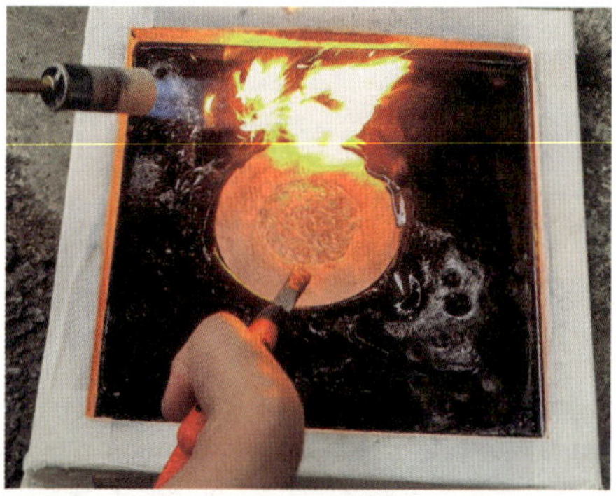

取下紫铜片

（11）用焊枪将紫铜片背面和四周的錾刻胶加热烧熔，直到紫铜片表面呈现黑色磨砂状。

（12）用清水冲洗紫铜片，然后用60目砂纸将紫铜片打磨干净，去除表面氧化层。

去除錾刻胶

去除氧化层

（13）将錾刻盘放入合适的制盘模具中，用左手固定旋转紫铜錾刻盘，右手握橡胶锤敲打錾刻盘的四周，让紫铜片微微向上翘起。

（14）持续敲打紫铜盘的四周，调整成弧形。如果有不平整的地方，将紫铜錾刻盘放在铁砧上，用橡胶锤从正面和反面进行整形、敲平。

錾刻盘放入模具中

再次修形

（15）再次将錾刻盘放入木头盘模具中，用橡胶锤敲击盘的四周，让盘体翘起，直到盘体的表面光滑。

（16）用砂纸打磨錾刻盘正面和背面，直到去除表面氧化层。

錾刻盘制作完成。

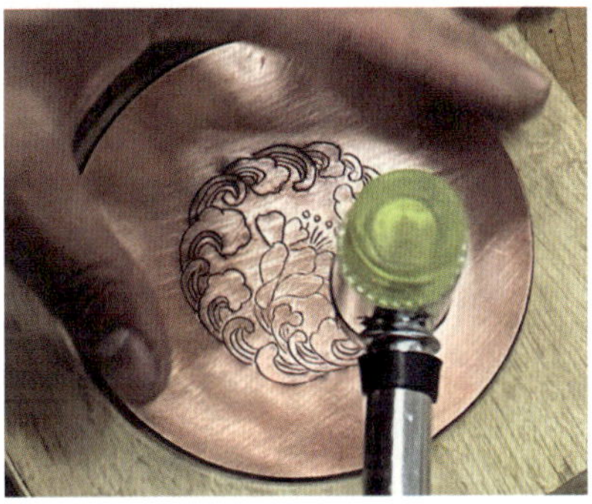

最后调整盘体

錾刻盘

四、花卉錾刻盘案例

材料和工具准备：1.2 毫米厚、直径 18 厘米的紫铜片，砂纸，錾刻胶，錾子，橡胶锤，錾刻锤，焊枪。

制作过程：

（1）用焊枪将圆形紫铜片进行正、反两面均匀退火，退火后快速将紫铜片放入冷水中冲洗。

（2）用 60 目砂纸将紫铜片的表面进行打磨，去除氧化层。

（3）用焊枪加热錾刻胶表面，使錾刻胶表面变软。将打磨后的紫铜片平铺在錾刻胶上，用錾刻锤将紫铜片四周压实到没有气泡。用手按压铜片使其平整，并使錾刻胶固定紫铜片。

（4）将花卉的设计图打印后，用胶水固定粘贴在紫铜片上。胶水不要太多，轻轻涂抹即可。

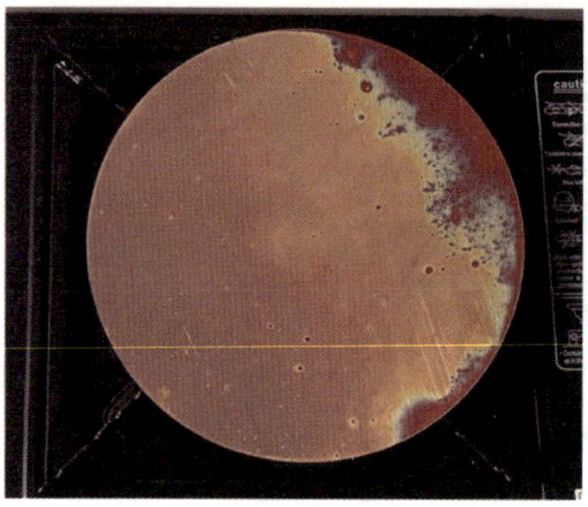

紫铜片退火

打磨紫铜片

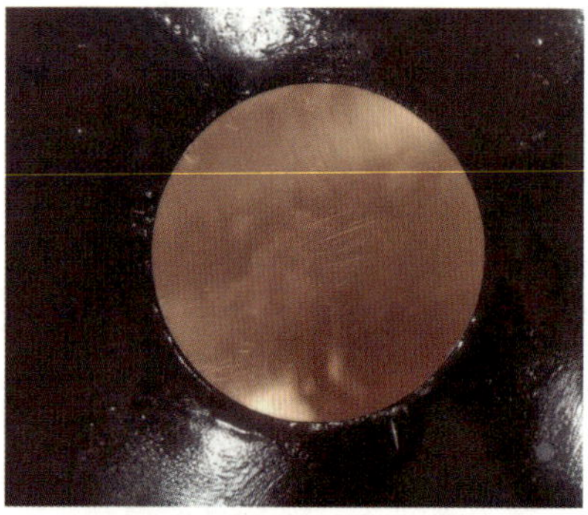

紫铜片固定在錾刻胶上

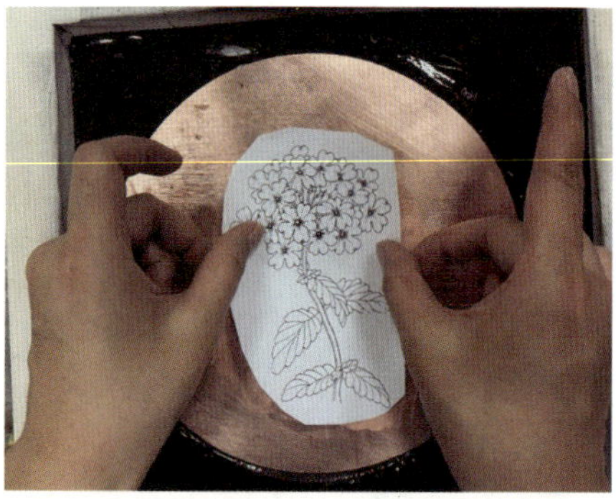

固定设计图纸

（5）按照设计图纸进行錾刻，根据花卉的大小选择合适的平口錾。

（6）用平口錾和弧形錾将花卉的花瓣进行錾刻。錾刻的时候左手轻拿錾子，右手拿錾刻锤敲打錾子进行走线。在花卉的转弯处用弧形錾进行錾刻。

錾刻叶子

錾刻花瓣

（7）用小号的弧形錾錾刻花心，錾刻成圆形。

（8）用小号的平口錾錾刻花蕊，錾刻的花蕊围绕花心呈放射状。

錾刻花心

錾刻花蕊

（9）将紫铜片錾刻完成后，用湿布将设计图纸沾湿后去掉，检查錾刻的纹样是否完整、线条是否流畅。

（10）如果有未錾刻的地方，用錾子进行调整，再次錾刻。

去掉设计图纸

錾刻漏刻处

（11）将紫铜片錾刻完所有纹样后，用焊枪加热錾刻胶，将紫铜片取下。

（12）用焊枪将紫铜片背面和四周的錾刻胶加热烧熔，直到紫铜片表面呈现黑色磨砂状。

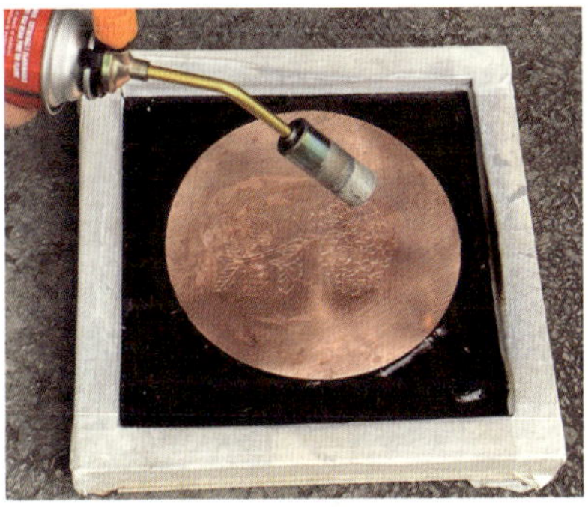

取下紫铜片

去除錾刻胶

（13）用清水冲洗紫铜片，然后用60目砂纸将紫铜片打磨干净，去除表面的氧化层。

（14）将錾刻盘放入合适的木盘模具中，用左手固定旋转紫铜錾刻盘，右手握橡胶锤敲打錾刻盘的四周，让紫铜片微微向上翘起。

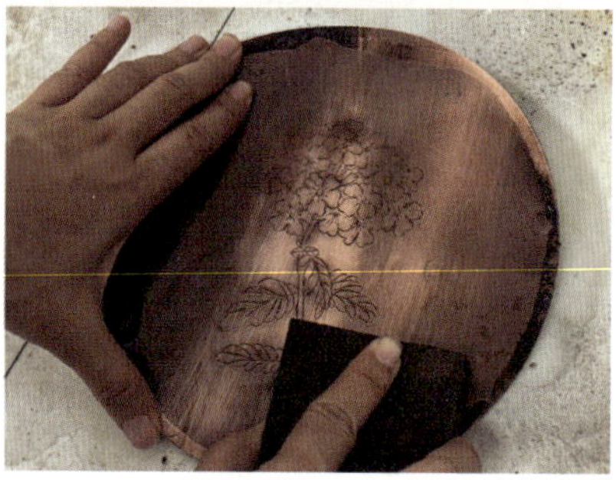

打磨去除氧化层

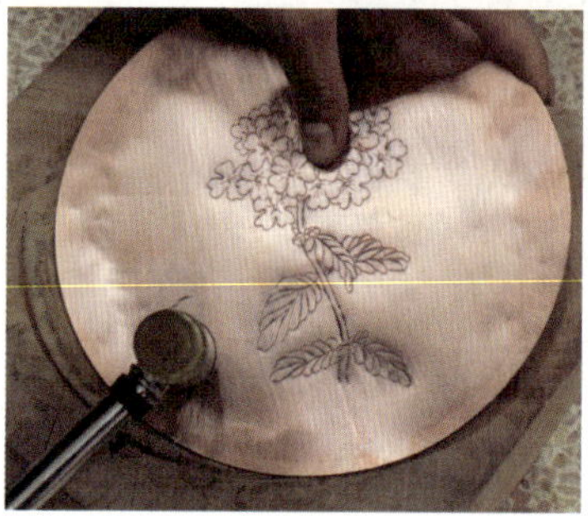

敲打錾刻盘的四周

（15）持续敲打紫铜盘的四周，调整成盘形。如果有不平整的地方，将紫铜錾刻盘放在铁砧上，用橡胶锤从正面和反面进行整形、敲平。

（16）将錾刻盘倒扣在桌面上，检查錾刻盘的背面盘底是否平整；如果不平整，可以用橡胶锤轻轻敲打进行整形。

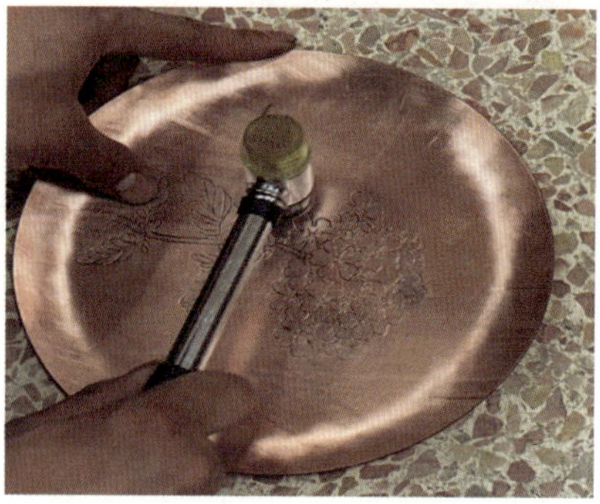

正面和反面进行整形、敲平

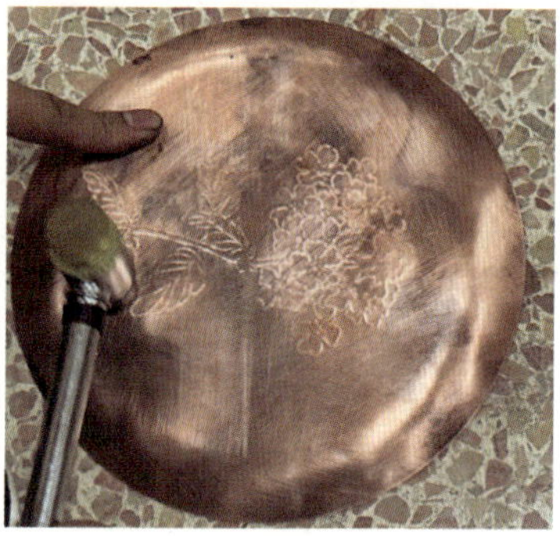

检查盘底

（17）再次将錾刻盘放入木盘模具中，用橡胶锤敲击盘的四周，让盘体翘起，直到盘体的表面光滑。

（18）用砂纸打磨錾刻盘正面和背面直到去除表面氧化层，花卉錾刻盘制作完成。

最后修形

花卉錾刻盘

第二节　镶嵌制作案例

一、包镶

材料和工具准备：3 毫米宽、0.6 毫米厚的银片，0.5 毫米厚的银片（做底托），圆形平底宝石一枚，锯弓，锉刀，打磨机，球针，胶皮锤，焊枪，砂纸，铲刀等。

制作过程：

（1）裁剪镶嵌宝石包边的银片，选用 0.6 毫米厚的银片，测量镶嵌的裸石的腰部到底部的距离为 2 毫米，银条的宽度高于宝石腰线 1 毫米，所以应裁剪成 3 毫米宽的银条用来包裹镶嵌宝石。

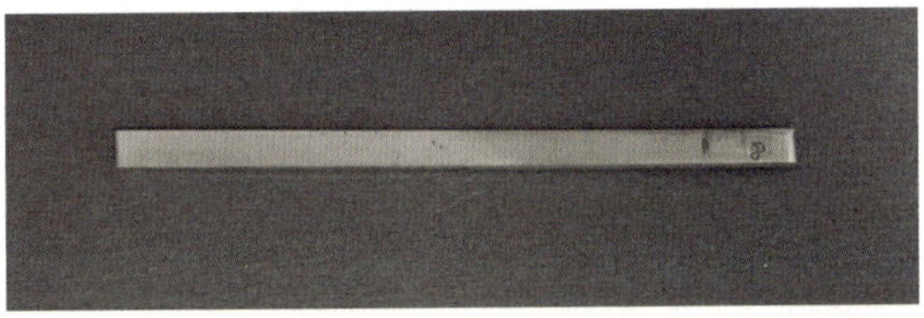

裁剪镶嵌宝石包边的银片

（2）将裁剪好的银条进行退火后围绕宝石一圈，制作包镶的包边。

（3）将做好的包边接口对接，用锉刀修整光滑，达到无缝焊接，用高温焊药焊接接口。

制作包镶的包边

高温焊药焊接接口

（4）将焊接后的银环放入加热的明矾水中进行清洗，清洗后晾干。用锉刀将多余焊药锉掉，用圆口钳修整包边形状，使包边和宝石贴合。

（5）制作底托。将圆形包边放在 0.5 毫米厚度的银片上，在包圈与银片接触的地方放置中温焊药，用焊枪加热，使焊药熔化，底托焊接完成。

（6）将底托放入加热的明矾水中进行清洗，晾干后用锯弓顺着包镶底部锯切多余的银片，用锉刀修整光滑。

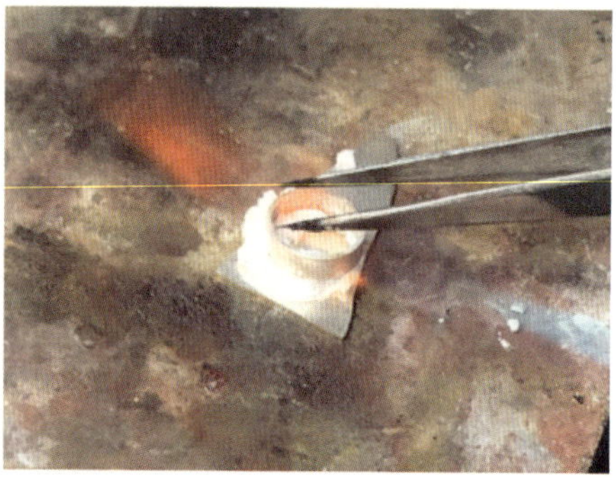

制作底托

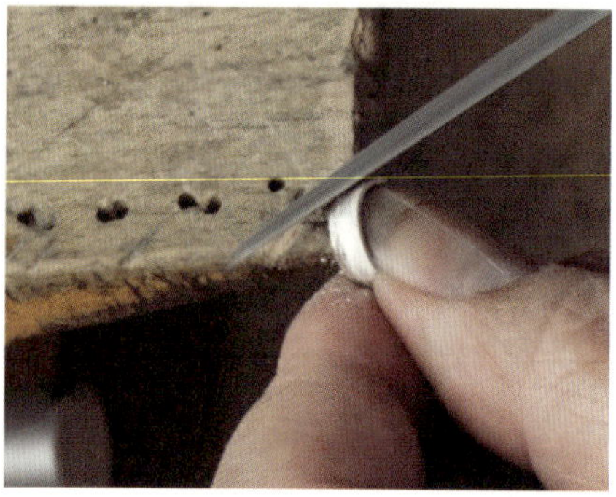

修整底托

（7）将底托做掏底镂空，使宝石透光。用圆规在包镶底座三个不同角度画三条弧线，确定底托的圆心，用球针打孔。将锯条穿入孔中，根据宝石的大小将中间锯切镂空。

（8）子弹橡胶头配合打磨机，打磨抛光包镶底边和镂空位置。

底托做掏底镂空

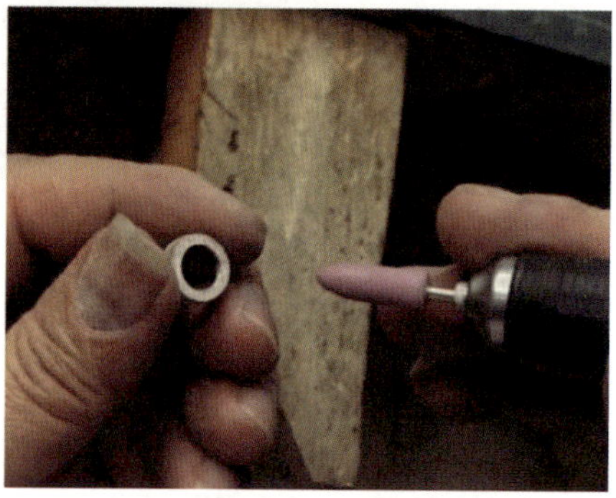

打磨抛光包镶底边和镂空位置

（9）将宝石放入底托中，如果没有完全放平，可以用胶皮锤轻轻敲击宝石，在这个过程中要不断观察底托底部，看宝石是否完全平放在底托上。

（10）将包镶底托固定在火漆球上，先用焊枪软火加热火漆，火漆出现轻微流动后停止加热，把包镶托放在火漆球上，注意不要让火漆碰到宝石，固定牢固即可，等待冷却。

（11）改制包边铲刀工具：把方条形的钢条头部两侧用平锉刀打磨变薄，再用 1 500 目砂纸将两侧打磨平滑，用锉刀把钢条顶部打磨平整、直滑，用砂纸把钢条打磨圆滑，直至钢条头部具有薄、平、滑的特点。

（12）推边。将宝石放在底托内，用改制的工具进行第一遍推边。用铲刀按照顺时针方向，沿着包镶边口沿向里推宝石腰部以上的金属。推边时铲刀刀口与包镶口水平面呈 30° 即可，使包镶口沿的银片向宝石方向倾斜并靠近宝石。在推边过程中尽量用力均匀。

包镶底托固定在火漆球上

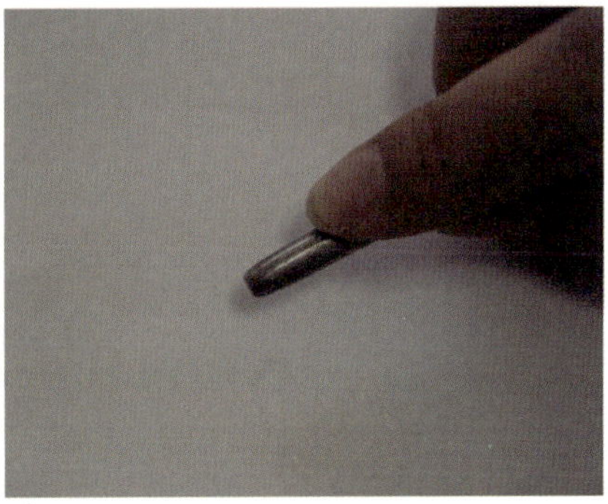

改制包边铲刀工具

（13）第二次推边。用铲刀按照顺时针方向，沿着包镶边口沿向里推宝石腰部以上的金属，推边时铲刀刀面与包镶包边平面呈 50°角，轻轻推送，使包镶口沿的银片贴近宝石。

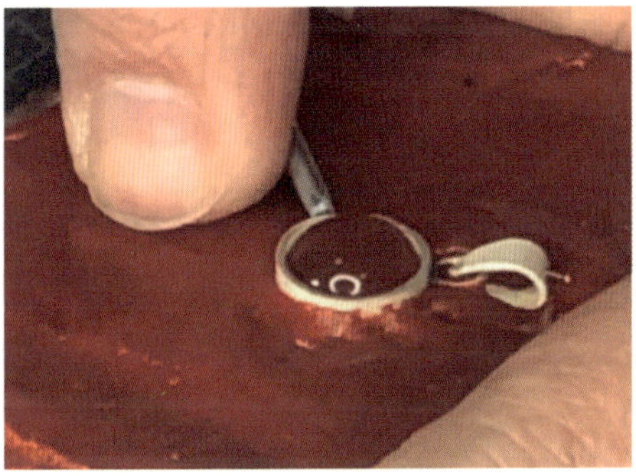

第一次推边

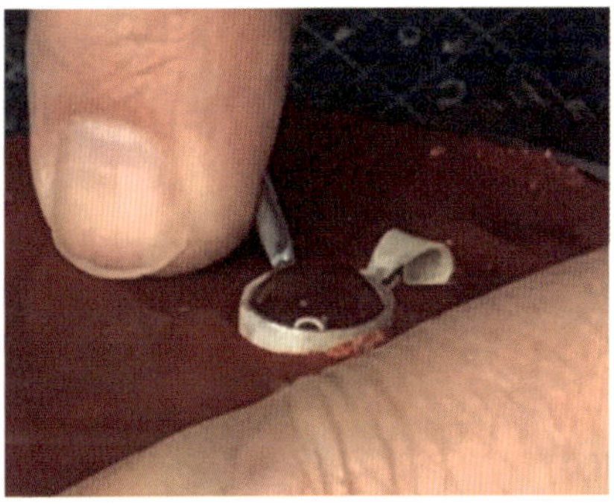

第二次推边

（14）第三次敲平包镶边沿。左手把铲刀抵在包镶口沿并按照顺时针方向移动，右手拿金工锤敲击铲刀。在敲击过程中，把包边口沿敲成内高外低的形状。

（15）检查宝石是否完全固定在底托上，如果宝石出现晃动，就再次重复以上步骤，直至宝石完全固定在底托上。

（16）用焊枪加热包镶托的边缘处，用镊子将包镶托从火漆球上取下，放入天那水中浸泡，把金属上残留的火漆清洗干净。

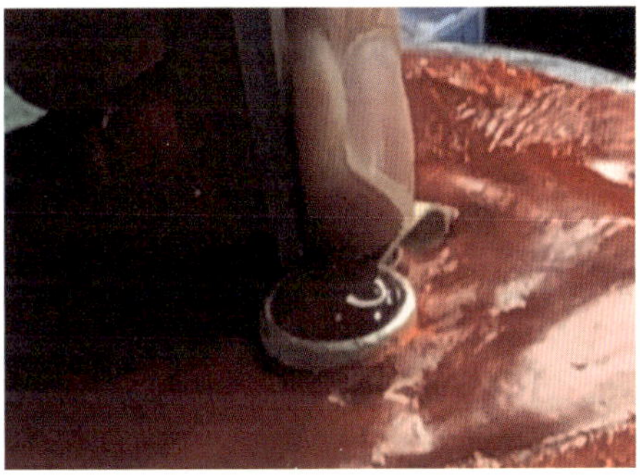

第三次敲平包镶边沿

清洗金属上残留的火漆

（17）最后进行整体锉修和抛光。用竹叶锉锉修包镶边缘，再依次使用400目、600目、800目、1 000目、1 500目、2 000目砂纸进行打磨抛光。砂纸抛光后，再用羊毛轮、布轮等进行抛光。

制作完成图

二、水滴形宝石爪镶

材料和工具准备：0.8毫米银丝，0.6毫米厚度的银片，水滴形黄色水晶，打磨机，伞针，牙针，菠萝针，吸珠针，钳子，锉刀，砂纸，锯条，锯弓，焊枪，胶皮锤，铅笔，圆规，直尺等。

制作过程：

（1）确定底托的高度，测量需要镶嵌的裸石腰部以下1毫米到底部的高度为宝石底托的高度，根据宝石大小，将0.6毫米厚度的银片裁剪成合适宽度的银条。将银条退火后，快速放入冷水中进行冷却。

裁剪镶嵌宝石包边的银片

（2）确定底托的周长，用圆嘴钳将退火后的银条围绕在裸石的腰部，弯曲成水滴形的爪镶底座镶口，底座焊接的接口位置与放金属爪的位置可以重合。

（3）焊接和锉修底托接口。对接底托接口，达到无缝焊接。将高温焊药放在接口处，用焊枪进行整体受热，焊药熔化产生流动，底托焊接完成。

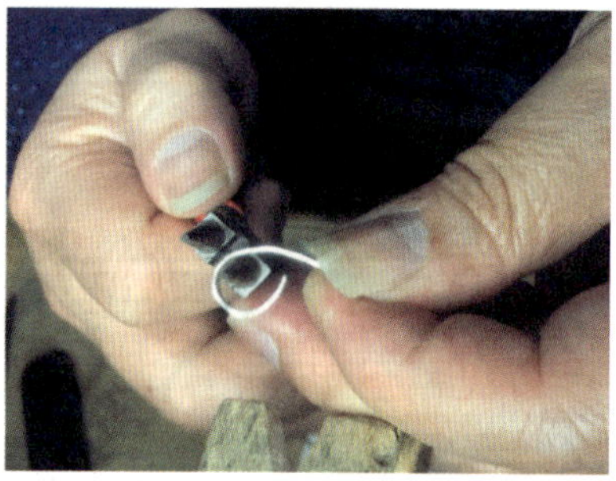

银条弯曲成水滴形

焊接底托接口

（4）将底托放在煮沸的明矾水中进行清洗，清洗完成后检查焊接口处是否有多余焊药，如果表面出现多余焊药，用锉刀进行锉修。

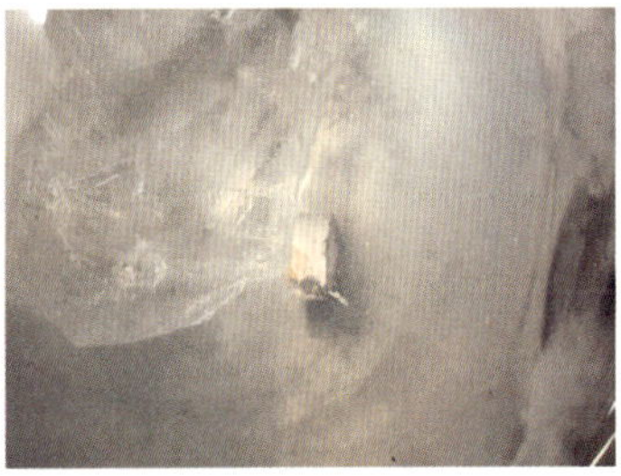

清洗

（5）制作裸石角包边。根据宝石的大小裁切合适的银片用于包角镶嵌，在裁切好的银片中间画线，用锯弓沿着中心线锯切出一道凹槽。在锯切过程中控制好凹槽的深度，用三角锉锉出折角的弧度，再用平口钳夹住中心线右面的银片，用胶皮锤锤打左面的银片，使银片以中心线为轴呈 90°夹角。

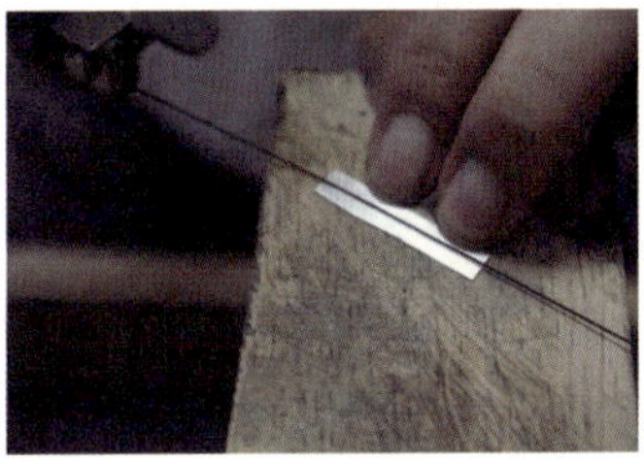

锯切凹槽

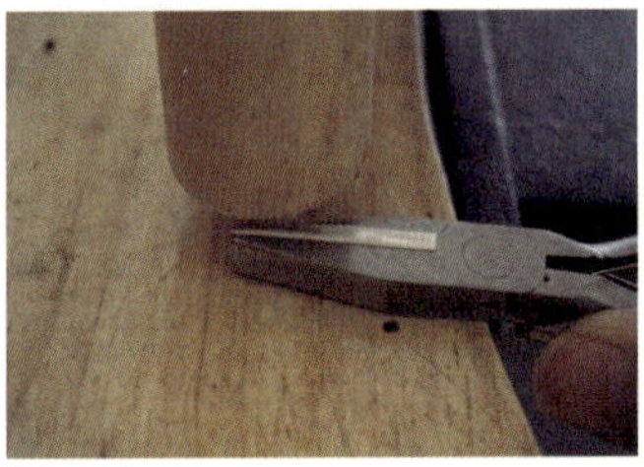

弯曲银片

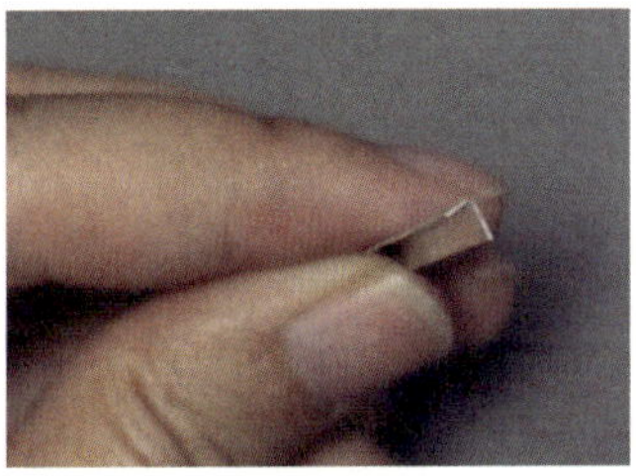

裸石角包边

（6）将角包边焊接在底托上。把角包边平放在耐火砖上，在夹角处涂抹熟硼砂水，放置中温焊药，用葫芦夹夹住底托两侧，使底托尖角正好放在角包边金属的夹角处，用焊枪加热两块金属的连接处，待焊药熔化，产生流动，焊接完成。

（7）清洗焊接角包边的底托，然后用锉刀锉修焊接处多余的焊药。把 600 目的砂纸背面贴上双面胶，包裹住竹叶锉刀四周，用来打磨角包边金属片与底托夹角缝隙处。

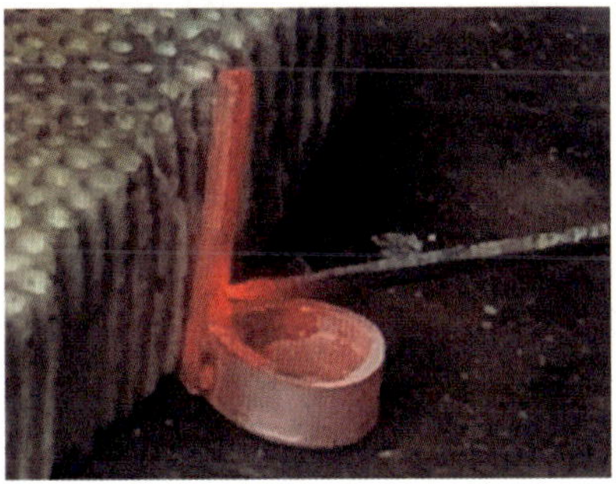

角包边焊接在底托上

打磨角包边

（8）裁剪多余的角包边。将包边的底侧剪到与镶口底部齐平，高于底托 2 毫米处进行裁剪。

（9）确定两个镶爪的位置。将圆规两端卡在底托最宽处，并用铅笔在底托壁上进行标记，使两边的爪位对称，然后用锯弓沿着铅笔标记开槽定点，把牙针安装在打磨机上，打磨出两个凹槽。

（10）制作两个镶爪。把 0.8 毫米的银丝间隔 3 毫米后 90°弯折，间隔底托最宽处的距离再次 90°弯折，使银丝呈“凵”形，将弯折后的银丝卡在底托上，两根竖直的银丝放在底托的卡槽上。

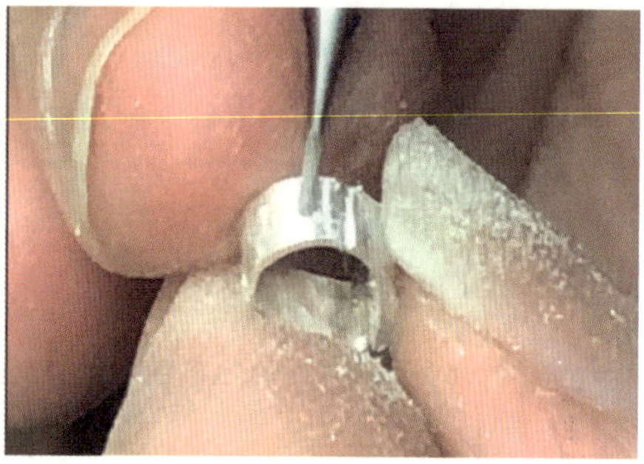

确定两个镶爪的位置

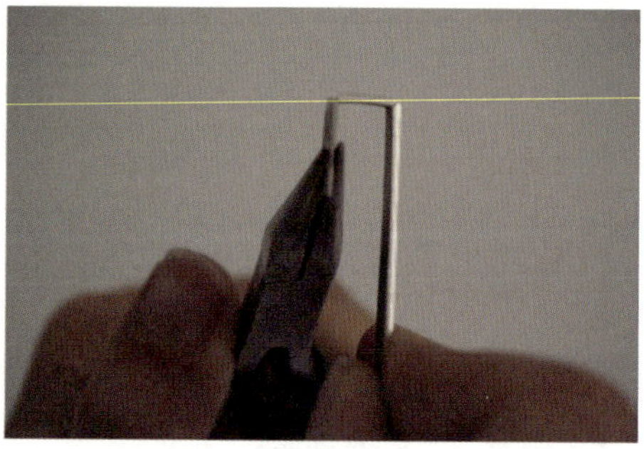

银丝呈“凵”形

（11）焊接并修剪两个镶爪。在镶爪与底托的连接处涂抹硼砂水，放置适当的中温焊药，用焊枪加热，焊药熔化后呈自然流动即可。然后用加热煮沸的明矾水进行清洗，剪掉“凵”形银丝底下的横杆，把底托平放在 600 目砂纸上，把底部磨平。

（12）把宝石放在底托上，剪出镶爪的高度，并用锉刀进行简单锉修，平滑即可。

焊接镶爪

宝石放在底托上

（13）用焊枪软化加热火漆，将底托平放在火漆上，不要让火漆顶住宝石，把对称的两个镶爪向外掰开一点。

（14）把伞针安装在打磨机上，打磨机转动后，用伞针在底托顶部按顺时针方向环绕一圈，开个斜位，使底托与宝石更切合。

（15）如果水滴形宝石的尖无法放入底托，可以把菠萝针安装在打磨机上，打磨机转动后，用菠萝针在角包边的镶爪与宝石尖接触位置打个凹槽，但要控制凹槽的深度，其深度不能超过角包边银片的厚度。

（16）修整角包边的形状，把角包边银片的顶部中间用三角锉锉修，使其呈 V 形，也称燕尾形，与宝石贴合。

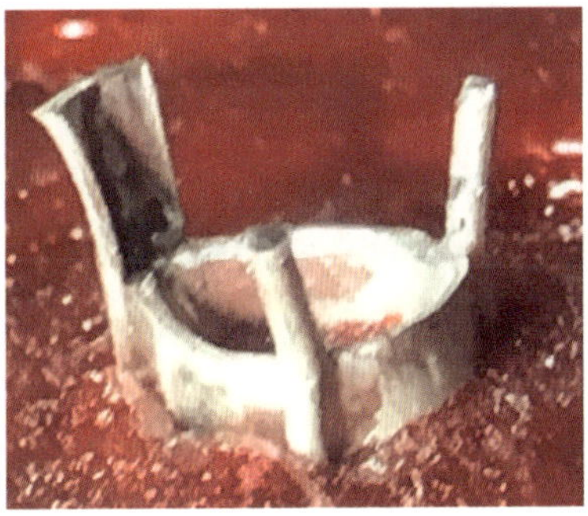

底托平放在火漆上

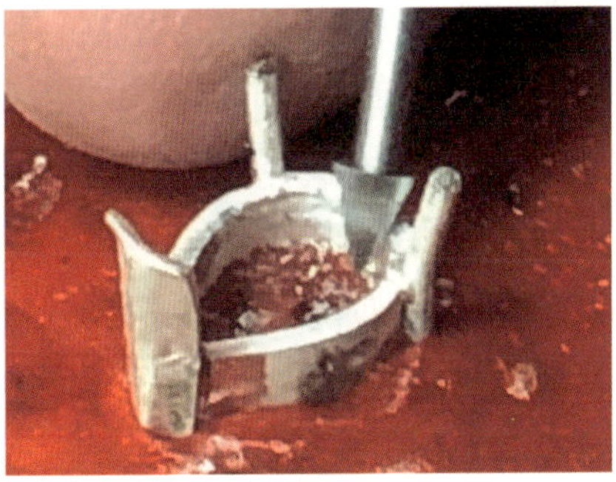

伞针开斜位

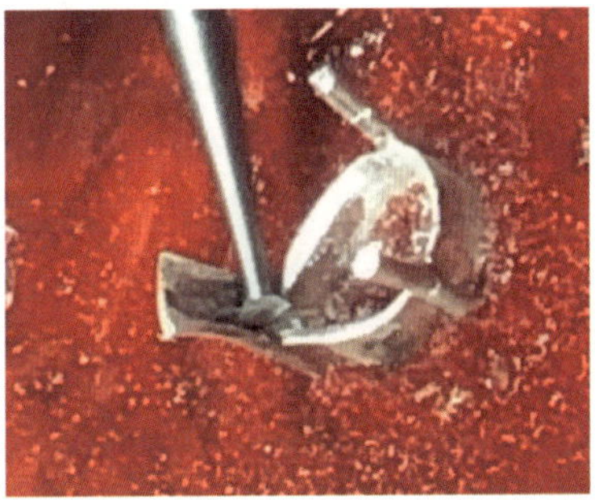

菠萝针打凹槽

修整角包边

（17）将宝石放在底托上，用铅笔将宝石腰部与两个对称镶爪接触的位置绘制出来，再把宝石从底托上拿下来。

（18）在镶爪内部开槽，把伞针安装在打磨机的手柄上，打磨机转动后，用伞针分别在两个镶爪的内部按照铅笔绘制的点进行开槽。注意槽的深度，其深度必须小于 0.8 毫米。

（19）用首饰绿泥把宝石固定在底托上，再将点针固定在木头蘑菇把手上，用点针向宝石方向推动镶爪。在推动过程中，力度不要太大。

镶爪内部开槽

点针向宝石方向推动镶爪

（20）明确推动镶爪的位置，推动高出宝石台面之上的部分，用以固定宝石。

（21）在推动镶爪时分三次进行，防止宝石崩裂。第一次用点针分别推动镶爪，使镶爪靠近宝石；第二次用点针分别推动镶爪，使镶爪贴近宝石；第三次用点针分别推动镶爪，使镶爪完全包住宝石。

（22）检查宝石是否与底托保持平行。如果不平行，可以用铲刀把镶爪抬起一点进行整体调整；平行后，再次用点针推动镶爪，直至三个镶爪完全贴近宝石。

（23）将两个对称镶爪的多余部分用剪钳剪掉，并用锉刀把镶爪锉修到一样高度。

（24）把吸珠针安装在打磨机的手柄上，打磨机转动后，用吸珠针分别扣住两个对称的镶爪进行打磨，直至镶爪头部圆滑。

镶爪完全包住宝石

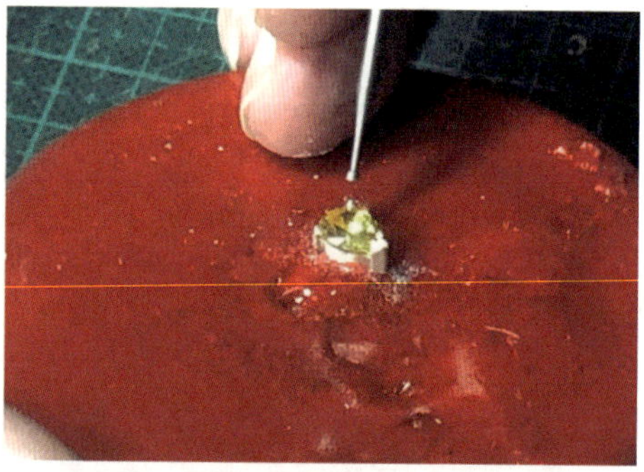

打磨镶爪头部

镶嵌完成图

（25）用焊枪加热底托周围的火漆，火漆出现流动后，用镊子将其从火漆球上取下来放入天那水中浸泡，将金属上残留的火漆清洗干净。

（26）最后对金属底托进行打磨抛光。把 600 目砂纸轮安装在打磨机上，打磨镶爪与底托焊接的交界处；再把 5 000 目砂纸轮安装在打磨机上，对金属底托进行抛光处理。

爪镶方式镶嵌宝石完成。

第三节　锻打制作案例

材料和工具准备：100 毫米长、100 毫米宽、1 毫米厚的 999 银片，金工锤，光面锤，木锤，胶皮锤，圆规，剪钳，高度尺，铁砧，木砧，焊枪，老虎钳等。

制作过程：

（1）将银片进行正反两面退火，退火后将银片快速放入冷水中进行冷却。

（2）确定圆心。在正方形的银片上通过画十字线、米字线或对角线等方法确定圆心。

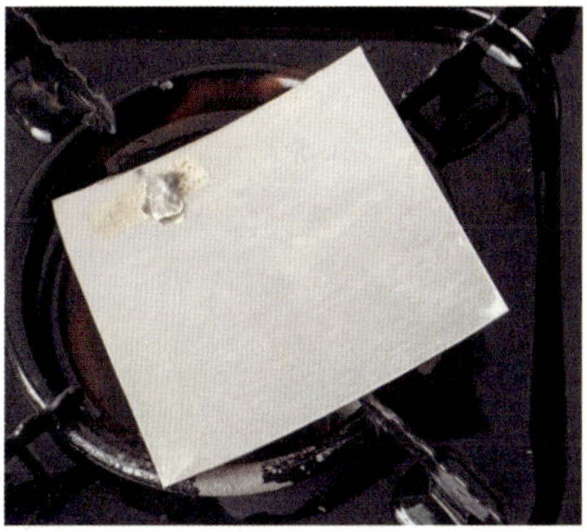

银片进行正反两面退火

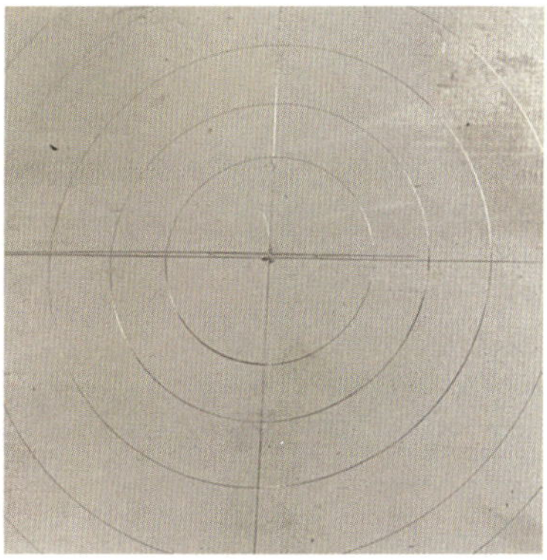

确定圆心

（3）以 5 厘米为半径，用圆规画出圆形。

（4）裁剪圆形银片。用剪钳顺着画出的圆形进行裁剪。裁剪完成后，用胶皮锤轻轻敲击银片，使银片变平即可。

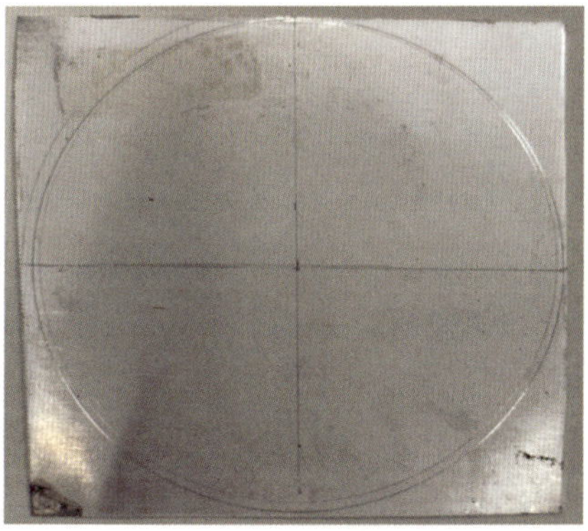

确定锻打器皿的圆形银片

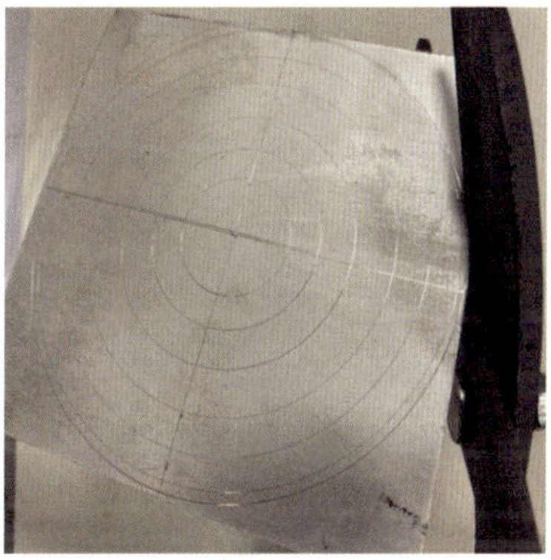

裁剪圆形银片

（5）绘制碗底和锻打辅助线。用圆规在银片上绘制半径为 2 厘米的圆形，作为银碗的底。用相同的方法绘制半径为 3 厘米、4 厘米、5 厘米的同心圆，作为锻打辅助线。

（6）将银片放在铁砧上，用金工锤的较窄的扁头从碗底圆形开始向外边缘线顺时针锻打。

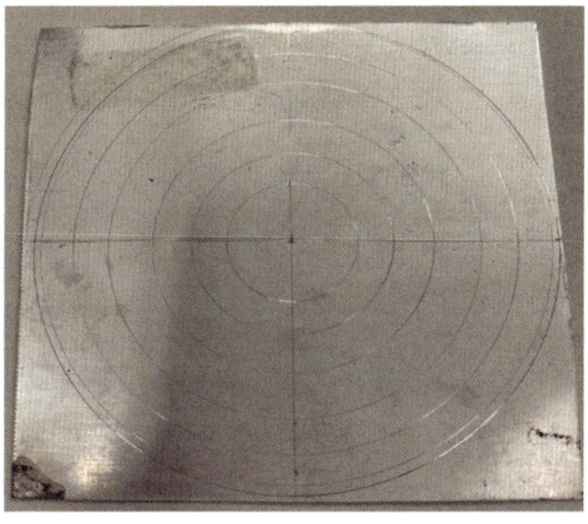

绘制碗底和锻打辅助线

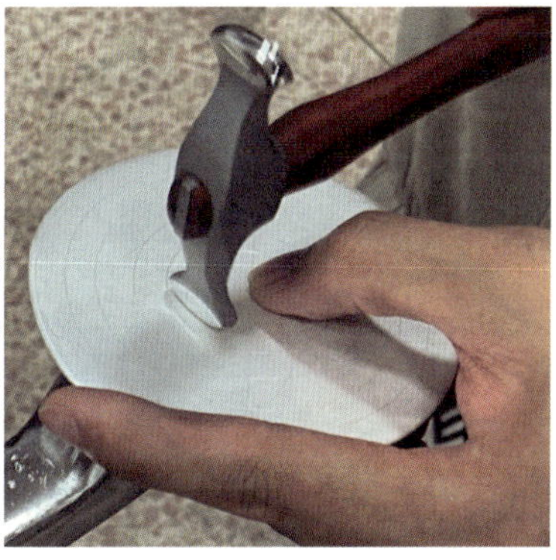

锻打塑形

（7）锻打的时候，左手握银片，大拇指和食指放于银片外侧，其余三指将银片固定在铁砧上。

（8）用较窄的金工锤塑形碗底后，用金工锤较宽的一头进行顺时针敲击。右手握锤，握于锤子手柄的 2/3 处。在锤打细节时，可以将手向前握，靠近锤头部位。锻打过程中要始终保持手柄、手臂在一条线上，身体一定要坐正。

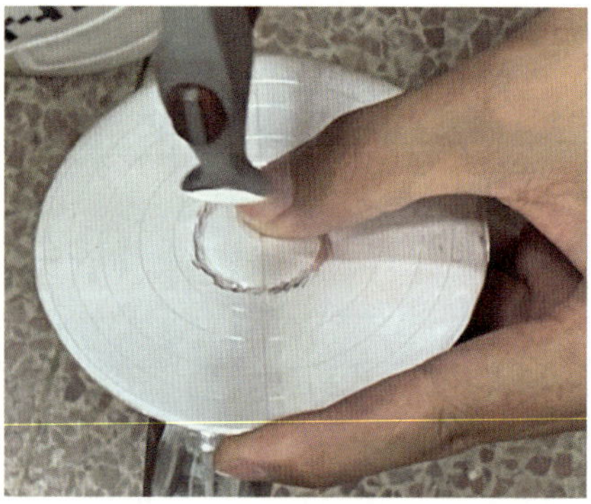

握银片方法

锻打

（9）将锻打后的银片退火，用焊枪加热银片直至银片微微泛红。退火后将银片快速放入冷水中进行冷却。

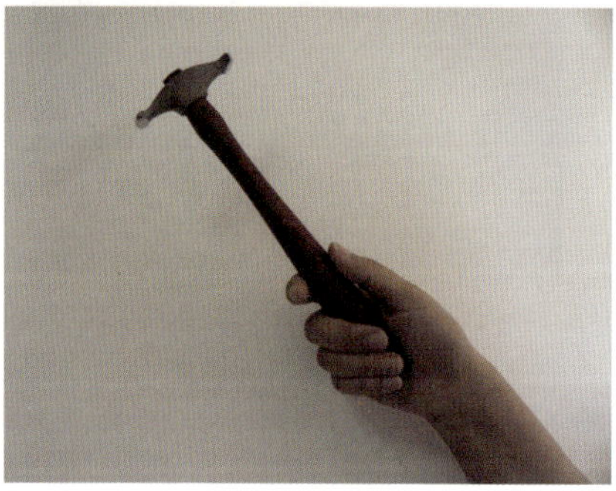

握锤方法

锻打后的银片退火

（10）将有弧度的银片固定在铁砧上继续锻打塑形，用金工锤由碗底半径为 2 厘米的圆圈外向银片边缘处顺时针转圈锻打。锻打敲击要紧密，沿着画线的外圈进行敲击。如果辅助线不清晰，则用圆规重新绘制。

（11）明确锻打敲击位置，用金工锤锻打银片与铁砧交界处上面的 0.3 厘米左右的位置，按照画线处外围一圈圈慢慢敲打，锻打过程中锤子要与器皿始终保持 90°。

（12）根据画的辅助线顺时针进行锻打，用光面锤敲击银碗的最外围处，将银碗的边缘往里收口，并将银片的边缘修至光滑。

（13）将锻打后的银片再次退火，用焊枪加热银片直至银片微微泛红，退火后将银片快速放入冷水中进行冷却。

重新绘制锻打辅助线

银片的边缘修至光滑

（14）重复以上锻打的方法以及退火方法，直至碗底和碗壁有明显的区分。每次退火前，确保银片每个位置都已锻打。

（15）明确碗底和碗壁的交界线。用光面锤的平头敲打碗底，使碗底变平，再把碗倒扣在圆形铁砧上，用光面锤方头敲打碗壁两下后再敲打碗底，直至碗底和碗壁的交界线出现，以便区分碗底和碗壁。

锻打后的银片再次退火

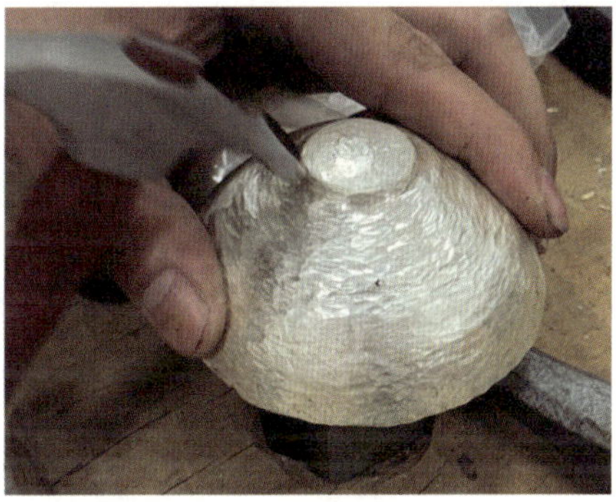
区分碗底和碗壁

（16）修整碗底高度。用金工锤的较窄的扁头锻打交界线外面 2 厘米的位置，在锻打过程中要不断重复上一步，让碗底和碗壁的交界线始终保持清晰。

（17）再次塑形。先把器皿退火，再将器皿固定在铁砧上，从碗底 1/2 处向碗口锻打。

修整碗底高度

从碗底 1/2 处向碗口锻打

（18）修形。把器皿放置在内凹圆形台面的木砧上，用木槌锻打器皿内侧，直至器皿没有大面积的凸起和凹陷。

（19）检查器皿造型是否对称。平视角度观察器皿，如果出现不对称的情况，则将器皿放置在内凹圆形台面的木砧上，用木槌锻打器皿内侧。

（20）整形。用光面锤沿碗的边缘顺时针敲击，对碗的形状进行整形，使碗身对称。

（21）在器皿上锻打肌理。在碗壁的 1/2 处画一圈线，用金工锤在碗底位置顺时针锻打锤纹，锻打点要均匀、细密。

检查器皿造型是否对称

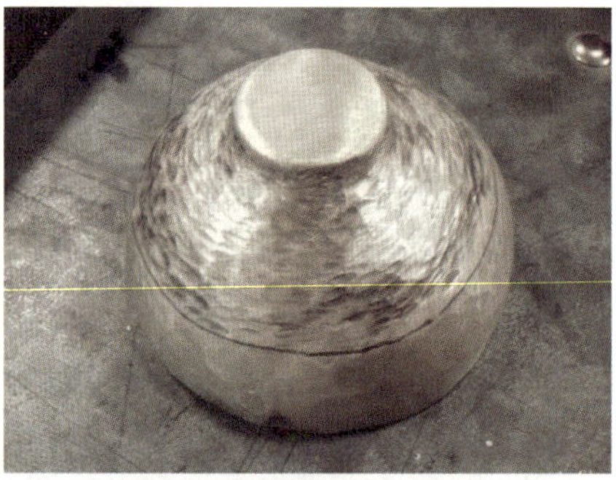

碗壁的 1/2 处画一圈线

（22）用光面锤的平头从碗壁 1/2 处画线的位置向碗口处顺时针锻打，直至锤纹圆圈点变小且细密，使器皿呈现哑光的效果。

（23）平视角度检查碗底是否平整，器皿是否对称，将碗底调整平整。

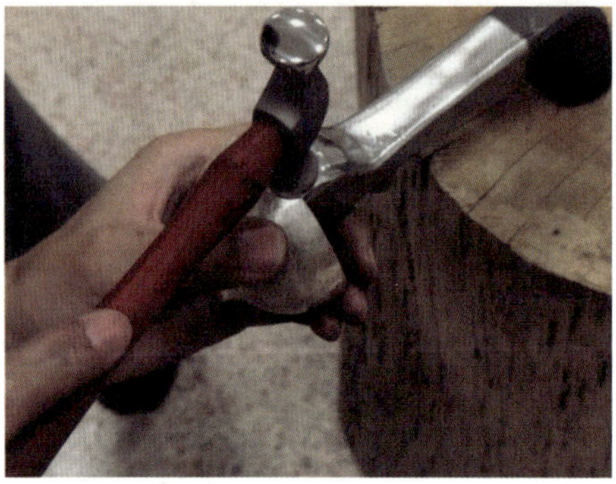

器皿呈现哑光的效果

调整碗底

（24）借助高度尺确定器皿的高度并用笔画出线，用剪钳顺着画出的线进行裁剪，修整碗口。

（25）用锉刀把碗口修整圆滑，再将器皿倒扣在铁砧上，用胶皮锤进行最后的修形。

（26）打磨抛光。用 400 目、600 目、800 目、1 000 目、1 200 目、1 500 目砂纸进行抛光，器皿制作完成。

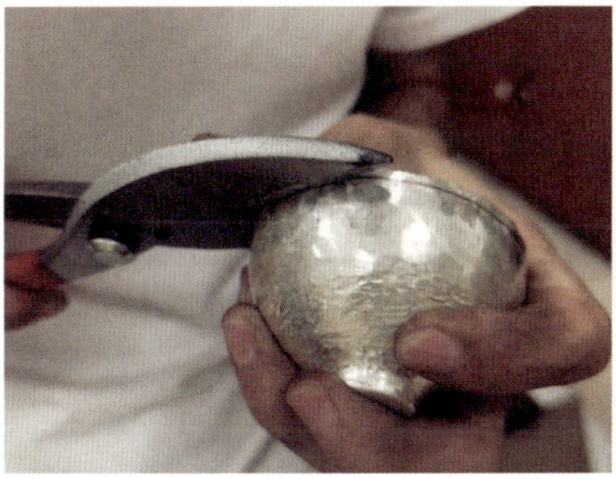

裁剪杯口

碗口修整圆滑

器皿制作完成

第四节　花丝制作案例

一、河蟹胸针的制作案例

设计说明：河蟹胸针是复制清朝的“银镀金嵌珠珊瑚蟹纹簪”。胸针选取河蟹的造型，肚子上运用枣花锦纹装饰，寓意“和谐美满”。采用银镀金花丝镶嵌工艺，搭配红宝石和珍珠彰显皇家气质。将古代的发簪改成现代人佩戴的胸针，把中华优秀传统文化佩戴在身上，传承中国传统手工技艺。

材料和工具准备：0.16 毫米粗的银丝、0.3 毫米粗的银丝、0.5 毫米粗的银丝、0.37 毫米厚的 999 银片、圆形弧面宝石、绕线棒、银焊膏、助焊剂、焊片、焊粉、10 号尖嘴镊子、反向夹、手持焊枪、搓丝板、502 胶水、牙签、白乳胶、硼砂水、锯条、锯弓、压片机等。

银镀金嵌珠珊瑚蟹纹簪（清）

材料与工具

制作过程：

（1）拓印图案。根据设计在纸上绘制出河蟹的细节图，再将河蟹的每个部件用转印液或者复写纸拓印到 0.37 毫米厚的银片上。

（2）搓制花丝。截取适量长度的 0.16 毫米粗的银丝，从中间对折后逆时针扭转，把金属丝放在搓丝板上，左手捏住一段银丝并用拇指和食指捏紧，右手拿搓丝板向前轻轻推动进行搓丝。

图案拓印

搓制花丝

（3）当银丝向前搓不动时，用绕线棒把银丝盘起进行退火。退火后按照以上方法继续搓丝 2 ～ 3 次，直至把两股银丝搓成麻花状，螺纹的密度均匀紧密即可。

（4）根据河蟹图案进行掐丝。把绘制了图案的银片平放在桌面上，左手拿花丝，右手拿尖嘴镊子，将花丝沿着图案的外轮廓掐制。每掐制 1 厘米，用牙签蘸取适量的 502 胶水点涂在银丝边缘，涂抹的胶水不要过多，按照此方法直至图案掐制完成。

（5）制作辅助焊接的焊膏。取少量的银焊膏放入白盘中，加入适量的水，搅拌均匀后呈糨糊状即可。用小毛笔蘸取适量的焊膏涂抹在掐制图案的银丝上，等待晾干。

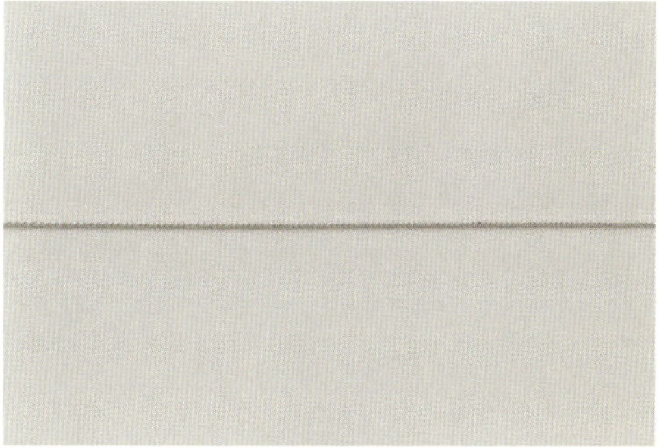

花丝制作完成

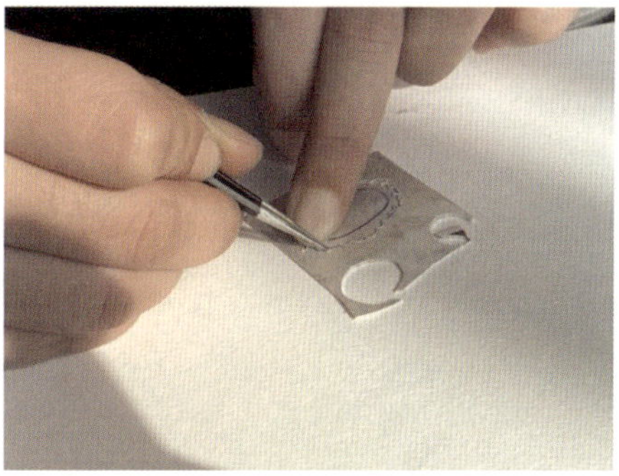

掐制图案

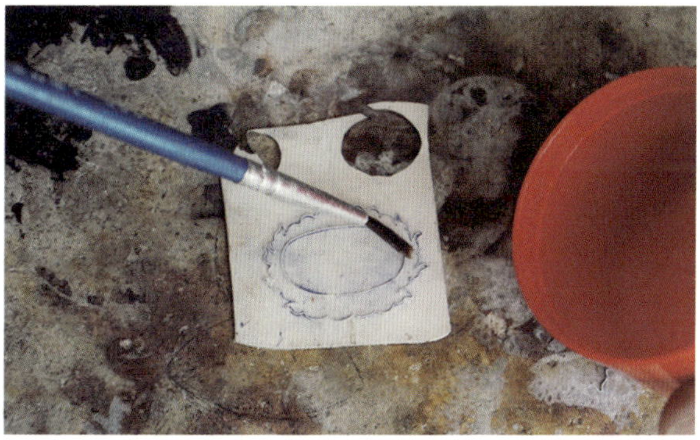

涂焊膏

（6）再次固定银片上的花丝。先用焊枪加热耐火砖，再把银片放在耐火砖上，用耐火砖上的余温烘烤银片，等待冷却，使表面焊膏凝固，使银丝与银片之间无缝隙。

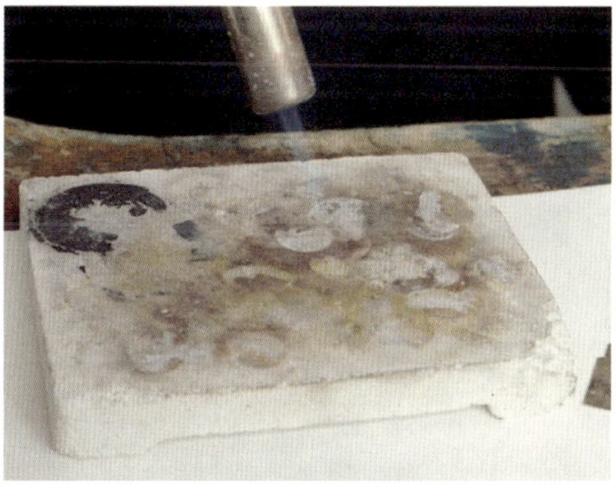

加热耐火砖

余温烘烤银片

（7）裁剪焊药片。用剪刀把中温焊药裁剪成小于 1 毫米 ×1 毫米的药片。一定要控制好焊药片的大小：如果焊药片太大，在熔化过程中会遮盖住银丝；如果焊药片太小，熔化后焊接位置较少，银丝焊接不牢固。

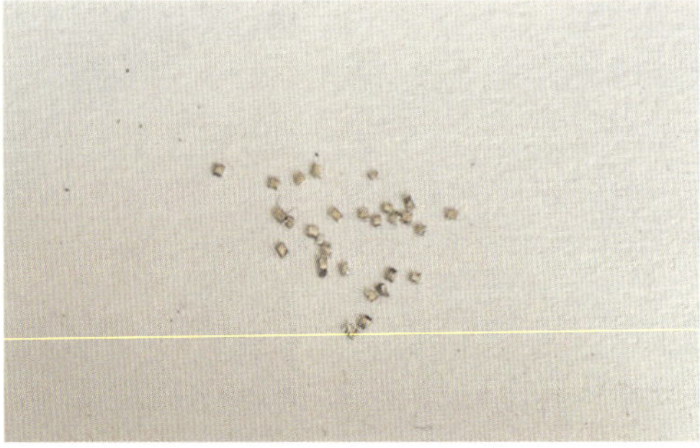

裁剪中温焊药片

（8）在需要焊接的位置摆放焊药。将焊药片放在白盘中，再加入适量的助焊剂和水，搅拌均匀。用镊子夹取焊药片放在银丝的外边缘，焊药片之间间隔 5 ～ 6 毫米。

调配助焊剂和焊药

摆放焊药

（9）把银丝焊接在银片上。左手拿镊子夹住银片，右手持焊枪，用软火在银片的下方加热，待焊药熔化流动即可。

（10）检查焊接是否牢固。把银片放在加热的明矾水中清洗 2 ～ 3 分钟，用镊子夹出，冲洗干净后检查是否焊接牢固。如果有漏焊的位置，可以按照上述方法进行二次焊接。

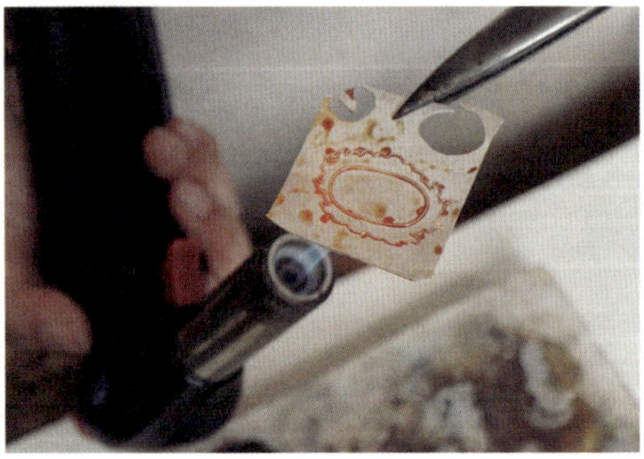

银丝焊接

清洗

（11）根据图案进行锯切。用 8/0 号锯条沿着银丝的外边缘线锯切。锯切完成后，用锉刀锉修金属片边缘。用相同的方法制作河蟹的其他零部件。

根据图案锯切银片

其他部件

（12）制作枣花锦纹样。

压丝：把 0.3 毫米粗的银丝过压片机压制成 0.45 毫米宽度的扁丝。

掐丝：运用掐丝辅助制版工具将扁丝弯折成 3 毫米的银丝，每隔三段剪开一次。

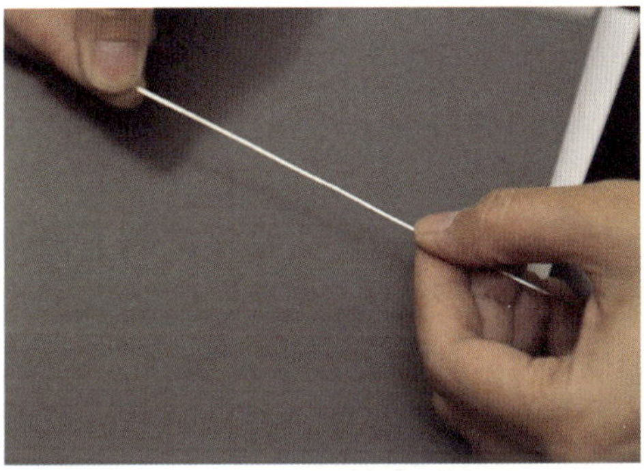

压丝

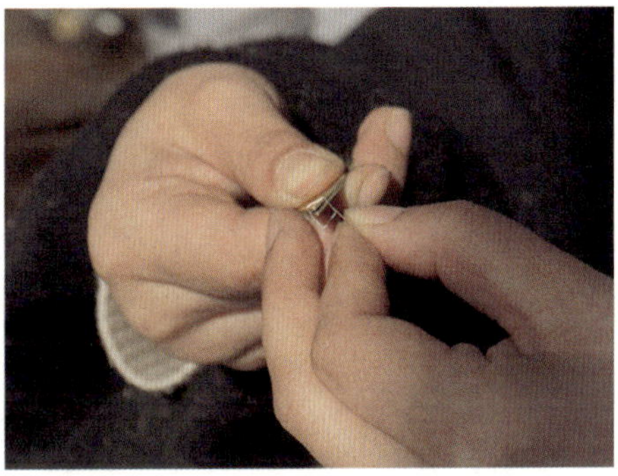

掐丝 1

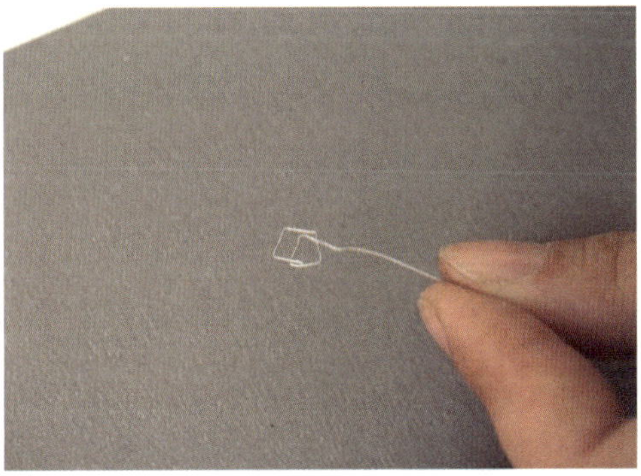

掐丝 2

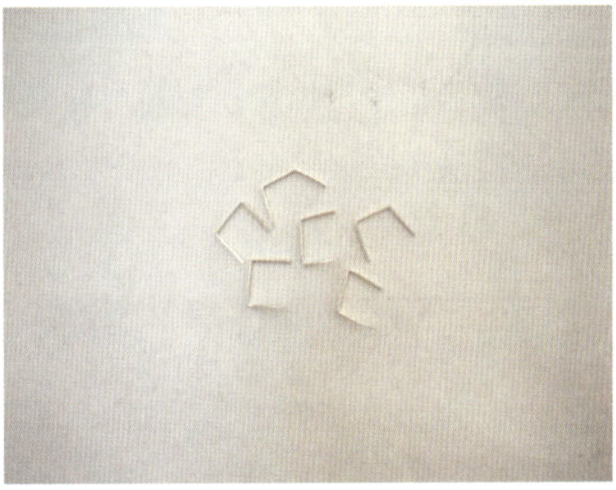

裁剪三段等长银丝

调整扁丝形状：用镊子先把三段银扁丝变成三角形，再把三角形的三条边向里凹。

用镊子夹住三角形银丝蘸取少量白乳胶，放在耐火砖上，每个三角形的端点与端点紧连在一起摆放成型。

调整扁丝形状

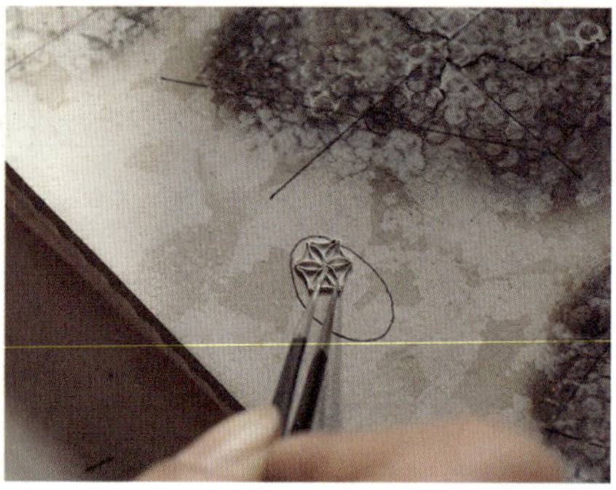
摆放掐丝图案

摆放结束后，用小毛笔蘸取适量的硼砂水涂抹在银丝上，撒上适量的焊粉进行焊接。如果焊粉过多，可用小号毛刷轻轻扫掉多余焊粉。用焊枪加热银丝表面，焊药熔化流动后停止加热。

制作银球：将 0.16 毫米粗的银丝裁剪成多段 12 毫米长的银丝，用焊枪加热使银丝熔化成银球。把银球摆放在每个三角形之间的交界点。

焊接枣花锦

烧银球

用低温焊药将银球焊接在三角形的交界点上。检查三角形之间以及小银球和三角形的交界点是否焊接牢固。

枣花锦纹样制作完成。

焊接银球

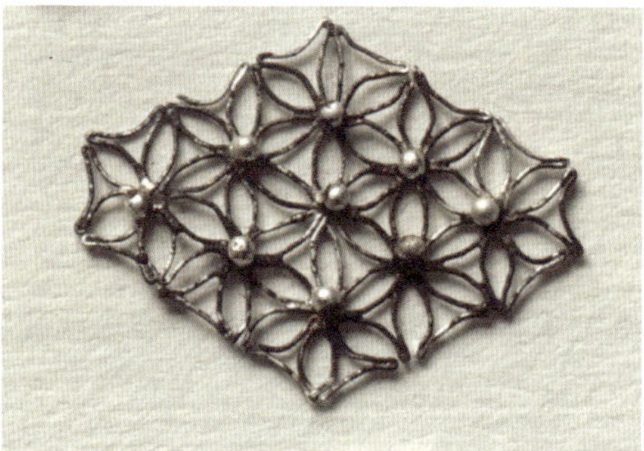
枣花锦图案

（13）将枣花锦片焊接在河蟹身体银片底部。用镊子夹取 4 片低温焊药，分别放在河蟹与枣花锦连接的上下左右四个方向，用焊枪转圈加热，使得焊药熔化流动，直到焊接完成。

（14）焊接河蟹四肢。将河蟹身体银片正面朝下，四肢摆放在河蟹身体背面重叠，进行焊接。两侧的腿在摆放过程中要对称，在重叠处涂抹硼砂水，用低温焊药进行焊接。

焊接河蟹身体部件

焊接河蟹四肢

（15）焊接河蟹底部装饰配件。截取一段长为 1.5 厘米、直径为 0.4 毫米的银丝，弯成“C”形，焊接在装饰图案与河蟹上。如果银丝不易焊接，可以用反向夹夹住银丝和银片再进行焊接。

（16）制作河蟹的装饰触角。截取一段适当长度的 0.16 毫米粗的银丝，用绕线棒盘紧，用焊枪进行正反两面退火，等待自然冷却。

焊接河蟹底部装饰

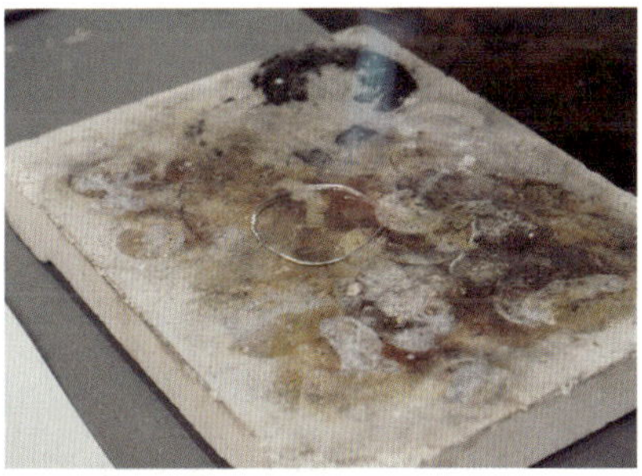

银丝退火

（17）制作一段直径为 0.5 毫米的螺丝。左手将银丝的一端固定在 0.5 毫米的绕线棒上，右手拿着银丝以顺时针方向缠绕，丝与丝之间要紧密，缠绕大约 4 厘米长后从绕线棒上取下来。一共制作四段，制作完成后，将四段螺丝放在耐火砖上退火。

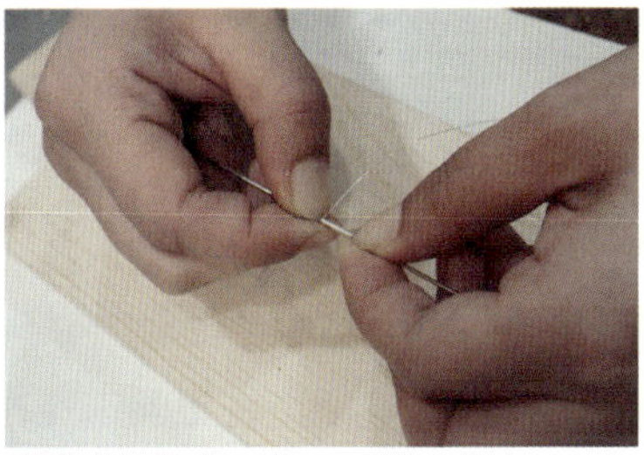

制作螺丝

（18）制作河蟹触角。将退火后的螺丝缠绕在长度为 4 厘米、直径为 0.5 毫米的银丝上，呈现出连续的小松丝。方法：先用镊子把螺丝一端的前三个环拉直，运用制作螺丝的方法固定在 0.5 毫米的银丝的一端；剩下一段同样是采用制作螺丝的方法缠绕上去，呈现出一段段小松丝的效果；最后把结尾处的三个环拉直，固定缠绕在 0.5 毫米的银丝上。

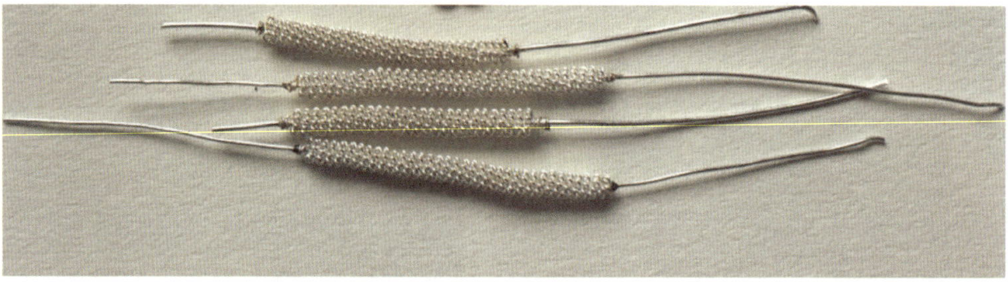

触角完成图

螺丝固定缠绕在 0.5 毫米的银丝上

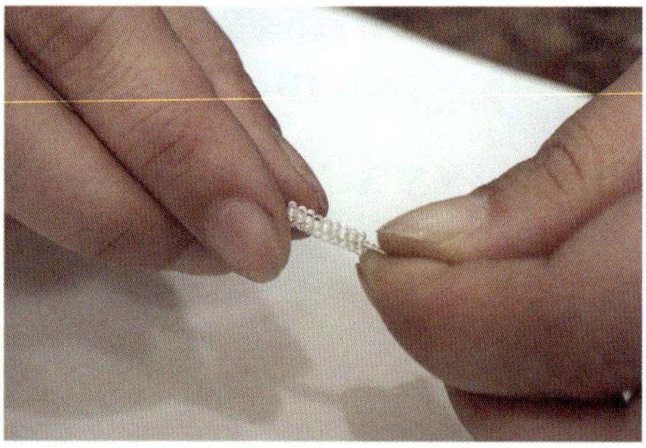

螺丝制作成小松丝

（19）组装触角装饰部件。将两个缠有螺丝的银丝的一端分别焊接在河蟹身体的背面眼睛的内侧。

组装触角装饰部件

（20）用低温焊药把两根小松丝末端焊接在一起，再截取一根 0.5 毫米粗的银丝焊接在小松丝的末尾。将银丝末尾捋直后焊接在河蟹的背面。

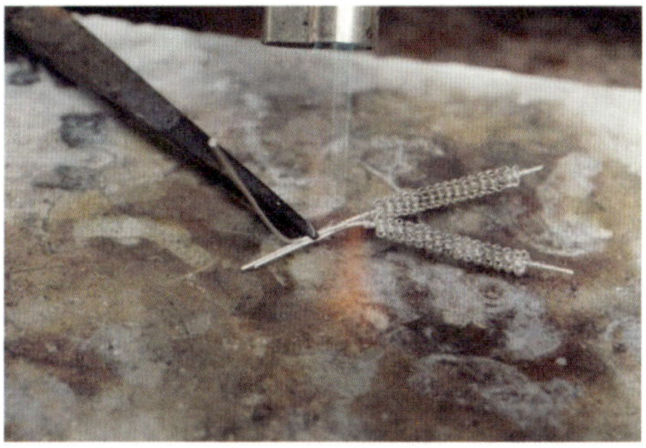

组装另外两段触角

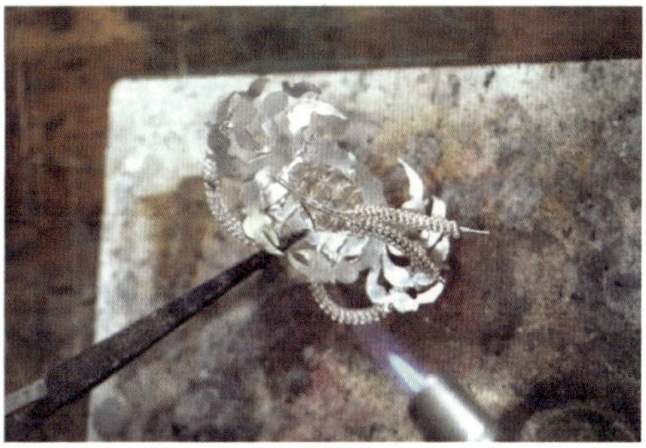

另外两段触角焊接在河蟹身体上

（21）选用直径为 4 毫米的圆形弧面宝石，用包镶的方法镶嵌宝石，用于河蟹眼睛的制作。

（22）全部组装焊接完毕后将河蟹清洗干净，根据设计的需要进行镀金。

镶嵌宝石

河蟹胸针制作完成

二、香囊吊坠的制作案例

设计思想：古代女子常佩戴香囊。香囊吊坠是运用花丝工艺制作而成。香囊主体是铜钱纹，其上加以万字纹装饰。

材料和工具准备：0.3 毫米和 0.16 毫米的 999 银丝、0.37 毫米的银片、搓丝板、绕线棒、金属剪、耐火砖、石棉板、镊子、焊粉、银焊膏、明矾水、硼砂水、香囊模具、膘丝棍、抛光机等。

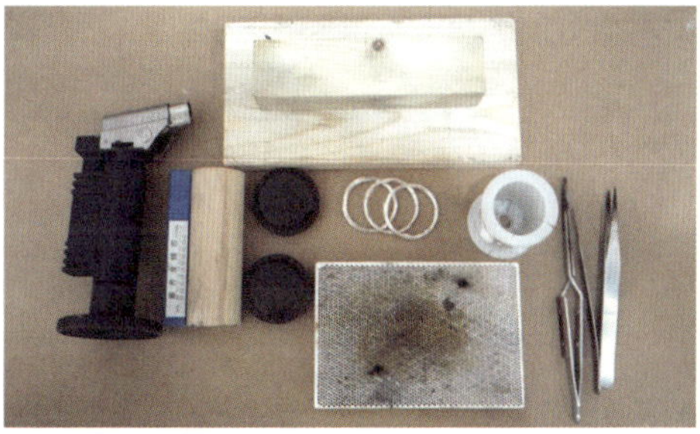

材料准备

制作过程：

（1）截取一段直径为 0.3 毫米的银丝，将银丝缠绕在膘丝棍上，末端绑紧。

（2）将绑紧的银丝放在耐火砖上，用散火进行正反两面退火。

银丝缠绕在膘丝棍上

银丝退火

（3）截取一段银丝搓制花丝。将银丝展开从中间对折，逆时针扭转。把银丝放在搓丝板上，左手捏住一段银丝并用拇指和食指捏紧，右手拿搓丝板向前轻轻推动。

（4）当银丝向前搓不动时，用膘丝棍把银丝盘起进行退火。

搓制花丝

花丝退火

（5）退火后按照上述方法继续重复搓丝 2 ～ 3 次，直至把两股银丝搓成麻花状，螺纹的密度均匀、紧密即可。

（6）借助绕线棒用花丝制作直径为 3.2 毫米的螺丝。左手将花丝的一端固定在相应型号的绕线棒上，右手握紧银丝以顺时针方向缠绕。丝与丝之间要紧密，尽量不要有缝隙。缠绕完成后从绕线棒上取下来，螺丝制作完成。

花丝搓制完成

制作螺丝

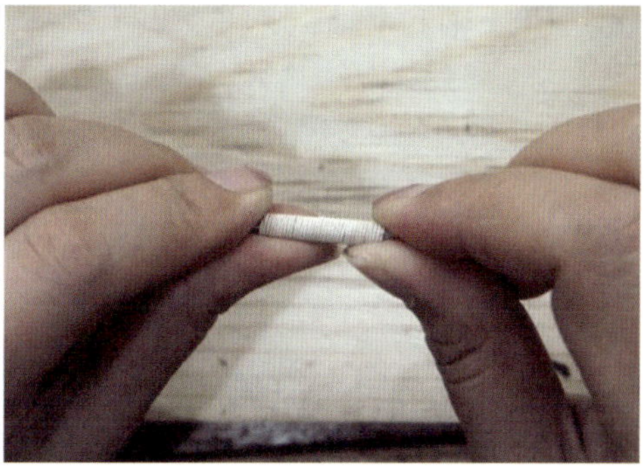
丝与丝并紧

螺丝制作完成

（7）运用相同的方法，采用相应型号的绕线棒制作一段直径为 3.4 毫米的螺丝。

（8）将制作好的两段螺丝放在耐火砖上进行退火，退火后将螺丝套在相应型号的绕线棒上整形。将丝与丝并紧，确保螺丝之间无缝隙。

（9）将螺丝剪成多个圆环。用黑色记号笔在螺丝上绘制一条垂直于螺丝横截面的直线，用金属剪刀顺着标记把螺丝剪成多个圆环。

把螺丝剪成多个圆环

（10）把两种不同型号的圆环放在耐火砖上平铺退火。用镊子调整形状，使圆环的接口对齐。

平铺圆环退火

调整圆环形状

（11）在耐火砖上绘制辅助线。在耐火砖上绘制出 x 轴和 y 轴，并以交点为圆心画一个直径为 75 毫米的圆形。

在耐火砖上绘制辅助线

（12）根据绘制的辅助线，将直径为 3.2 毫米的小圆环依次排列平铺在耐火砖上。用镊子夹取一个圆环，蘸取一点白乳胶，圆环的开口方向朝右固定在耐火砖上。每一行的最末端的圆环开口方向朝左，与左边圆环开口对齐。

圆环蘸取白乳胶

根据辅助线平贴圆环

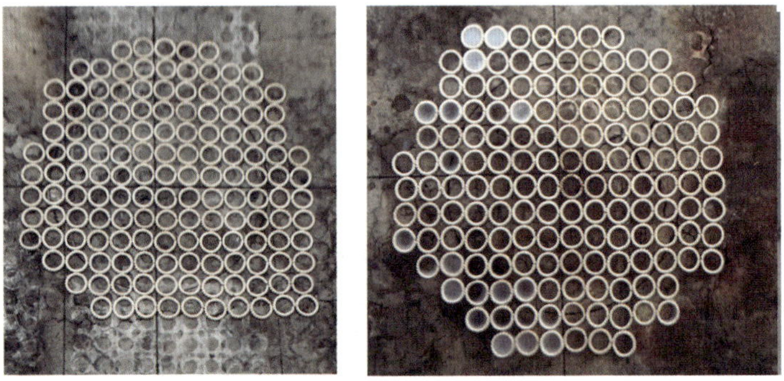

平贴圆环图

（13）调配焊粉。按照银焊膏与焊粉 1∶2 的比例进行配制。先用镊子取 1 克银焊膏，加入适量的水搅拌均匀，呈液体状，加入 2 克焊粉，再次搅拌均匀。

调配焊粉

（14）焊接直径为 3.2 毫米的圆环。用镊子夹取调配的焊粉，放在圆环与圆环的交界接口处，将圆环依次点焊药后点焊焊接。第一层圆环焊接完成。

摆放焊药

焊接第一层圆环

（15）焊接完成后，检查圆环是否焊接牢固。如果有接口没有焊牢，则进行二次补焊。

（16）制作铜钱纹，组装第二层圆环。把直径为 3.4 毫米的圆环接口处打开，穿过第一层焊接摆放的直径为 3.2 毫米的圆环的接口处。直径为 3.4 毫米圆环的下端接口与直径为 3.2 毫米圆环的接口重叠。

圆环接口处打开

圆环穿过第一层焊接的圆环

（17）把直径为 3.4 毫米的圆环接口处对齐，确保每个接口都和直径为 3.2 毫米的圆环的接口重叠。

直径为 3.4 毫米圆环接口处对齐

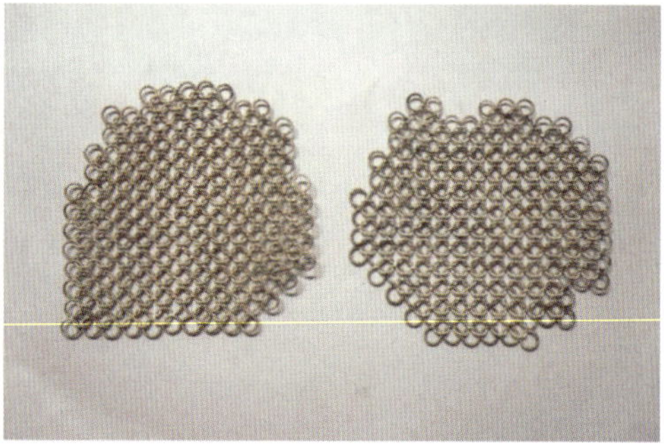

第二层圆环穿插完成图

（18）用小毛刷在圆环上蘸硼砂水，撒焊粉用于焊接。

第二层圆环涂硼砂水和撒焊粉

（19）用干毛刷扫掉多余的焊粉，用小号焊枪进行焊接。先用散火整体预热，再用聚火逐个焊接，直至焊粉熔化。

第二层圆环焊接

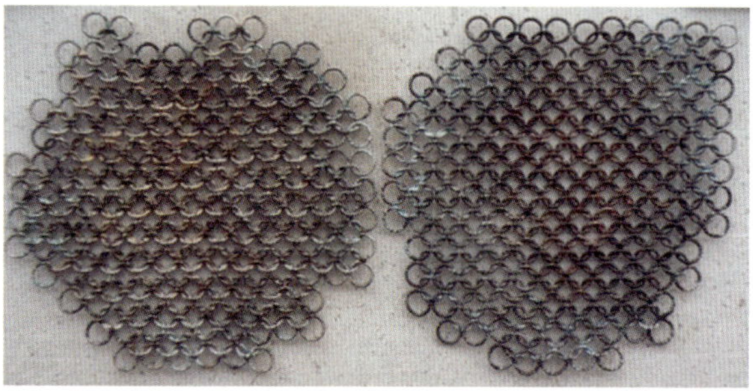

焊接完成图

（20）将焊接好的铜钱纹放入煮沸的明矾水中煮 2 ～ 3 分钟进行清洗。

（21）检查铜钱纹是否焊接牢固。如果有漏焊，则根据焊点选取大小适中的焊药进行补焊。

（22）采用 JewelCAD 或者 Rhino 软件绘图，绘制出 2.8 毫米厚、整体直径为 41 毫米、带有凹槽的圆形外框，凹槽内圈圆形直径为 39 毫米。

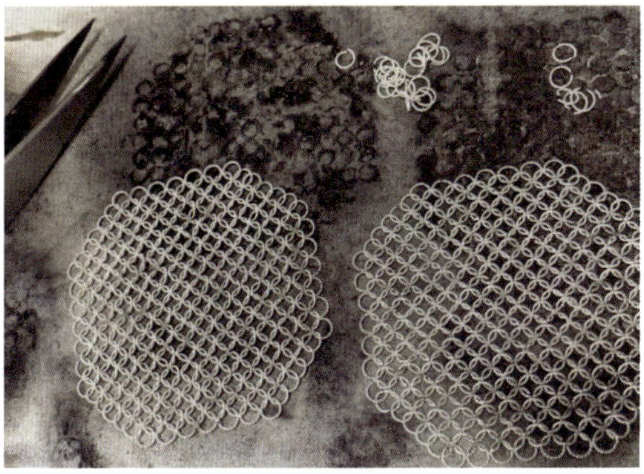

清洗杂质

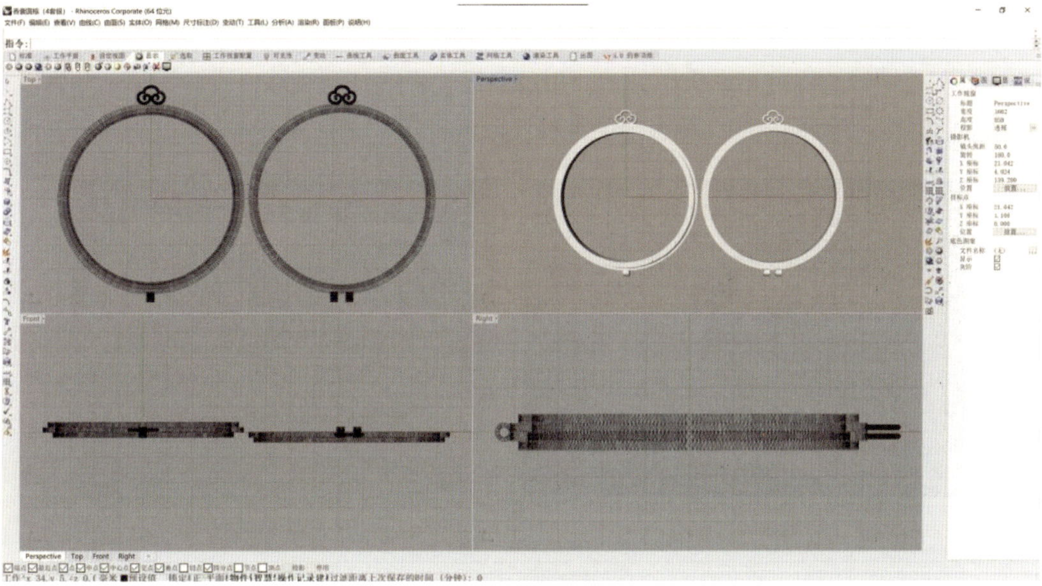

Rhino 建模示意图

（23）香囊外轮廓制作。采用失蜡铸造的方法制作出 925 银外框，将水口剪掉后用锉刀进行锉修，抛光打磨。

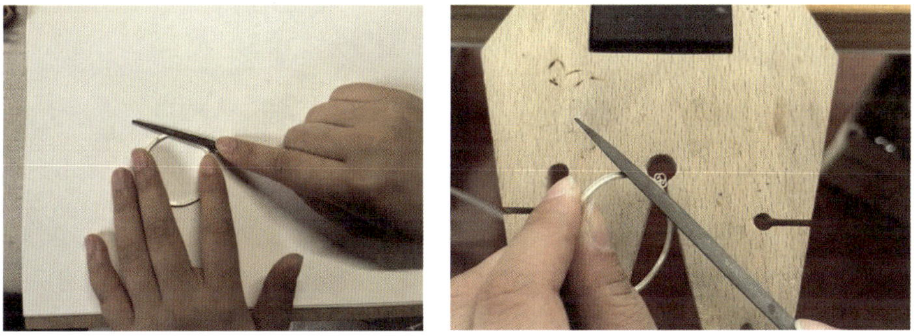

锉修

（24）制作香囊模具。根据要制作的香囊的大小，用木头制作出直径为 38 毫米的半圆形弧面，用于铜钱纹定型。

模具图

（25）把铜钱纹固定在木头模具上，用胶皮锤轻轻锤打铜钱纹，使铜钱纹表面光滑平整且呈半弧形。整形完成后，将多余的铜钱纹剪掉。

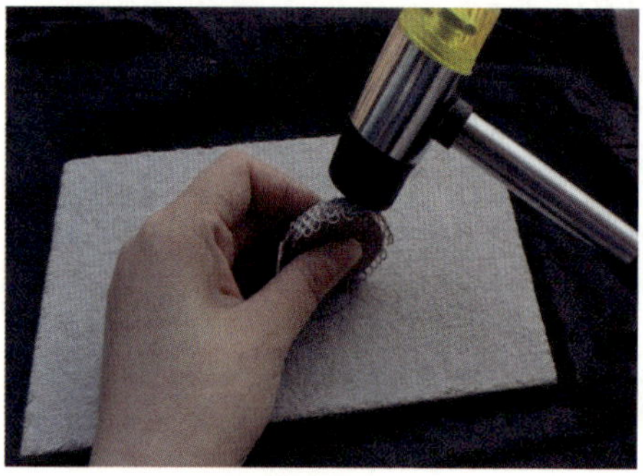

调整铜钱纹形状

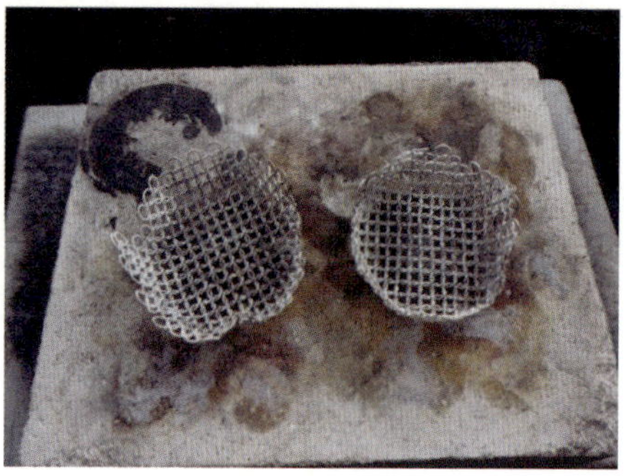

铜钱纹呈半弧形

（26）把铜钱纹焊接在香囊外框上。把铜钱纹套在香囊底框内侧凹槽内，在外框凹槽内和铜钱纹交界处涂抹硼砂水，撒上焊粉，用小号焊枪软火加热直至焊药熔化自然流动。

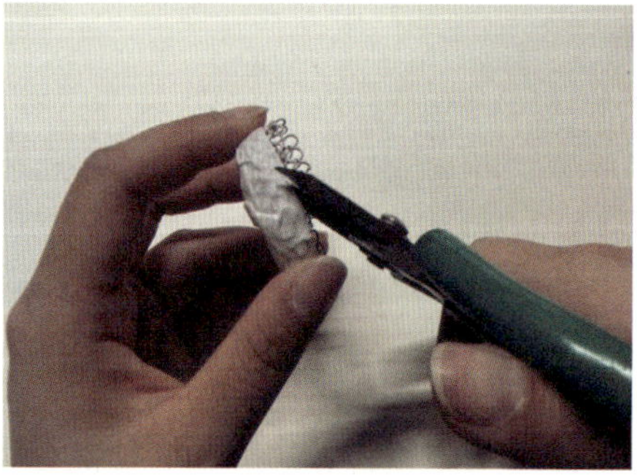

将多余的铜钱纹剪掉

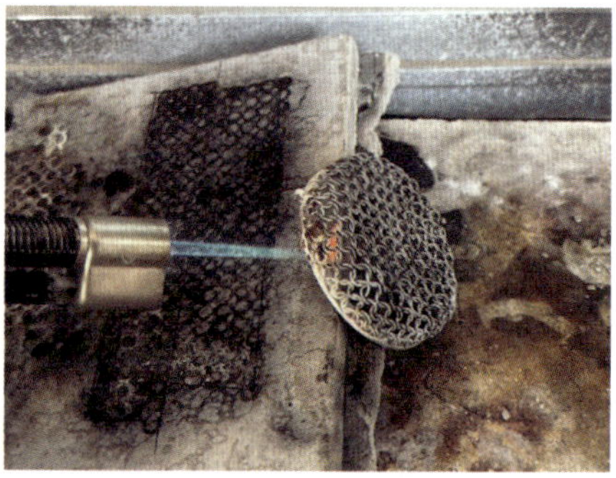

将铜钱纹焊接在香囊外框上

（27）检查焊接是否牢固。将焊接后的香囊放在煮沸的明矾水中清洗。检查接口是否焊接牢固。如果有漏焊的地方，可以用低温焊药进行补焊。

（28）香囊装饰图案制作。将设计稿打印在A4纸上，通过转印液或复写纸拓印到0.37毫米的银片上。

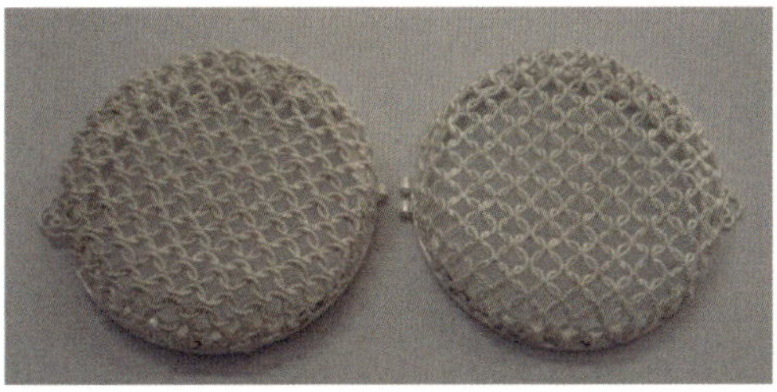

检查焊接是否牢固

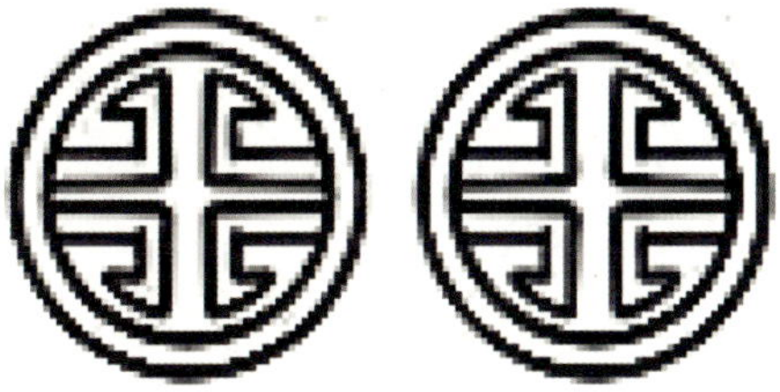

香囊装饰图案

（29）重复（1）～（5）步，将用0.16毫米粗的银丝搓制成花丝，将花丝用尖嘴镊子沿着图案的外轮廓掐制。每掐制1厘米后用牙签蘸取适量的502胶水点涂在银丝边缘，直至图案掐制完成。

图案掐制完成

（30）焊接装饰图案。抹硼砂水和焊药，用大火从背面加热直至焊药熔化焊接完成。沿着银丝外边缘将图案用锯弓锯下，边缘打磨光滑后备用。

掐制银丝图案焊接

锯切图案部件

（31）花丝图案与香囊底托焊接。将制作好的图案放置在香囊的正中间，用聚火垂直向下加热直至焊药熔化，花丝与香囊底胎焊接完成。另一面重复此操作。

（32）组装香囊。检查制作好的香囊两面是否能正常开合，调整塑形后用 1.0 毫米的银丝穿入 1.1 毫米的开合关节中，弯成半圆形的环首尾焊接。

图案焊接在香囊底托上

组装香囊

（33）清洗香囊。把香囊放入煮开的明矾水中清洗，清洗完成后将香囊放入抛光机内抛光。香囊制作完成。

制作完成图

根据设计需要，可以将香囊进行点翠或者镀金。

第五节　编织制作案例

作品《生命的绽放》设计灵感来自酸浆（别名“红姑娘”）果实晒干之后的外皮纹路与形态。作品采用金属编织工艺，外层用金属丝编织包裹内部玻璃球。作品设计包含一个主体项链，胸针、耳坠、手镯和三枚戒指。作品中呈现的包裹与半包裹的状态体现了人的成长：在家人庇佑下长大的我们，逐渐从保护壳中走出，去探索这个充满魅力的世界。面对机遇或险境，我们最终会凭借自身的努力绽放生命的光彩。

《生命的绽放》设计稿

一、材料和工具准备

彩色玻璃珠，0.25 毫米、0.3 毫米、0.6 毫米粗的银丝，1.9 毫米粗的钩针，金属剪，钩针，尖嘴钳。

二、项链的制作方法

（1）按照项链设计稿编织半球形，采用钩针编织的技法。用 0.3 毫米粗的银丝编织成一个半球形，用来包裹玻璃珠。

（2）将银丝打结成一个环形扣，固定在钩针前端，右手拿钩针从圆形环中进入，左手拽紧银丝围绕钩针转一圈，钩针从银环中钩出一个圆圈，开始起针。

《生命的绽放》项链设计稿

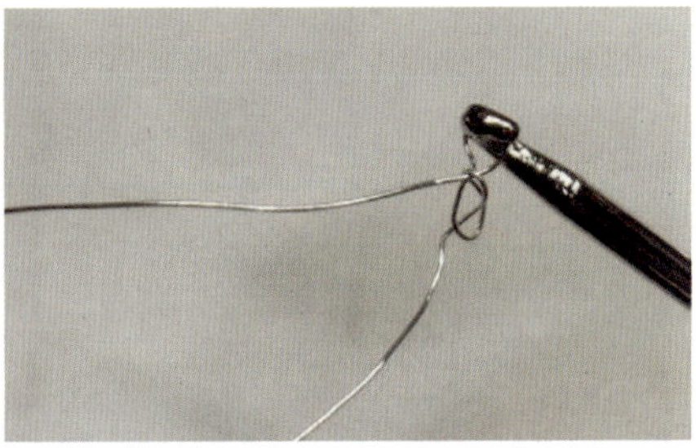

编织环形扣

（3）用同样的方法连续钩出 5 个圆圈，把第一个圆圈和第五个圆圈叠在一起，钩针从这两个圈中间再钩出一个圆圈，固定结尾，5 个圆圈首尾相连形成一个圆形。

（4）在现有的圆形基础上逐渐加针使其成为一个半球形。

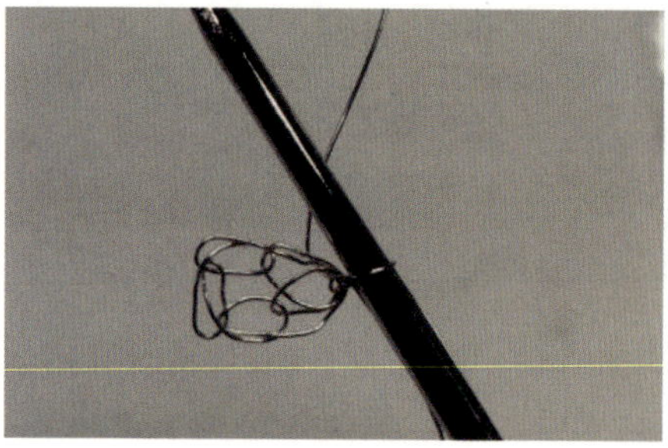

编织圆形底

编织半球形

（5）根据玻璃珠大小继续加针编织。仔细对比玻璃珠的大小，钩到玻璃珠的最大直径就结束。

（6）把玻璃珠放入钩好的半球形内部，根据玻璃珠大小逐渐减针，编织收口把玻璃珠包裹紧实。

玻璃珠外框

玻璃珠外框收口

（7）钩好一个玻璃球外框后，在收尾时钩出连接部位，继续编织下一个玻璃珠外框。

（8）编织好 2 个相同的各含 7 个玻璃珠外框的链条。

玻璃珠外框连接

项链链条

（9）根据设计稿，编织项链主体中间的花朵。项链主花分为内外两部分，采用上文提到的钩针技法编织，外层的半球形的体积要比内层的大。

（10）用针穿上银丝，将内外两层缝合起来加以固定。

项链单个主花部件

项链单个主花组合

（11）通过以上编织方法，根据设计稿，把中心主花部分制作完成并组装固定。

（12）制作项链支撑轴。根据设计采用 0.6 毫米粗的银丝为主轴，用 0.3 毫米粗的银丝从右到左绕线留环。

项链主花固定

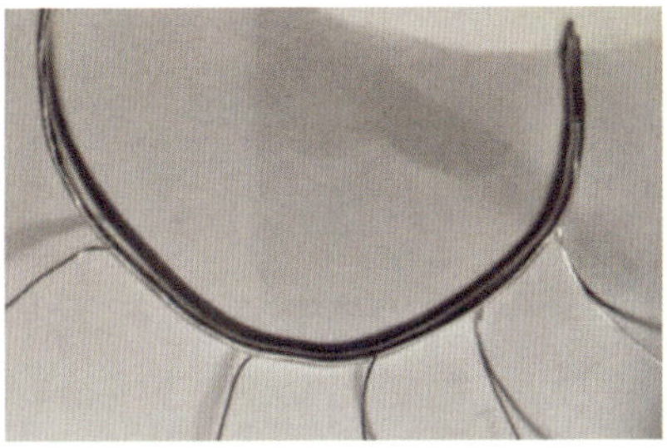

项链支撑轴

（13）根据设计图，将编织的花分别摆放在留环处，用金属丝将其缝到主轴上。

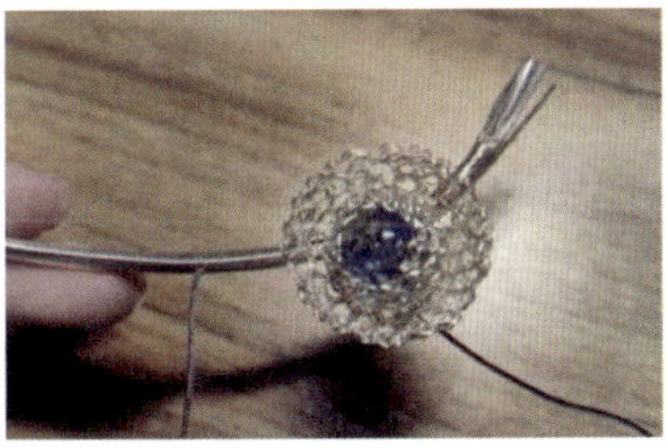

项链单个主花缝合

（14）继续缝合组装，采用相同的办法，直至第一层组合完毕。

项链多个主花缝合

项链第一层主花缝合

（15）采用编织缝合的方法，直至所有零部件组装完毕。

项链缝合背面图

项链主花缝合完成

（16）采用 0.3 毫米粗的银丝把项链制作的主体部分与前面编织的部分组装，项链制作完成。

项链组合图

项链完成图

三、胸针的制作方法

（1）采用 0.3 毫米粗的银丝，用钩针编织成半圆形底托，将玻璃珠放入后再减针使其包裹紧实。

（2）胸针的外框制作。采用 0.3 毫米粗的银丝编织成圆形的底托。

玻璃珠包裹图

胸针外框图

（3）根据设计图的大小，逐渐加针编织成相应直径的圆形；达到直径后，开始按照规律减针逐渐包裹起玻璃球。

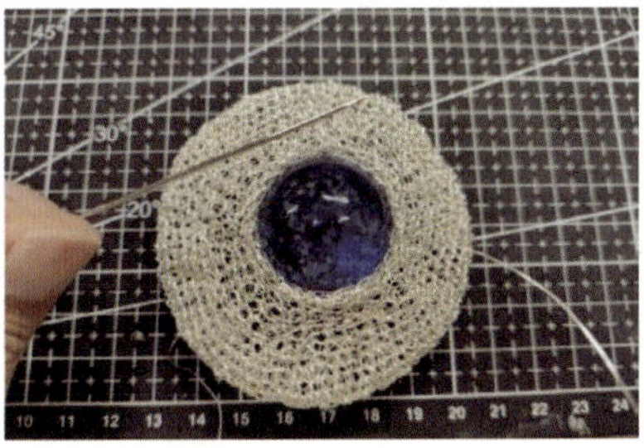

胸针外框收口图

（4）用较粗的钢丝制作胸针背针。由于胸针本身重量较重，需采用上下两针的胸针别法。用针把别针和胸针缝合固定，胸针制作完成。

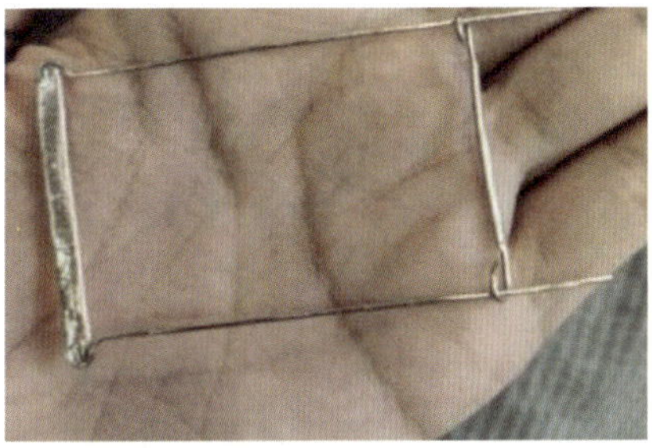

胸针制作图

胸针完成图

四、戒指 1 的制作方法

（1）根据戒指设计图制作第一个戒指。采用 0.3 毫米粗的银丝编织成半圆形底托，再根据玻璃珠大小逐渐加针编织成半包裹的半球形，编织到一定半径时进行减针，使金属丝将玻璃球包裹紧实。

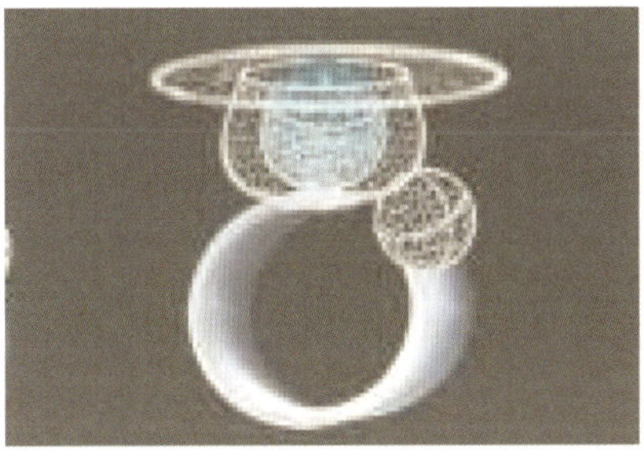

戒指 1 设计图

玻璃珠包裹图

（2）根据戒指的外形编织圆形的底托，将第一层包裹。根据编织的内部大小，逐渐加针编织成相应直径的半球形，继续加针将外层编织成圆形。

（3）采用相同的办法把戒指另一端的小球编织完成，将直径为 12 毫米的玻璃球放入编织成型。

戒指 1 外形

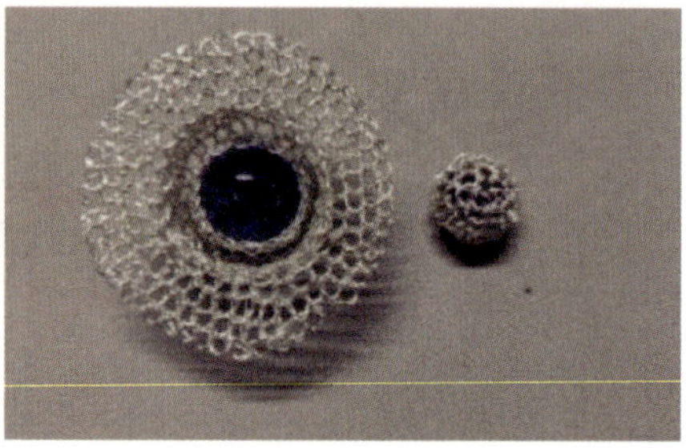

戒指 1 部件

（4）采用平板编织技法，用 6 根 0.6 毫米粗的银丝做主轴，用 0.3 毫米粗的银丝从左向右将主轴编织成平板状。

（5）根据圈口大小，借用戒指铁，固定敲击成戒指圈，做成活口戒圈。

戒指 1 戒圈编织图

戒指 1 戒圈

（6）采用 0.25 毫米粗的银丝，将编织的两个部分和戒指圈固定缝合。完成后，调整外形。戒指 1 制作完成。

戒指 1 缝合图

戒指 1 完成图

五、戒指 2 的制作方法

（1）采用 0.3 毫米粗的银丝编织成半圆形底托，根据玻璃珠大小逐渐加针包裹玻璃球，编织到球半径时要减针，使其包裹紧实。

（2）根据设计图编织第二层。先钩成圆形的底，再根据内部大小逐渐加针编织成半球形，到顶部后开始减针，编织成水滴形。

玻璃珠包裹图

戒指 2 外形图

（3）采用平板编织的方法制作戒指圈，并用戒指尺固定成合适的圈口。

（4）用编织缝合的方式，将主体物与戒指臂从底部编织成型固定。

戒指 2 戒圈

戒指 2 完成图

戒指 3 的制作参考戒指 1 和戒指 2。

六、手镯的制作方法

（1）根据手镯的设计图，准备 0.6 毫米粗的银丝和 0.3 毫米粗的银丝。

（2）采用平板编织技法制作手镯主体。将 0.6 毫米粗的银丝退火后拉直，切割为 6 根做主轴。

手镯设计图

银丝退火图

（3）采用 0.3 毫米粗的银丝进行从左到右横向编织。

（4）手镯的主体编织好后，用金属剪把两端剪齐，再用尖嘴钳把两端弯成圆形，方便固定金属丝。

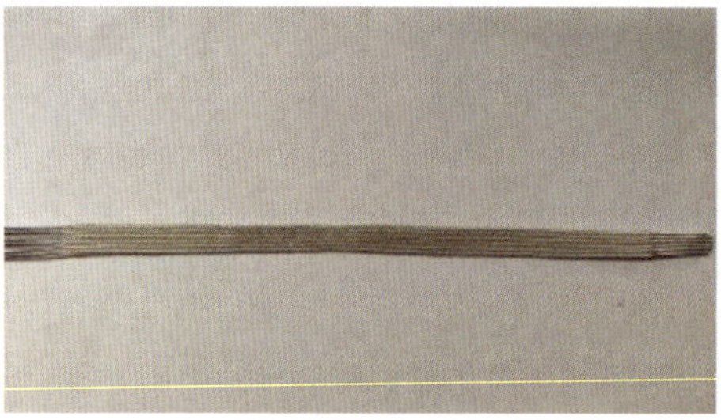

平板编织图

手镯圈完成图

（5）编织手镯主花，其技法与项链主花相同。根据玻璃珠大小逐渐加针编织成半包裹的样子，编织到半径时进行减针，使其包裹紧实。根据主体花卉编织第二层，采用相同的方法加针编织成半弧形，采用相同的方法制作大小不同的四个主体物。

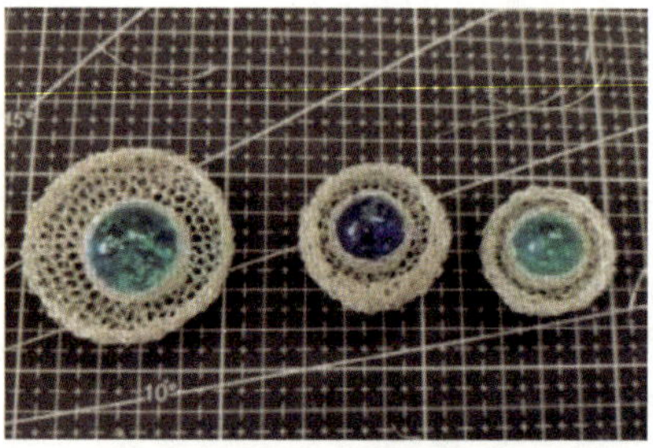

手镯主花部件图

（6）用银丝将编织的花形与手镯圈口缝合固定，手镯制作完成。

手镯缝合图

手镯完成图

采用与手镯相同的方法制作耳坠。

耳坠完成图

七、后期处理

把所有的部件都编织完成后，仔细检查有无锋利的金属丝，如有，就用镊子调整，使其外轮廓圆润流畅，最终完成作品的制作。

《生命的绽放》完成图

第六节　综合制作案例

本节以两位同学的毕业作品为案例，讲解通过运用首饰多种材料与工艺实现设计的创作过程。

一、《穿梭》设计创作过程

（一）设计稿绘制

《穿梭》作品展现的是飞机在天空中与白云为伴自由穿梭的情景，设计元素选取飞机和云朵两种形态，运用花丝工艺和大漆工艺制作而成。设计稿包含八个胸针，有的飞机被云朵遮挡，有的飞机平行于云朵，其动态不一，展现了飞机在天空中不同角度的飞行。

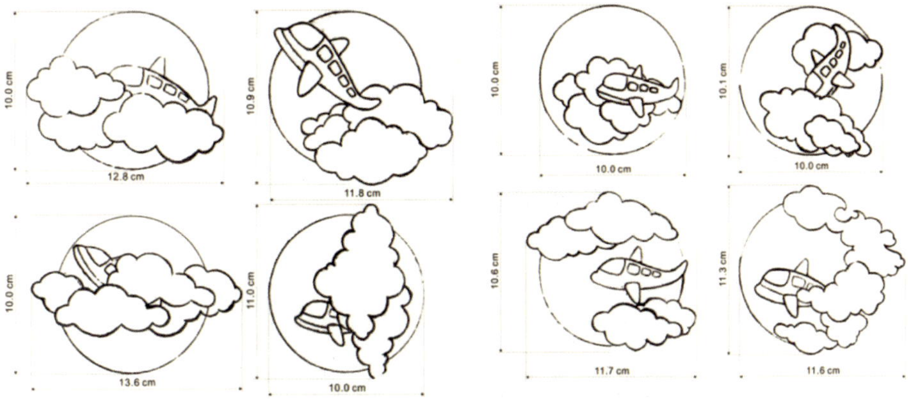

《穿梭》设计稿

（二）材料准备

0.8 毫米宽的扁银丝、0.5 毫米宽的扁银丝、0.3 毫米银丝、天然生漆、天然白色大漆、白色蛋壳等。

（三）胸针制作过程

1. 制作云朵

（1）根据设计稿，用 0.8 毫米宽的扁银丝掐制云朵的外框，用镊子将形状调整均匀。

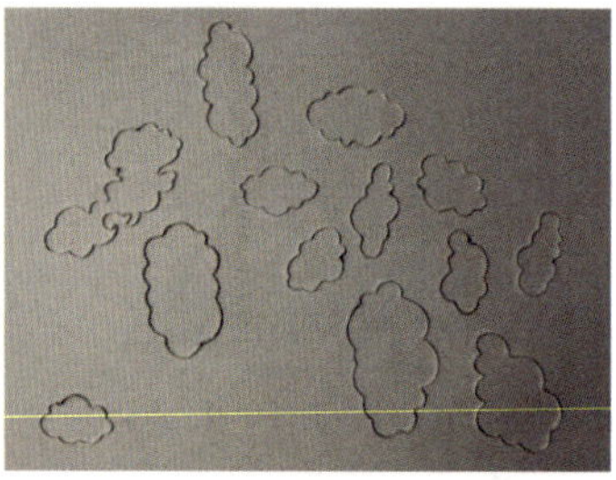

云朵外框

（2）截取一段 0.3 毫米粗的银丝搓制花丝。先将银丝退火，恢复金属的延展性。将银丝从中间对折，逆时针扭转。把银丝放在搓丝板上，左手捏住一段银丝并用拇指和食指捏紧，右手拿搓丝板向前轻轻推动，直至把两股银丝搓成麻花状，螺纹的密度均匀、紧密。

（3）将搓制的花丝压制成 0.8 毫米宽的扁花丝，根据云朵外框的形状往里填扁花丝，丝与丝之间疏密有度，展示云层清透的感觉。

花丝

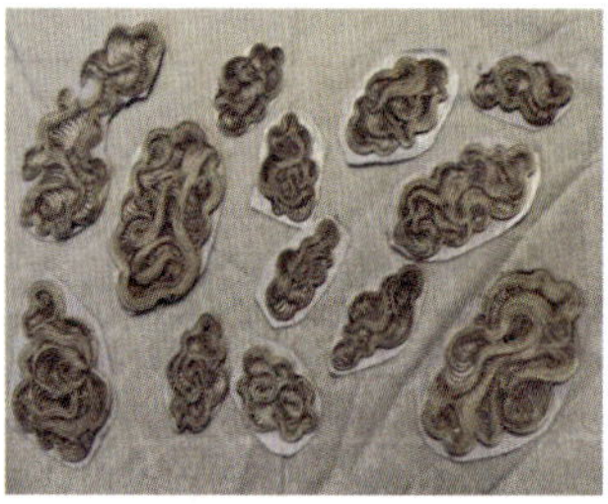

云朵填丝

（4）把 4 朵云焊接在一起为一组，云朵之间有叠压，让云层形成错层。

4 朵云焊接在一起

（5）选取 0.5 毫米厚的银片，根据设计稿进行镂空锯切成云朵的形状，用来做胸针的底托。

银片锯切图

（6）将 0.5 毫米宽的扁银丝圈制成直径为 10 厘米的圆环，用来做胸针外框，末端进行点焊焊接。

（7）把每一组云和锯切的银片分别焊接在直径为 10 厘米的圆形外框上。根据设计稿，分别焊接 8 个胸针。

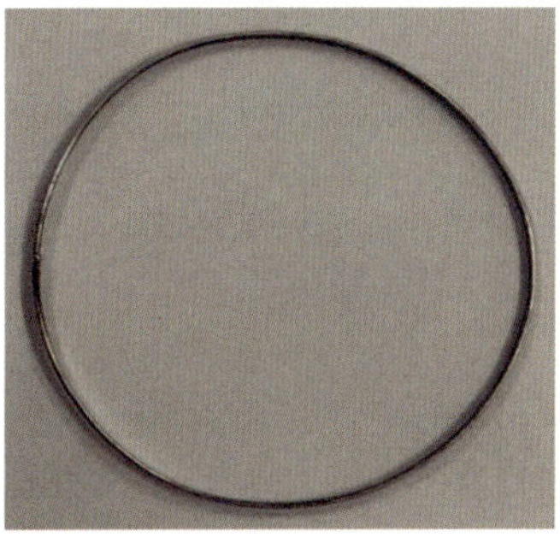

圆环

云朵组装图

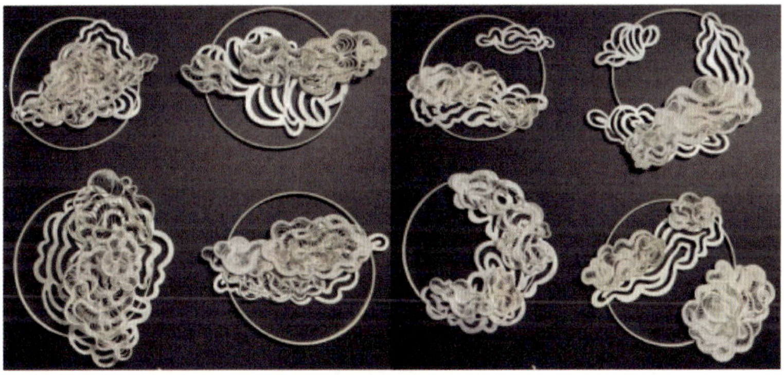

云朵焊接完成图

2. 制作飞机

（1）用 0.5 毫米厚的硬纸板切割出飞机的轮廓。

硬纸板飞机

（2）把硬纸板飞机涂一遍生漆和三遍白色大漆。每次刷完漆需放在阴房晾干 1 ～ 2 天，待漆的表面干燥后再次刷漆。

（3）将白色鸡蛋壳用蛋壳刀切成小块，在飞机的表面涂白色大漆后用镊子将蛋壳贴在飞机表面，要求表面平整、无缝隙，然后放在阴房晾干。

（4）在贴好蛋壳的飞机表面涂白色大漆，放在阴房晾干。反复涂五遍白色大漆，直至表面平滑。

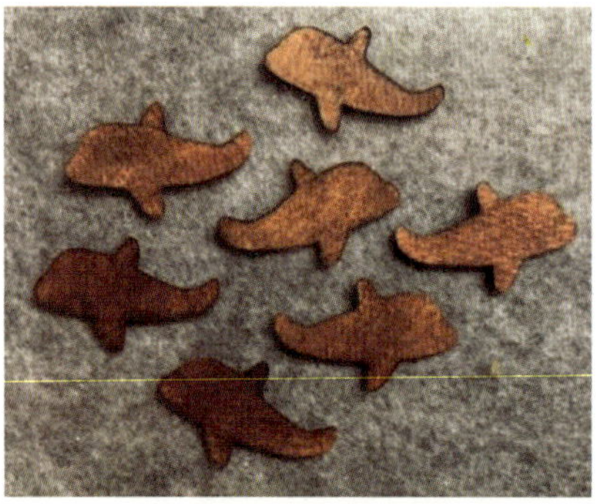

飞机涂生漆

飞机涂白漆

贴蛋壳

蛋壳表面涂白漆

（5）用 600 目的砂纸打磨涂漆的表面，使蛋壳表面呈现碎裂的效果。

（6）用首饰 AB 胶把大漆飞机配件粘贴固定在金属云朵上，胸针组装制作完成。

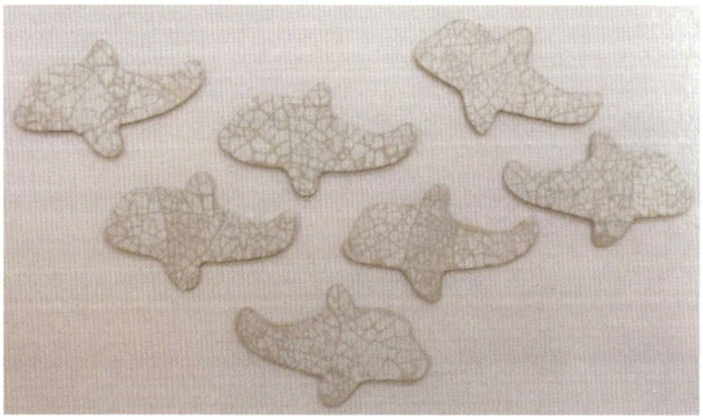

完成砂纸打磨

飞机粘贴在云朵上

胸针制作完成图

二、《蓝·愫》设计创作过程

（一）设计稿绘制

以金属材料为媒介，在传统蓝印花布与现代首饰形态之间构建一种“共生关系”。在接受来自历史馈赠的优秀沉淀物中加入当代设计与审美元素，使现代与传统相互影响、共荣共生。

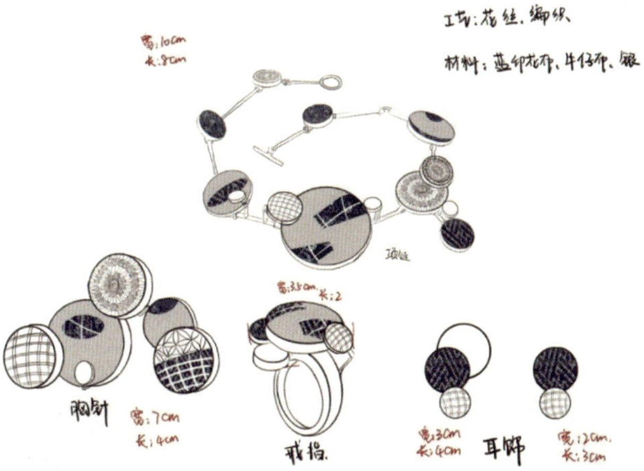

《蓝·愫》设计图

（二）材料和工具准备

0.6 毫米厚的 999 银片、窝作、0.8 毫米粗的银丝、1.5 毫米粗的银丝、0.8 毫米宽的扁丝、0.3 毫米粗的银丝、0.55 毫米粗的方银丝、0.4 毫米粗的银丝、透明大胶带、蓝印花布、锯条、锉刀、戒指棒、砂纸轮、压延机、2.6 毫米的银链等。

（三）项链制作

（1）根据设计稿，将 1.5 毫米粗的银丝过压延机，压成 2 毫米宽的扁丝做项链主体外框。

银丝过压延机角度照片

（2）将 2 毫米宽的扁丝绕塑料管围成一个直径为 3.6 厘米的圆形，用高温焊药点焊接口。

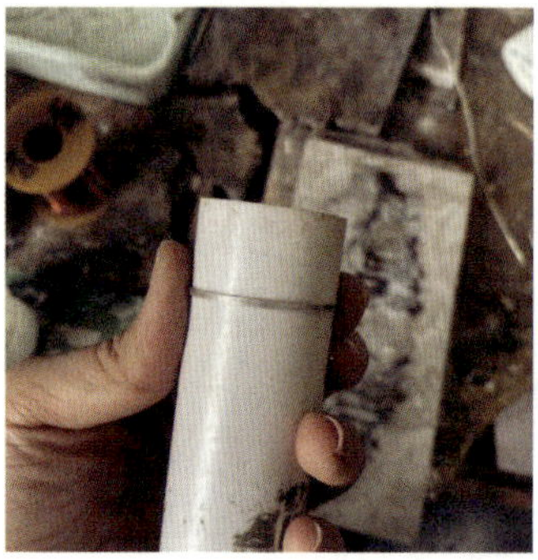

圆形外框固定

圆形外框点焊

（3）把焊接好的圆环放在 0.6 毫米厚的银片上进行焊接，用高温焊药焊接接缝。

圆环与银片焊接

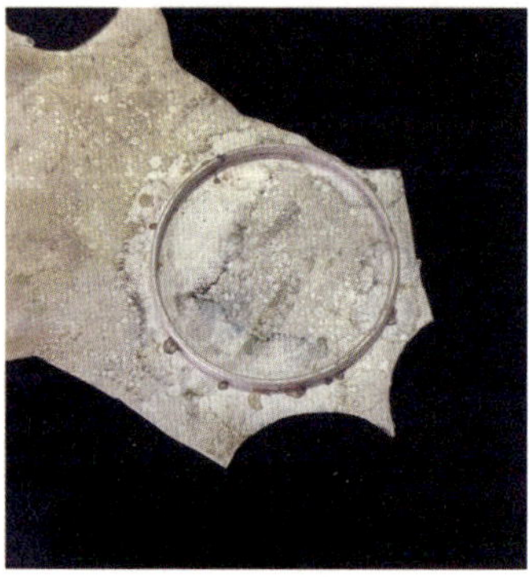

圆环与银片焊接完成

（4）检查焊接好的底托接口是否封闭，用锯条沿着外边缘将圆环锯切成型，用锉刀锉修边缘，修整成型。

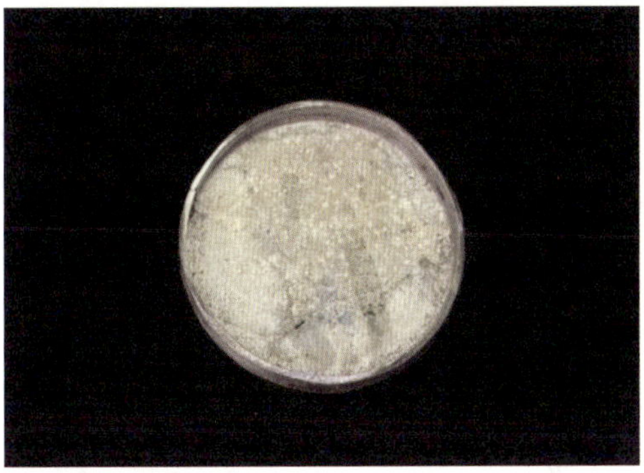

用锉刀修整边缘

（5）选用 0.6 毫米厚的银片，锯切一个直径为 4 厘米的圆片。将圆形银片退火后，固定在窝作上，定型成直径为 3.6 厘米的半弧形，使其与前面焊接好的底座圆片重合。

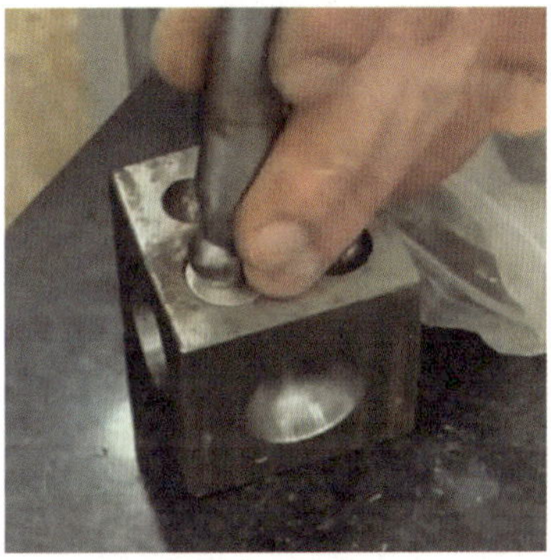

窝作固定成型

圆片呈半弧形

（6）把直径为 3.6 厘米的半弧形圆片固定在圆形银托上进行焊接，用中温焊药点焊焊接接口，焊接后用锉刀修整边缘，项链中间主体制作完成。

（7）准备一捆 0.3 毫米的银丝过压片机压成 0.4 ～ 0.5 毫米宽的扁丝，退火后剪成 35 根长度为 7 厘米的银丝。根据需要的圆片大小来确定具体使用几根银丝：圆片越大，银丝数量越多。

项链主体制作完成

剪成一样长度的扁丝

（8）准备一截透明胶，把透明胶贴在桌面上，然后把一根根银丝粘在胶带上排放整齐，再用胶带把银丝的头部包裹住固定。

（9）放在台钳上固定银丝头部。

（10）把银丝一上一下分开。

银丝排放整齐

银丝上下分开

（11）选一根银丝竖着折叠在中间，进行经纬交叉编织。

银丝竖着折叠在中间

经纬交叉编织

（12）把横放在中间的银丝向上方折叠，与其余银丝同一个方向，开始编织下一排。

编完第一排

把横放银丝拉入上排银丝

（13）与第一排步骤一致，选一根银丝横放在中间，以此类推，直到编完所剩长度银丝。

第二排银丝横放在中间

编完所剩银丝

（14）把编好的银丝织片撒焊粉焊接。

（15）将编织好的银丝剪成一个圆片，用窝作压成有弧度的圆形编织。

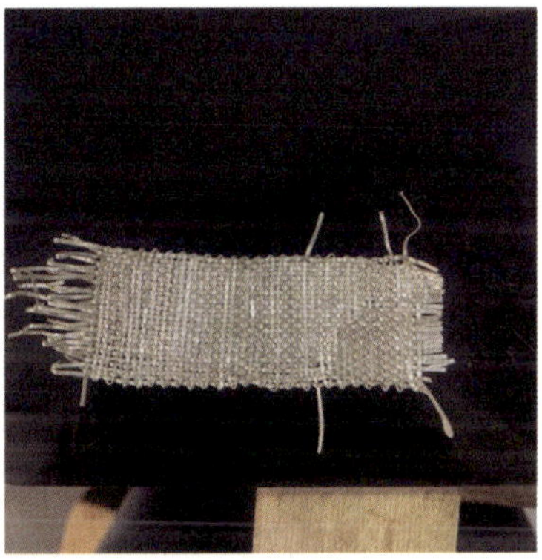

撒焊粉焊接

用窝作固定编织圆片成型

（16）制作外框。选择1.5毫米粗的扁银丝，焊接成圆形做外框。把鼓面编织圆片与焊接好的外框重合进行焊接，外框要比编织圆片厚，以包裹住编织圆片的外围，然后进行无缝焊接接口。

半弧度编织圆片

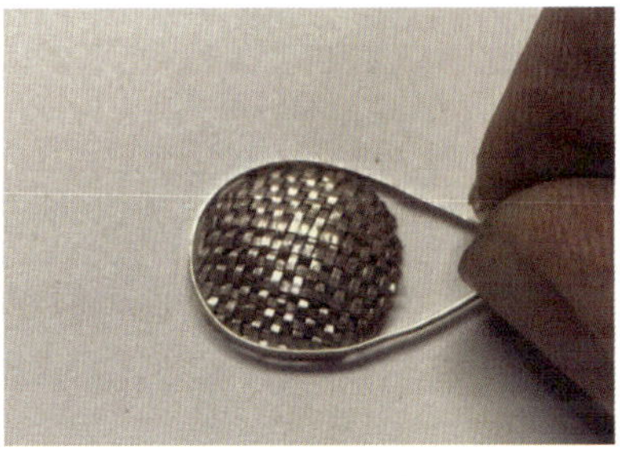

银丝包裹圆片

（17）把编织好的有弧度的织片与直径为 2 厘米的圆圈焊接，银环包裹编织圆片。

（18）在鼓面半圆上打两个洞，洞的大小与 2 毫米粗的银丝刚好吻合，把 2 毫米粗的银丝插入洞中进行焊接固定。

（19）在银片上锯出四个直径为 1 厘米的圆片，在圆片背面焊上长 1.5 厘米、粗 1.5 毫米的银丝。

圆片与圆圈焊接

银丝插入鼓面圆片

用锉刀修整银丝焊接面

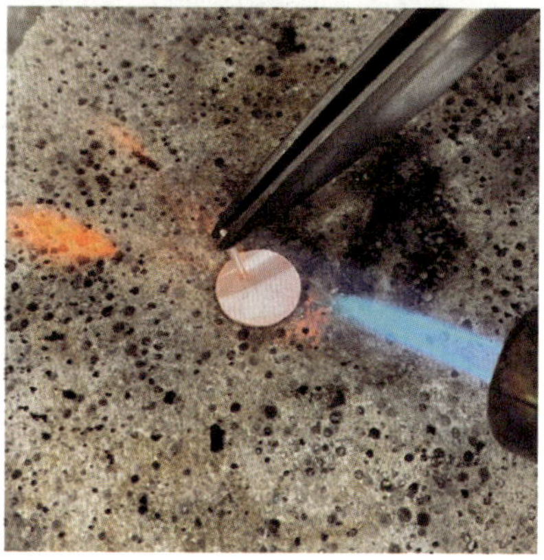

圆片与银丝焊接

（四）铜鼓配件制作

（1）铜鼓外框采用 0.8 毫米的银丝，制成直径为 2.6 厘米的圆形，用高温焊药点焊焊接接口。

（2）检查接口，用锉刀把多余的焊药锉掉。

（3）用戒指棒整形，用手往下推，使银环变圆。

（4）如果圆环不平整，在方铁上用胶皮锤轻轻敲平。

铜鼓外框制作

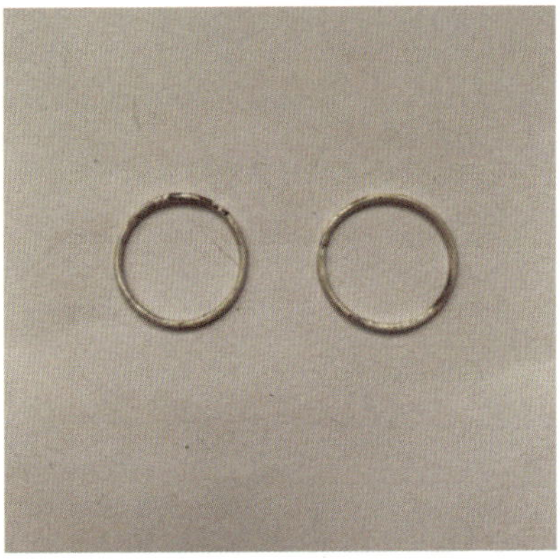

检查接口

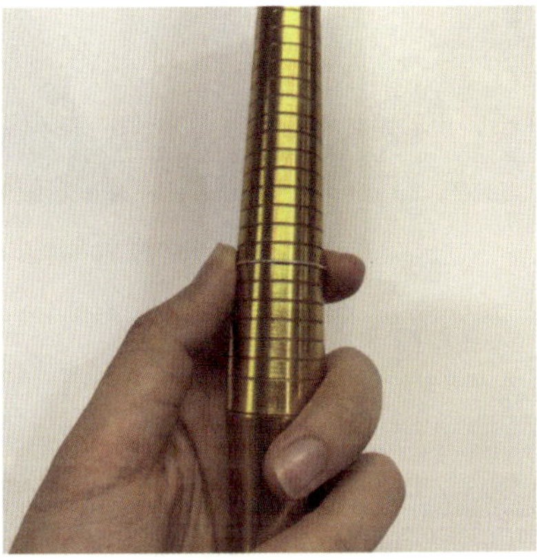

用戒指棒整形

橡胶锤敲打银环

（5）将 0.55 毫米粗的方丝退火后，进行单股搓丝。

（6）将锉好的丝过压片机压片，压到和外轮廓 0.8 毫米粗的银丝一样宽。

搓完的花丝紧密捆绑退火

（7）将压扁的花丝围着戒指棒缠绕成圆形，剪成单个银环。

（8）将花丝银环放进焊接好的外轮廓中进行填丝：先将对接头放入框中，然后左手压住接头，右手拿镊子向里将花丝推入外轮廓中。一定要塞紧，防止花丝掉出来。花丝接口和外轮廓银环的焊接接口不要对在一起。

（9）取一根木筷子切横截面做工具，钉入 2 根针。

往铜鼓外框内填入一圈压扁的花丝

木筷子里插入 2 根针

（10）将 0.4 毫米银丝过压片机压扁，宽度为 0.8 毫米。

（11）将退过火的 0.4 毫米扁银丝掐制门洞丝。

银丝过压片机压成扁丝

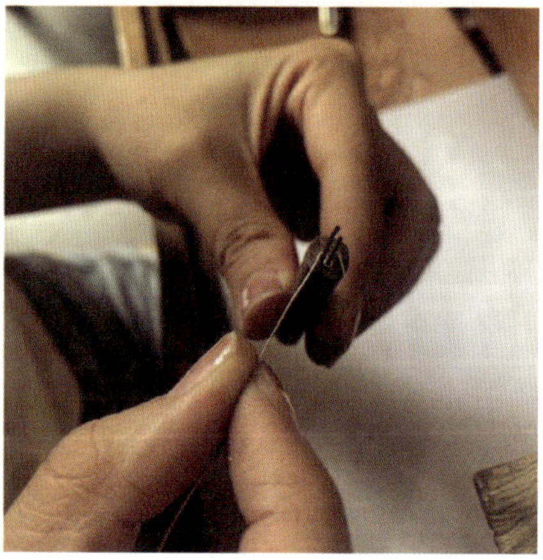

掐制门洞丝

（12）将掐好的门洞丝进行退火，备用。

（13）将退火后的门洞丝用镊子从右向左推的方式并紧，丝与丝之间无缝隙并按平。

（14）将并紧、压好的门洞丝再次退火。

（15）将退火后的门洞丝装入银环外轮廓内，用镊子从里到外夹住再次固定。

（16）再次填一圈 0.55 毫米扁丝入环内，将多余的扁丝剪断。

门洞丝退火

用镊子并紧门洞丝

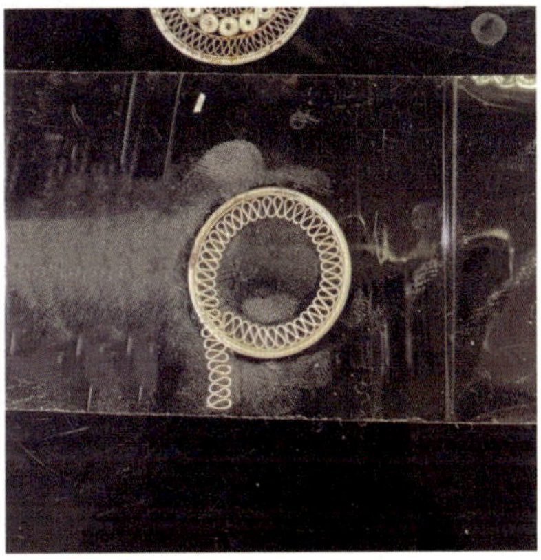
填入门洞丝

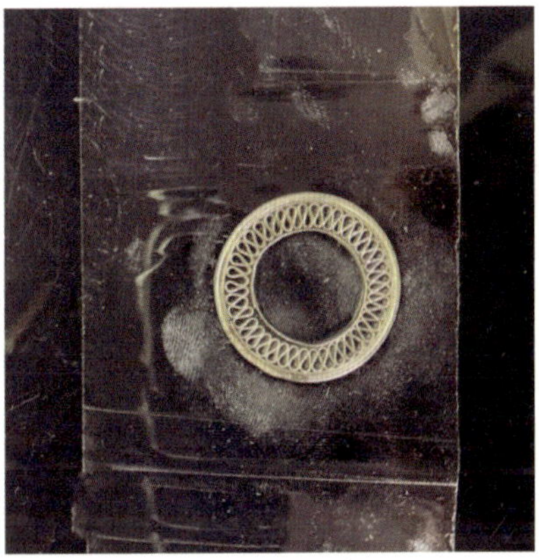
再填入一圈扁丝

（17）用镊子把压扁的 0.4 毫米的光银丝做成“8”字丝，用来填铜鼓中心。

（18）将掐好的“8”字银丝装入铜鼓中心，根据铜鼓大小填满一圈。

做“8”字丝

填入“8”字丝

（19）再填一圈 0.55 毫米的扁银丝。

（20）铜鼓中心再填一圈“8”字丝，直到填满、填紧。

（21）将填好的铜鼓蘸硼砂水、撒焊粉。焊粉要撒均匀，多余的焊粉用毛刷扫掉，用中号焊枪进行焊接。

（22）铜鼓配件制作完成。

（23）按照以上步骤再做几个不同大小、不同花纹的铜鼓配件。

铜鼓填满丝

多种花纹

（五）零部件组装

（1）重复前面的步骤，分别制成四个不同大小、不同圆面形状的半圆球，三个铜鼓，一个编织半弧度圆片，两个有底座的圆片。

（2）把这些零件用 2 毫米粗的银丝进行焊接组装。

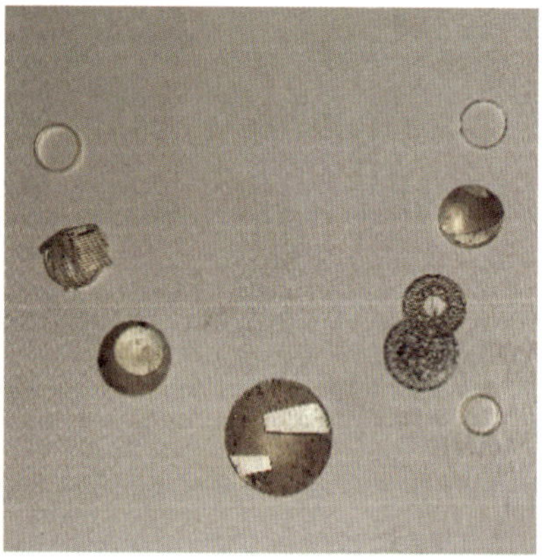

项链配件

用 2 毫米粗的银丝连接项链主体

（3）用 2.6 毫米的银链把剩余的部分连接起来。

（4）打磨抛光。

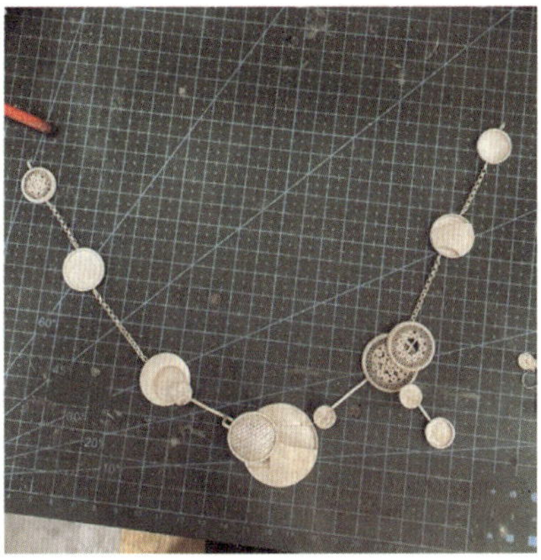

银链焊接剩余配件

打磨抛光完成

（5）整体喷砂。

进行喷砂

喷砂完成效果

（6）在半弧面的圆片里和有底座的圆环里填满蓝印花布。

项链制作完成。

项链主体填布

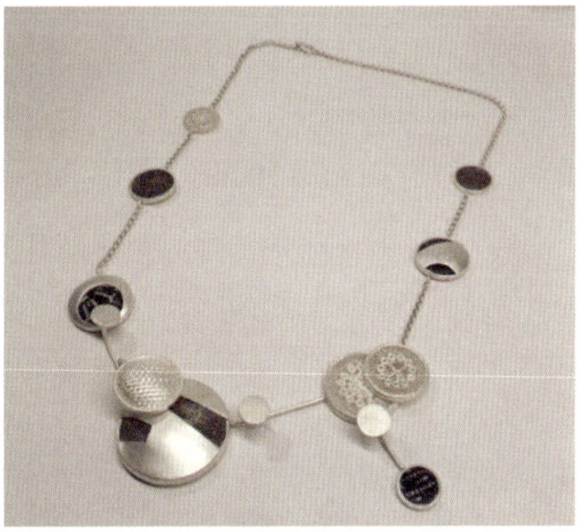

项链成品图

胸针、戒指、耳坠制作方法略。

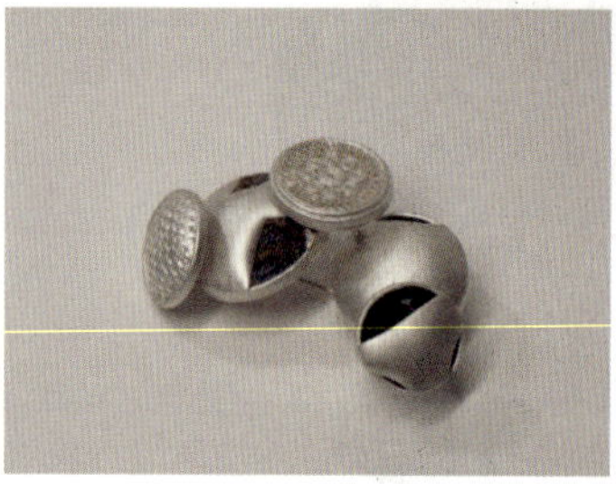

胸针成品图

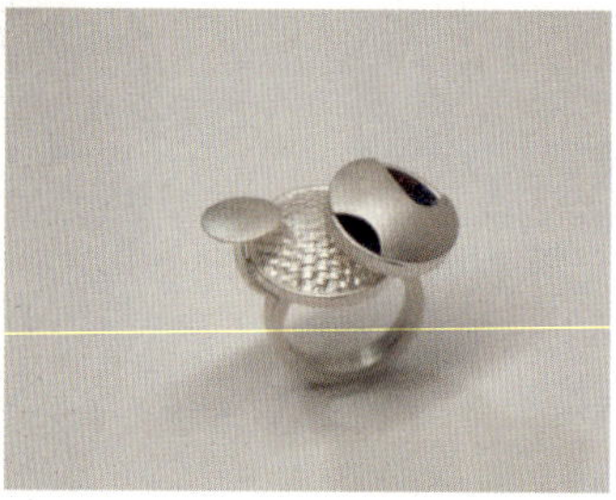

戒指成品图

耳饰成品图

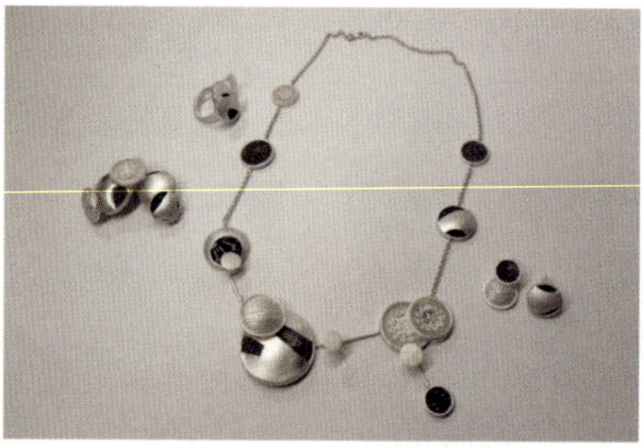

《蓝·愫》成品图

第七节　课程作品赏析

一、作品：Across

作者：薛凯月

作品材料：纯银、白铜、纸

作品尺寸：项链 3cm × 50cm、耳饰 3cm × 4cm

Across（薛凯月）

制作工艺：焊接、折纸

设计说明：《山海经》中说："风道北来，天乃大水泉，蛇乃化为鱼，是为鱼妇。颛顼死即复苏。"本作品以蛇重生为设计思路，象征生命的蜕变：自死来，往生去。面对诸如天灾、疫情等困境之时，能如蛇一般蛰伏，待冬去春来，复苏重生，积蓄力量重新出发。蛇的自然属性与非自然属性叠加，具有浓厚的历史文化沉淀，承载着人文思想与情感向往，体现出中国传统文化中寓情于物的表达方式。

二、作品：Fortune

作者：薛凯月

作品材料：纯银、黄铜、纸

作品尺寸：项链 3cm × 50cm

制作工艺：焊接、折纸

设计说明：在中国传统文化中，蛇是能带来财富的祥瑞灵兽，有很多关于蛇聚财的传说，蛇成为吉祥的象征。因此以中国传统蛇意象为设计思路，以带来财富的吉祥之蛇为饰品设计的内核，运用折纸工艺，对传统蛇意象造型进行现代转化，承载对财富与美好生活的期盼与向往。

Fortune 1（薛凯月）

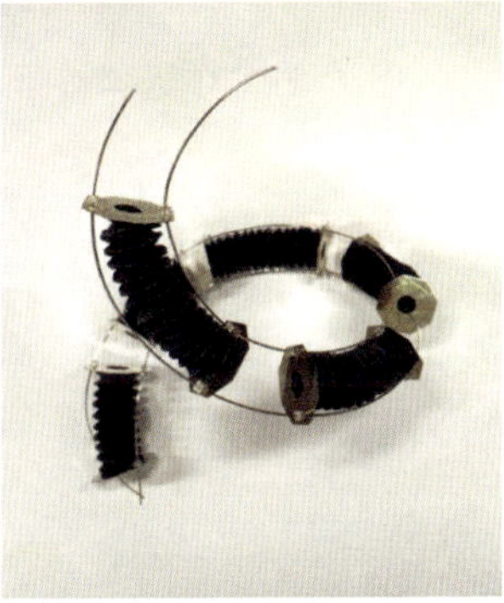

Fortune 2（薛凯月）

三、作品：《七十二变》

作者：任自征

作品材料：925 银、0.3mm 999 银丝

作品尺寸：项链 19cm × 21cm × 5cm 、胸针一 8.5cm × 5.5cm × 2.5cm 、胸针二 5cm × 5cm × 3cm 、戒指 5cm × 5cm × 8cm

制作工艺：焊接、铸造、金属丝编织

设计说明：作品灵感源自日常生活中的两种境况：一是顺境，伴有金属丝本身的柔软；二是逆境，具有金属棱角的坚毅，体现应对生活世事无常的状态。作品本身想要传

《七十二变》（任自征）

达的思想是不管身处顺境、逆境，都要以长远眼光看待，忌拘泥于一时；对待任何事情都应抱有不畏艰险、勇往直前的积极乐观态度。

四、作品:《穿梭》

《穿梭》（任自征）

作者：任自征

作品材料：999 银、白色蛋壳、天然大漆

作品尺寸：10cm × 10cm

制作工艺：花丝工艺、大漆工艺

设计说明：作品展现的是飞机与天空中的白云为伴，自由地穿梭在白云中。设计元素选取的是飞机和云朵的形态，运用花丝工艺和大漆工艺制作而成。作品包含八个胸针，有的飞机被云朵遮挡，有的飞机平行于云朵，其动态不一，展现了飞机在天空中不同的飞行姿态。

五、作品:《玄冥化煞》

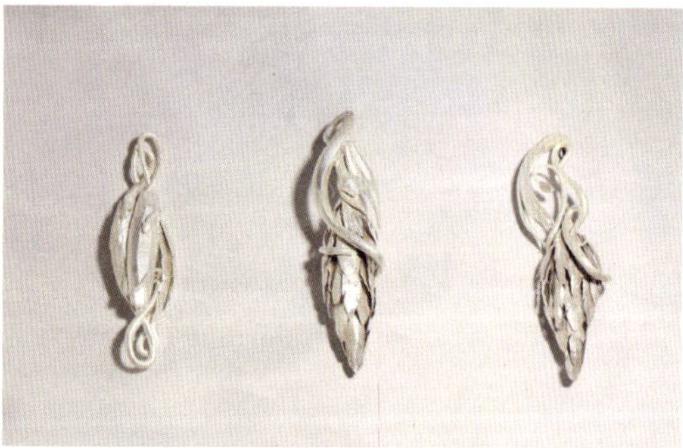

《玄冥化煞》（石艺涵）

作者：石艺涵

作品材料：999 银、925 银

作品尺寸：120mm × 40mm

制作工艺：焊接、铸造

设计说明：玄武是中国古代神话中的天之四灵之一，又名龟蛇，源于远古星宿崇拜。玄武是一种由龟和蛇组成的神兽。龟和蛇在古代被认为是灵兽，象征着长寿。作品是以中国神话故事中的玄武为灵感进行的创新与变形，其寓意是健康平安、富贵长寿。

六、作品:《生存的痕迹》

《生存的痕迹》（柏杨）

作者：柏杨

作品材料：紫铜、照片、亚克力、麻绳

作品尺寸：项链 200mm × 65mm、胸针 50mm × 50mm × 10mm

制作工艺：焊接、铸造

设计说明：以当下的生活为出发点，设计具有叙事性的首饰，表达对当下美好生活的珍视。在这个快节奏的时代，很多人都在忙碌地工作，往往忽视了身边美好的人和事物。作品旨在以首饰为载体，讲述那些在当下生活中被遗忘和忽略的痕迹，提醒观者要留心那些随时间流逝而被遗忘的美好，让人们更加珍惜当下的美好。

七、作品：Phytosis

作者：霍朝政

作品材料：925 银、钛金、莫桑钻、欧泊

Phytosis（霍朝政）

作品尺寸：胸针 70mm × 70mm × 20mm、颈饰 220mm × 180mm × 60mm

制作工艺：铸造、镶嵌、阳极氧化钛

设计说明：在现代社会快节奏的背景下，人们的压力越来越大，各种负面情绪如影随形。作品以此为设计灵感，围绕负面情绪与人的关系展开，选取了竹荪与水晶兰这两种寄生植物，通过对寄生关系的表达，让深陷情绪泥潭的人可以正确认识自己。

八、作品：《异乡人》

作者：霍朝政

作品材料：925 银、莫桑钻

作品尺寸：胸针 85mm × 65mm × 5mm、颈饰 340mm × 250mm × 60mm、戒指 25mm × 25mm × 35mm、吊坠 40mm × 35mm × 10mm

制作工艺：铸造、镶嵌、做旧

设计说明：每个繁华的城市都有许许多多来自异乡的建设者，他们组成了城市运转的“齿轮”，他们是城市发展的“血”和“肉”。文学作品和影视作品率先注意到了这一社会群体，当代首饰作品作为一种反映社会的媒介更应该关注这一人群。作品以异乡人为主题，提醒人们反思高速发展的中国存在的一些社会问题。

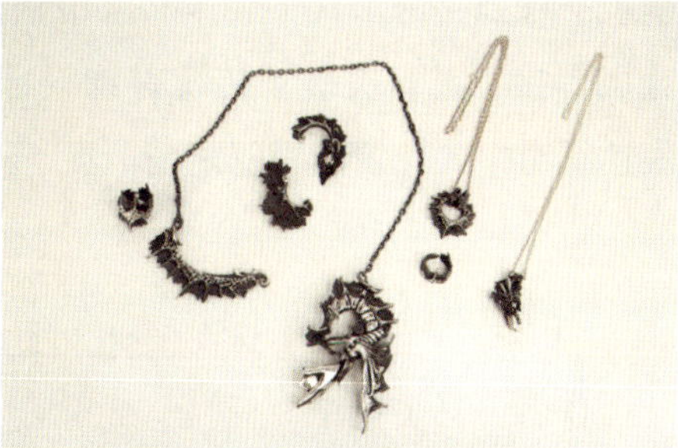

《异乡人》（霍朝政）

九、作品:《繁花绿蔓》

《繁花绿蔓》(刘芳硕)

作者:刘芳硕

作品材料:99 银、925 银

作品尺寸:约 2.5cm × 9cm

制作工艺:金属焊接工艺

设计说明:作品的设计灵感来源于大自然中的植物。作品主要采用贵金属银进行表达,以线性的银丝作为主体,并加以银制小花作为点缀。作品的内容是将植物生命形态转化为金属。大自然对于设计而言就像是一个巨大的宝库,取之不尽,用之不竭。大自然中物种丰富,每一个物种都有它独特的美丽,带给我们创作的灵感,点燃创意的火花。大自然中万物复苏、竞相生长的景象深深影响并吸引着作者,因此作者希望能借助金属来表现自然的活力与生机,同时也表达对自然以及生命的热爱。

十、作品:《闲窗听雨》

作者:刘芳硕

作品材料:99 银、925 银

制作工艺:金属焊接工艺

设计说明:作品的设计灵感来源于园林花窗,定位为一件结合传统文化元素和现代设计风格的艺术品。在形式上,该作品运用大量的几何图形,是对园林花窗造型的简化和变形,呈现一种独特的形式美。作品采用立体构成和金属焊接工艺,突破了传统首饰设计的框架,表达了对中式花窗的赞叹之情。

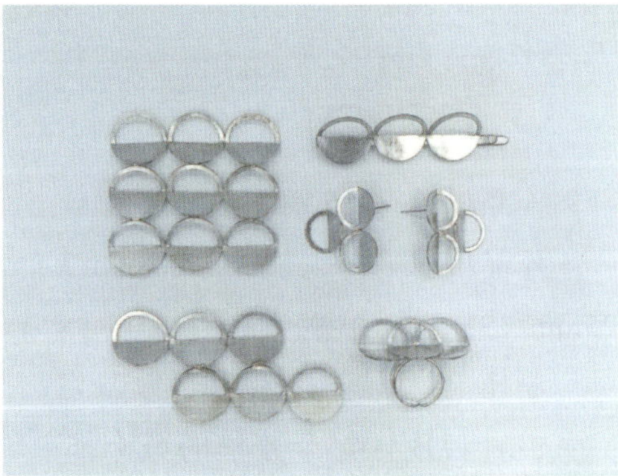

《闲窗听雨》(刘芳硕)

十一、作品:《媒介》

作者:马美伦

作品材料:99 银

作品尺寸:项链 420mm × 37mm、戒指 54mm × 50mm、胸针 62mm × 53mm

制作工艺:焊接

设计说明：作品旨在探索首饰的新功能，把首饰作为沟通佩戴者与观赏者主观世界的媒介。通过古蜀文化所展现的“媒介”功能进行创作，对三星堆出土的黄金面具进行重构，探索线条空间的变化。

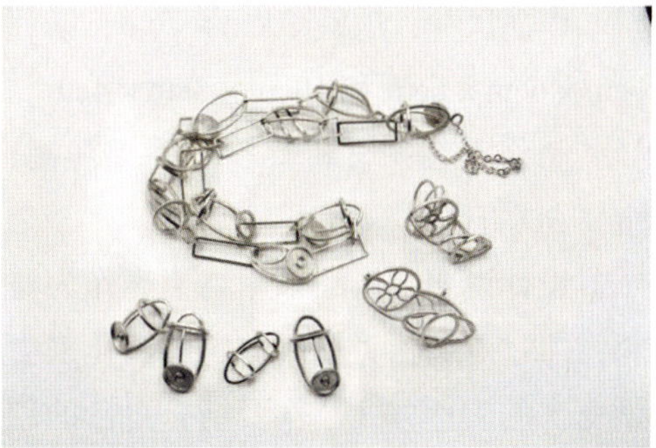

《媒介》（马美伦）

十二、作品：《蝶影寄思》

作者：秦雪晴

作品材料：999 足银

作品尺寸：项链 10cm、胸针 5cm

《蝶影寄思》（秦雪晴）

制作工艺：焊接、皮影、铸造

设计说明：作品的设计灵感来源于皮影戏。传说汉武帝对已故爱妃李夫人异常思念，大臣李少翁路遇孩童手拿玩偶玩耍，便想起用棉帛做成李夫人的样子请汉武帝观看。民间传说已故者会化作蝴蝶来看望亲人。这件首饰结合皮影与蝴蝶元素，表达人有悲欢离合，没有人能够永远陪伴，但记忆的时光是无法抹去的。

十三、作品：《源》

作者：陈传印

作品材料：925 银、棉线

作品尺寸：项链一 7cm × 7cm × 7cm、项链二 12cm × 7cm × 5cm、胸针 5cm × 5cm × 3cm

制作工艺：金属 3D 打印、电镀金

设计说明：作品的设计灵感来源于文字。从古到今，文字历经发展与演变；时代的进步也带动着文字的进步。文字是人类的一种思想载体。

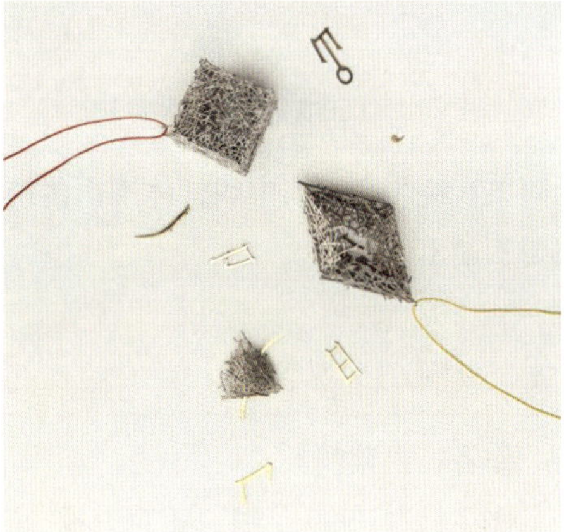

《源》（陈传印）

十四、作品：《21 天》

作者：陈传印

作品材料：鸡蛋壳、925 银、棉线

《21天》(陈传印)

作品尺寸：项链 60cm × 7cm、胸针 7cm × 6cm × 6cm 和 10cm × 8cm × 4cm

制作工艺：材料实验、手工捏制、金属 3D 打印

设计说明：作品采用鸡蛋壳作为材料，通过对鸡蛋壳材料的实验转化来尝试更多的表达方式。作者结合自己的创作实践，探索了蛋壳粉作为材料在首饰创作中应用的可能性和可行性。将废弃物重新赋予新的生命价值，打破重铸。通过蛋壳材料来表达对生命的珍视，对亲情的重视和对人生的感悟。

十五、作品:《正衣冠》

作者：牛紫桐

作品材料：999 足银、铜镀银丝

《正衣冠》(牛紫桐)

作品尺寸：项链 16cm × 18cm × 6cm、手镯 8cm × 7cm × 2.5cm、胸针 7cm × 2.5cm × 1.5cm

制作工艺：金属编织工艺

设计说明：作品的设计灵感来源于服饰。汉服中左侧的衣襟与右侧的衣襟交叉于胸前的时候，就自然形成领口的交叉，所以形象地称为“交领”。交领的两条直线相交于衣中线，体现出传统文化的对称美学，显示出独特的中正气韵，代表做人要不偏不倚。

十六、作品:《观敦煌》

作者：牛紫桐

作品材料：999 足银、亚克力板

作品尺寸：胸针 7cm × 2.5cm × 1.5cm

制作工艺：焊接工艺

设计说明：作品灵感来源于初见莫高窟时外观崖壁近千个洞窟的震撼。它们规模宏大，排列错落有致。作者将莫高窟外观洞窟形状重新排列，用经典壁画进行填充装饰，一方面表达对于敦煌莫高窟的喜爱，另一方面向古代千千万万个无名工匠致敬。

《观敦煌》（牛紫桐）

十七、作品:《光线》

《光线》（范世纪）

作者：范世纪

作品材料：925 银

作品尺寸：项链 200mm × 150mm × 20mm、胸针 50mm × 50mm × 45mm

制作工艺：焊接、铸造

设计说明：光象征着明亮、希望、力量、生机等。人们在日常生活中赋予了光很多新的意义与象征。光线是表示光的传播途径和方向的直线。光线是一种几何的抽象。作品是利用光与物体的关系衍生出的首饰。

十八、作品《旋律》

作者：王佳雯

作品材料：999 足银、宝石

作品尺寸：项链 10mm × 5mm、胸针 6mm × 4mm、耳钉 3mm × 6mm、戒指 3mm × 3mm

制作工艺：焊接、金属丝编织

设计说明：作品的设计灵感来源于汉代透光铜镜，其两面透光，光折射到镜面，镜面图案折射到墙上反射出镜面图案的影像。通过现代手法将汉代透光铜镜与现代镜子相结合，以表达事情的两面性如同镜子一样，一面可以通光，另一面可以照面，遇到事情要看到事情的

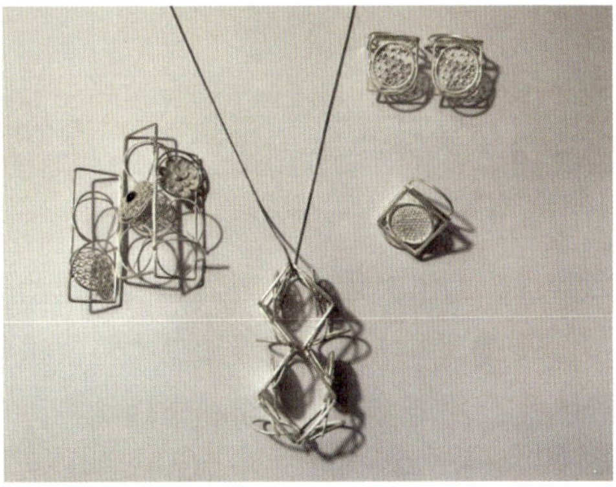

《旋律》（王佳雯）

两面性，有好的一面，也有坏的一面。作品将铜镜与传统图案、铜鼓等工艺，利用镂空手法进行了结合。

十九、作品:《旧时记忆》

作者：宋依洋

作品材料：999 足银、报纸、瓷片

作品尺寸：项链 220mm × 80mm × 35mm、手持 200mm × 60mm × 35mm、戒指 80mm × 40mm × 35mm

制作工艺：镶嵌工艺、焊接工艺

设计说明：现代感的冰冷金属与复古繁杂的青花瓷花纹对比碰撞出微妙的氛围。作者把首饰作为影像记录的表达载体，用自己的眼睛和凸面镜望向窗外的视角，以首饰为媒介拉近距离，抽象化的记忆被一帧帧存储在首饰内部褪色的报纸中，文字、图案乃至青花瓷片是记忆的重映。通过对一个个场景进行色彩渲染和不规则的图形截取，当驻足在每个首饰前时，人们被唤起同样的回忆并感受当下的安宁。

《旧时记忆》(宋依洋)

二十、作品:《绒》

作者：王菲

作品材料：999 足银

作品尺寸：胸针 6cm × 4cm × 3cm、项链 5cm × 3cm × 3cm

制作工艺：焊接工艺

设计说明：现代社会快节奏的生活使人与人之间多了些冷漠和距离，人们在迫切地寻求可以减少单调感、冷漠感和压抑感的生活方式。此设计以纤维艺术中的圈绒为表达技法，颠覆了金属厚重与冰冷的刻板印象，将银这种金属纤维化；造型上打破金属的常规结构，自由交叉，交织出生动活泼的线条次序，激活出与众不同的生命力。

《绒》(王菲)

二十一、作品:《风吹麦浪》

作者：王菲

作品材料：999 足银

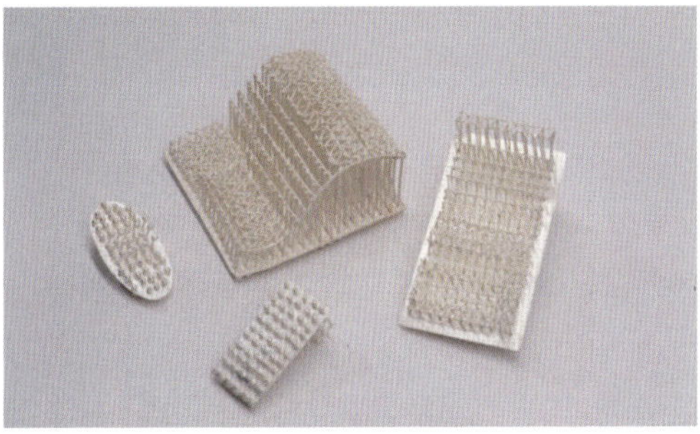

《风吹麦浪》（王菲）

作品尺寸：耳饰 3cm × 2cm × 2cm、吊坠一 6cm × 3cm × 4cm、吊坠二 6cm × 6cm × 4cm

制作工艺：焊接工艺

设计说明：麦田象征着理想的精神乌托邦，孕育着生命之力，闪烁着智慧之光。基于当代人心理情感的需求，作者运用麦田形象元素，创作《风吹麦浪》作品，寄托对“回归田园，自然归一”的美好愿景。

二十二、作品:《再生》

作者：王笑玥

作品材料：999 足银、24K 金、鹦鹉毛、孔雀毛

作品尺寸：项链 160mm × 130mm × 15mm

制作工艺：花丝工艺

设计说明：这是通过对传统的元素进行提取设计，融合时尚进行再创新的作品。作品用传统的工艺施以现代的时尚设计，让点翠的美丽走进大众的视野。作品对单一的元件进行了旋转组合，组合后的整体再旋转并保留了单一元件的传统形制。

《再生》（王笑玥）

二十三、作品:《鹊桥仙》

作者：杨玉婷

作品材料：999 足银、珍珠、石榴石、螺钿

作品尺寸：耳饰 12cm × 4cm × 1cm、项链 15cm × 7cm × 1cm

制作工艺：花丝工艺、螺钿镶嵌工艺

设计说明：这件作品的设计灵感来源于宋代词人秦观的《鹊桥仙》。作品营造了诗中所描绘的意境：纤薄的云彩在天空中变化多端，

《鹊桥仙》（杨玉婷）

天上的流星传递着相思的愁怨。作品采用传统的花丝工艺制作，结合珍珠和螺钿讴歌真挚、细腻、纯洁、坚贞不渝的爱情。借牛郎与织女悲欢离合的神话故事，讲述爱情经得起长久分离的考验，即使终年天各一方，相爱的人依然彼此牵挂。[①]

二十四、作品:《与愿》

作者：杨玉婷

作品材料：999 足银、珐琅

作品尺寸：项链 40cm × 40cm × 1cm、戒指 5cm × 5cm × 1cm、胸针一 5cm × 5cm × 1cm、胸针二 5cm × 5cm × 1cm

《与愿》（杨玉婷）

制作工艺：花丝工艺、铸造工艺、珐琅工艺

设计说明：作品的设计灵感来源于敦煌莫高窟第三窟的千手千眼观音。作者通过从原作中抽离出人物的手势动作，结合现代理解方式，来传递“手势”所表达的情绪，探讨从情绪载体到媒介物转化的可能性。敦煌壁画里的手线条简约完美，且极尽传情达意之能事，每一双手都表达了各自不同的含义与情态。[②]

二十五、作品:《循环》

作者：张海若

作品材料：树脂

作品尺寸：胸针 / 吊坠 65mm × 70mm、戒指 40mm × 50mm

制作工艺：3D 打印、电镀

设计说明：作品的设计灵感来源于莫比乌斯带。“美妙的曲线流动”是一种变幻无穷的状态，“永恒的流动”始于曲线在不断地循环往复中获得新生。柔和的曲线是二维平面在重叠和翻转、伸展和卷曲中形成立体空间，内外部形成正负空间，从中寻求平衡与和谐。

① 李思源．浅析宋代词乐的理性美 [J]. 神州，2013（5）.

② 程瑶．关于“图案”课程教学的思考 [J]. 大众文艺，2016，381（3）: 229.

《循环》（张海若）

二十六、作品：《幻境》

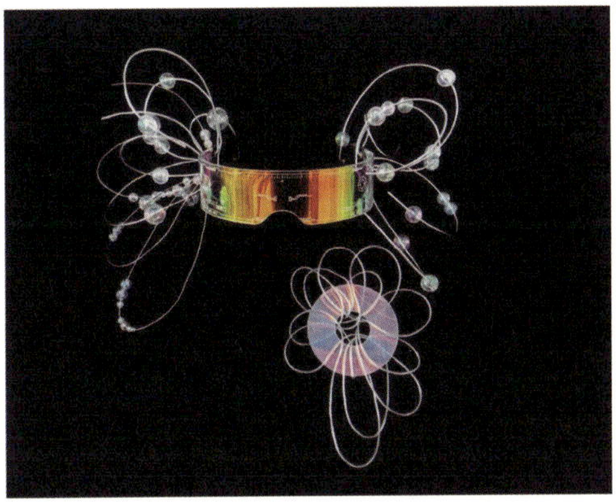

《幻境》（张海若）

作者：张海若

作品材料：综合材料

作品尺寸：面饰 300mm×20mm、胸针 120mm×80mm

设计说明：未来世界充斥在科技的无限发展中，对于未来的幻想不论是无限的数字代码，还是霓虹灯的光彩，都离不开“电”。环绕在头部和手臂的圆环光圈和充满未来感的圆形切片，在电路的环绕下生生不息地输送着能量，仿佛佩戴这些首饰可以穿越未来时空、探索未知的世界。

二十七、作品：《环环相扣》

作者：郑柏英

作品材料：镀银铜丝、金色猫眼石

作品尺寸：项链 80cm×80cm、戒指 4cm×4cm×4cm、胸针 4cm×4cm×4cm、耳坠 6cm×6cm

制作工艺：金属编织

《环环相扣》（郑柏英）

设计说明：作品的设计灵感来源于人体细胞的规则排列。用银丝编织球体上下前后堆叠，球内放置直径为 2 厘米的黄色珠子，代表细胞核。看似简单的细胞，却与我们的身体健康息息相关、环环相扣，寓意敬畏生命、珍爱生命。编织的银丝就像生命一样有时脆弱得和纸一样一捅就破，有时又可以常弹生命强音、顽强坚韧。

二十八、作品:《藻井浮花》

《藻井浮花》(郑鹏扬)

作者:郑鹏扬

作品材料:999足银、珐琅

作品尺寸:项饰15cm×30cm、耳饰10cm×4cm×2cm

制作工艺:焊接、花丝镶嵌、烧制珐琅

设计说明:"藻井浮花共陵乱,玉阶零露相裴回。"(《月宫词》)作品是藻井图案和花丝工艺的结合。藻井有吉祥美好的寓意,花丝是中国优秀的传统工艺,作者将二者结合,对藻井图案进行了首饰再创造的表达。

二十九、作品:《翻页童趣》

作者:周培培

作品材料:999足银、纸

作品尺寸:胸针一95mm×90mm、胸针二60mm×85mm、胸针三97mm×40mm、胸针四83mm×70mm

制作工艺:焊接、铸造

设计说明:童年是美好、灿烂、天真的。作者以人生最无忧无虑的童年阶段作为设计主题,从大多数人童年时期喜爱的颜色入手,创作出让大家看到就能感到轻松舒适的作品。作者希望看到这件作品的人能感受到所传达的轻松愉快的心情,能够像小时候那样无忧无虑、幸福且充满希望。

《翻页童趣》(周培培)

三十、作品:《四君子》

作者:杨华超

作品材料:999足银

作品尺寸:胸针30mm×450mm

制作工艺:铸造

设计说明：作者用最传统的、历代文人所描绘的“四君子”的精神来进行作品设计，意在让人们对当下人的素养、行为、品质、气节进行思考。

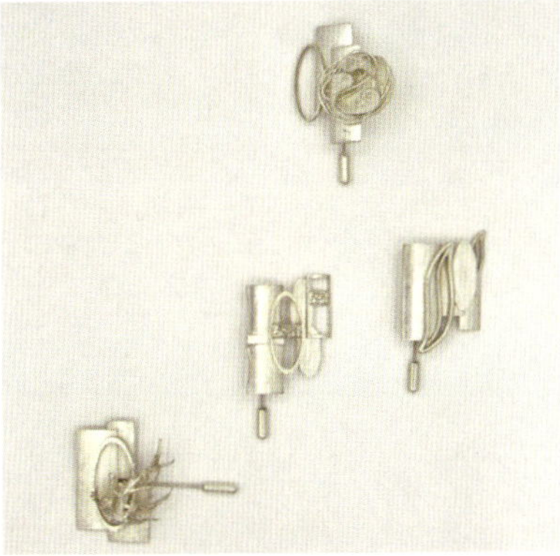

《四君子》（杨华超）

第十章　规行矩步：质量与检验

Quality and Inspection

首饰是由金属材料或多种宝石镶嵌而成的产品。它的整体质量水平往往是由各种工件的质量和总体质量的综合性检测来确定的，具有一定的标准和要求。因此，首饰的加工质量要求与检验，包括首饰的整体外观质量、宝玉石加工质量、贵金属或普通金属的加工质量以及镶嵌质量等方面。

第一节 首饰外观质量的检验

首饰工厂一般会设立独立的质检部门。根据需要检验的产品类型，选择合适的检验室，要求光源符合检验的光线并配置合适的工作台。

一、检验准备

（1）检验的工具：10 倍放大镜、游标卡尺、千分尺、台秤、戒指棒、白色汗布手套、棉布、鹿皮布等。

（2）检验单：产品检验用的清单。

二、检验步骤和方法

不同种类的首饰有不同的外观质量检验指标和要求。外观检验以目测、手感为主，观察不清时使用 10 倍放大镜。首饰外观质量要求具体有以下几方面：

（1）整体造型美观，主题突出，立体感强。

（2）图案纹样形象自然，布局合理，线条流畅。

（3）镶嵌后的首饰表面光洁，无毛刺。

（4）掐丝首饰流畅自然，填丝均匀平整。

（5）浇铸的工件表面光洁，无砂眼、无裂痕和缺陷。

（6）镶嵌宝石牢固，无虚焊、漏焊，无明显的焊接疤痕。

（7）錾刻花纹自然，整体平整，层次清晰。

（8）可活动配件应灵活、牢固、有力。

（9）抛光打磨色泽一致、光亮，无水渍。

（10）印记准确、清晰、位置适当等。

首饰不仅有外观质量要求，还有金属材料纯度、结构尺寸、佩戴安全性等方面的综合质量要求。例如：戒指的戒圈内径符合标准号数，厚度大于 0.8 毫米时不易变形。耳饰的插针直径一般为 0.6 ～ 0.8 毫米、长度为 11 毫米，针尖要圆钝，从针尖开始 5 毫米处应有凹槽，耳堵两边也应有一条凹槽，以免左右滑出。对于表面电镀金或银的首饰，有《首饰金覆盖层厚度的规定》（QB 1131—2005）和《首饰银覆盖层厚度的规定》（QB 1132—2005）的行业标准。

第二节　宝玉石加工质量要求

宝玉石首饰的美学价值和商品价值的高低，是由其内部因素和外部因素决定的。在这里，内部因素主要是指宝玉石材质特有的价值、美丽的颜色、净度和光泽等，外部因素则主要是指宝玉石的造型、款式、加工工艺及质量等人为因素。宝玉石加工的目的就是要在展示宝玉石外在美的基础上最大限度地挖掘其内在美，力争提升宝玉石的总价值。所以必须注重宝玉石加工的质量要求和规范。

我国制定了宝玉石加工质量的国家和地方标准，用于规范宝玉石生产和消费市场。这将有利于产品质量的不断提高，增强市场竞争力。

对于有一定光学特性要求的贵重宝石，在力争保留成品最高质量的同时，应特别强调款式设计和加工尺寸的科学性，以及符合标准或规范要求。例如，钻石的加工质量评定已有统一的钻石分级标准，在钻石切工比率及角度分级表中规定了台宽比、冠高比、腰厚比、亭深比、底尖比、全深比和冠角等加工数据范围。对于一般宝石也有款式设计和加工尺寸的具体要求。饰品的表面应该加工得十分光洁，尺寸、角度和弧度也要准确无误。又如，对于具有特殊光学效应的宝石，观察其光学效应的明显程度更为重要。

宝玉石表面的加工质量的检验和评价通常都是凭肉眼或者借助 10 倍放大镜进行的，其质量的好坏完全凭检验者的经验来判断，没有统一标准。一般要求在最后一道工序抛光完成之后，宝玉石表面应该达到在 10 倍放大镜下见不到可分辨的划痕毛面和微裂纹。[①] 例如，刻面型款式的宝石加工质量评价内容为：外形的规整性；加工的准确程度，切磨角度

① 张之经 . 珠宝玉石分级和检验手册 [M]. 北京：金盾出版社，2016：93.

和比例是否正确，是否有漏光现象；加工的精密程度，小面的对称性，有无多余的小刻面，边棱线是否交于一点；抛光的光滑程度，表面有无砂眼和划痕，是否抛出了宝石应有的光泽等。

第三节　贵金属加工质量要求

贵金属饰品的制作方法很多，工艺繁多，对加工的质量要求也是多方面的。加工工艺质量的检测分为首饰整体外观的检测和整体手感的检测。

一、整体外观检测

整体外观检测包含三个方面，即形态、颜色和亮度。

形态的检测：首先主体图案纹样形象自然，布局合理，主题突出，整体造型美观；其次，各部分搭配合理，层次分明，立体感强，重心位置合适，棱角清晰分明；最后，对称设计的部件对称性良好，协调一致，无变形。

颜色的检测：要求鲜艳明亮，无雾状、发黑、奶油色、斑点和暗影等不良的色泽。单件的首饰应颜色一致、色泽均匀，不同工艺处理方式及特别设计除外。分色首饰的颜色分界应清晰明显，特别设计除外。

亮度的检测：如果有车花面，应有显著的反射光芒，特别设计除外。没有明显划痕，无水渍、打磨蜡等残留物。首饰正面无肉眼可见的砂眼，侧面和底部无明显砂眼。

二、整体手感检测

整体手感光滑，边棱、尖角处无毛刺。链类首饰柔顺性好，佩戴贴合、平整、不易打结。

整体来看，贵金属首饰的加工在遵循外观的质量检测以外，还应遵循以下几点：

（1）贵金属及合金材料符合设计要求。

（2）冷加工后要进行退火处理，以保持材料的韧性和强度。

（3）贵金属饰品和托架的内部不含气孔或裂隙，外形及尺寸必须符合造型、款式设计要求。

（4）表面无凹凸不平、粗糙感觉，表面处理的效果符合设计要求。

（5）焊接处的强度、连接和颜色符合设计要求。

第四节　质量监控应注意的问题

一、质量与价值

一般认为质量较高的首饰，价值也高。但是，超标准的质量要求，不一定会带来高的价值，而是一种资源浪费。因为提高质量标准是要付出时间的成本，所以会提高工时定额。

二、质量与工时定额

通常可以采用按图纸计算或者按样品计算工时定额两种方法。在保证产品质量的前提下，避免超标准的质量要求，制定合理的工时定额。

三、质量与材料损耗

根据设计图，采用合理的首饰加工工艺，稳定首饰产品的质量，减少材料的损耗。例如，可以一次成型的，就不用二次成型，可以采用失蜡铸造法一次性铸造成型的，就不要采用将金属板裁成一片片后拼装焊接而成。一般机械加工比手工加工损耗低，时间短。通常把黄金首饰的加工损耗定为 0.65%，铂金和 K 金首饰的加工损耗定为 3%，银首饰的加工损耗定为 5%。[①]

四、质量与安全

广义的安全包括人身安全、设备安全和产品安全等方面。学校工作室的设备使用安全，工厂的生产工艺规程、技术质量标准和安全管理守则等，是为保障安全而制定的法规、规章及经验的总结，工作人员必须严格执行，没有权利擅自更改。对于在实施过程中发现的不完善和不合理之处，允许提出修改意见和建议，但必须经过有关部门严格审定及批准，下达到有关生产车间之后才能改变。

① 金克斯 · 麦克格兰斯 . 珠宝首饰制作工艺手册 [M]. 北京：中国纺织出版社，2013：16–17.

本章小结

主要内容：首饰是由金属材料或多种宝石镶嵌而成的产品，它的整体质量水平往往是由各种工件的质量和总体质量的综合性检测来确定的。因此，首饰的加工质量要求与检验包括首饰的整体外观质量、宝玉石加工质量、贵金属或普通金属的加工质量以及镶嵌质量等方面。

重点：了解宝玉石加工质量检测的行业标准。

难点：首饰的整体外观质量、宝玉石加工质量、贵金属加工质量。

任务模块

思考任务

1. 分析理解首饰质检的主要内容。
2. 解释首饰整体外观质检的要求。
3. 解释贵金属加工质检的要求。

拓展任务

选择一件首饰作品，从首饰的整体外观质量、宝玉石加工质量、贵金属加工质量等方面进行质检，并形成简单的质检报告。

设计任务

选择一组商业首饰作品，从首饰的整体外观质量、宝玉石加工质量、贵金属加工质量三个方面展开讨论，说一说质检的步骤和内容。

章节资源

1. 唐克美，李苍彦 . 金银细金工艺和景泰蓝 [M]. 郑州：大象出版社，2004.

2. 杨伯达 . 中国美术全集·工艺美术编 [M]. 北京：文物出版社，1987.
3. 金克斯·麦克格兰斯 . 珠宝首饰制作工艺手册 [M]. 北京：中国纺织出版社，2013.
4. 张之经 . 珠宝玉石分级和检验手册 [M]. 北京：金盾出版社，2016.

参考文献 / Bibliography

一、著作

[1] 干大川 . 珠宝首饰设计与加工 [M]. 北京：化学工业出版社，2008.

[2] 黄云光 . 首饰制作工艺学 [M]. 武汉：中国地质大学出版社，2005.

[3] 姜倩 . 传统金属工艺再研究：珠宝首饰花丝设计 [M]. 济南：山东美术出版社，2021.

[4] 徐爽 . 燕京八绝 · 花丝镶嵌 [M]. 南京：江苏凤凰美术出版社，2018.

[5] 陈征，郭守国 . 珠宝首饰设计与鉴赏 [M]. 上海：学林出版社，2008.

[6] 赵丹绮，王意婷 . 玩金术 [M]. 上海：上海科学技术出版社，2018.

[7] 杨伯达 . 中国美术全集：工艺美术编 [M]. 北京：文物出版社，1987.

[8] 张晓燕 . 首饰艺术设计 [M]. 北京：中国纺织出版社，2010.

[9] 张蓓莉 . 系统宝石学 [M]. 北京：地质出版社，2006.

[10] 王小艳 . 软玉及其相似品种的红外光谱检测 [M]. 郑州：河南人民出版社，2012.

[11] 金克斯 · 麦克格兰斯 . 珠宝首饰制作工艺手册 [M]. 张晓燕，译 . 北京：中国纺织出版社，2013.

[12] 王昶，袁军平 . 贵金属首饰制作工艺 [M]. 北京：化学工业出版社，2008.

[13] 徐植 . 贵金属材料与首饰制作 [M]. 上海：上海人民美术出版社，2009.

[14] 琳达 · 达尔蒂 . 珐琅艺术 [M]. 王磊，译 . 上海：上海科学技术出版社，2015.

[15] 郭新 . 珠宝首饰设计 [M]. 上海：上海人民美术出版社，2014.

[16] 唐绪祥 . 锻铜与银饰工艺：上 [M]. 郑州：大象出版社，2015.

[17] 唐克美，李苍彦 . 金银细金工艺和景泰蓝 [M]. 郑州：大象出版社，2004.

[18] 庄冬冬 . 首饰设计 [M]. 北京：中国纺织出版社，2017.

[19] 李芽 . 中国古代首饰史 [M]. 南京：江苏凤凰文艺出版社，2020.

[20] 任进 . 珠宝首饰设计基础 [M]. 武汉：中国地质大学出版社，2011.

[21] 王渊，罗理婷 . 珠宝首饰绘画表现技法 [M]. 上海：上海人民美术出版社，2009.

[22] 任绘 . 首饰设计 [M]. 重庆：西南师范大学出版社，2004.

[23] 邵萍 . 珠宝首饰设计 · 手绘技法 [M]. 北京：人民美术出版社，2007.

[24] Design-Ma-Ma 设计工作室 . 当代首饰艺术：材料与美学的革新 [M]. 北京：中国青年出版社，2011.
[25] 王彩虹 . 思维导图 [M]. 北京：金盾出版社，2019.
[26] 东尼 · 博赞，巴利 · 博赞 . 思维导图：全新修订版 [M]. 亚太记忆运动理事会，译 . 北京：中国广播影视出版社，2022.
[27] 邹宁馨，伏永和，高伟 . 现代首饰工艺与设计 [M]. 北京：中国纺织出版社，2005.
[28] 唐一苇，闫黎 . 首饰发展简史 [M]. 北京：化学工业出版社，2022.
[29] 史永，贺贝 . 珠宝简史 [M]. 北京：商务印书馆，2018.
[30] 曹雪明 . 百工录 · 首饰錾刻艺术 [M]. 南京：江苏美术出版社，2013.
[31] 陶姜力 . 欧洲古董珠宝通典 [M]. 北京：中国画报出版社，2022.
[32] 厉宝华 . 花丝镶嵌 [M]. 北京：北京美术摄影出版社，2015.
[33] 黄奇松，莫伟基 . 祖母绿选购与鉴赏 [M]. 上海：上海科学技术出版社，2015.
[34] 徐军 . 翡翠等级与价格：识辨、保值与误区 [M]. 昆明：云南美术出版社，2005.
[35] 张之经 . 珠宝玉石分级和检验手册 [M]. 北京：金盾出版社，2016.
[36] 卢艺，韩儒派 . 珐琅工艺 [M]. 北京：人民邮电出版社，2022.
[37] 玛利亚 · 何塞普 · 福卡德利 · 贝伦格尔，何塞普 · 阿斯奇恩 · 帕斯托 . 珠宝手绘 [M]. 东舍，刘长青，译 . 北京：人民美术出版社，2018.
[38] 金克斯 · 麦克格兰斯 . 英国珠宝首饰制作基础教程 [M]. 蔡璐莎，张正国，译 . 上海：上海人民美术出版社，2009.

二、学位论文

[1] 才华 . 禅宗文化及其影响下的禅意首饰艺术 [D]. 北京：中国地质大学（北京），2014.
[2] 欧云波 . 花丝工艺在现代首饰设计中的应用和发展 [D]. 北京：中国地质大学（北京），2008.
[3] 左书侨 . 花丝镶嵌在当代都市审美语境下的艺术转型 [D]. 重庆：西南大学，2016.
[4] 杨筱静 . 红木在首饰设计中的应用研究 [D]. 昆明：昆明理工大学，2015.
[5] 袁小伟 . 时装化首饰的特征与表现 [D]. 北京：中国地质大学（北京），2007.
[6] 宴荣 . 基于蒙古族审美取向下的当代首饰设计研究 [D]. 呼和浩特：内蒙古师范大学，2019.
[7] 陈素文 . 首饰中的平面设计语言研究 [D]. 苏州：苏州大学，2017.
[8] 张娜 . 基于汉唐文化的首饰体验设计研究 [D]. 西安：西安工程大学，2016.
[9] 施敏 . 基于图形图像知识的图案创作思维模拟及应用 [D]. 杭州：浙江大学，2002.
[10] 张玲玲 . 思维导图在高中化学的教学实践研究 [D]. 聊城：聊城大学，2021.
[11] 王心莹 . 男装袖扣的设计研究 [D]. 苏州：苏州大学，2012.
[12] 曹雁飞 . 家居环境中的灯具形态研究 [D]. 合肥：合肥工业大学，2007.

[13] 文俊 . 国际市场有色金属价格波动研究 [D]. 北京：中国青年政治学院，2012.
[14] 王慧 . 一种古典摄影技艺的拾取 [D]. 南京：南京师范大学，2008.
[15] 李晓静 . 常见宝石的近红外光谱研究 [D]. 昆明：昆明理工大学，2016.
[16] 裴海 . “非遗” 视角下苏州玉雕的发展现状与传承研究 [D]. 合肥：安徽大学，2017.
[17] 张勇 . 新疆和田玉的宝石学特征研究 [D]. 北京：中国地质大学（北京），2011.
[18] 贾依曼 . 和田玉首饰化的创新应用研究 [D]. 北京：中国地质大学（北京），2018.
[19] 李丹 . 和田玉黑皮子料的宝石矿物学研究 [D]. 北京：中国地质大学（北京），2020.
[20] 韩孝联 . 珍珠的优化处理与光谱学特征研究 [D]. 上海：华东理工大学，2011.
[21] 王晶晶 . 北京市花丝镶嵌制作技艺传承人培养方式调研报告 [D]. 北京：中国艺术研究院，2017.
[22] 王呈丽 . 编织技法在金属首饰设计中的运用 [D]. 杭州：浙江理工大学，2016.
[23] 李曼蕊 . 步摇中的花丝工艺与现代首饰设计 [D]. 北京：中国地质大学（北京），2018.

三、期刊文章

[1] 中国社会科学院考古研究所二里头工作队 . 1980 年秋河南偃师二里头遗址发掘简报 [J]. 考古，1983（3）.
[2] 中国社会科学院考古研究所二里头工作队 . 1981 年河南偃师二里头遗址发掘简报 [J]. 考古，1984（1）.
[3] 周桐羽 . 清代宫廷珠宝首饰设计的独特背景 [J]. 现代装饰（理论），2013（7）.
[4] 姜倩 . 非物质文化遗产花丝工艺在现代珠宝设计中的应用 [J]. 设计，2018（19）.
[5] 李中豪 . 珠宝首饰设计中仿生元素的应用研究 [J]. 设计，2014（7）.
[6] 钱仲韵 . 探析西方首饰艺术的演变和发展历程 [J]. 现代装饰（理论），2016（3）.
[7] 张荣红，刘惠华，张学云 . 中西方首饰艺术教育模式比较与思考 [J]. 宝石和宝石学杂志，2016（5）.
[8] 吴璟怡 . 谈巴洛克时期音乐与器乐音乐 [J]. 青春岁月，2023（1）.
[9] 敖立琦 . 装饰设计思维的多元化 [J]. 大庆师范学院学报，2011（4）.
[10] 彭娟 . 计算机应用基础 [J]. 广东教育（职教版），2012（8）.
[11] 王小梅 . Mindmanger 思维导图在中学历史课教学中的运用：以《中国近代史》为例 [J]. 中小学电教，2008（11）.
[12] 许明星 . 仿生设计在工业设计中的运用 [J]. 美与时代（上半月），2010（2）.
[13] 过莎 . 中国古代雕塑的造型特征 [J]. 艺术与设计（理论），2008（1）.
[14] 杨晨 . 仿生语意在锦州城市旅游工艺品资源研发中的创新应用 [J]. 艺术科技，2014（3）.
[15] 王晓华 . 仿生设计在旅游纪念品设计中的应用 [J]. 艺术教育，2016（2）.
[16] 邱松 . 接触抽象形态 [J]. 装饰，2004（10）.

[17] 杨冬江．论建筑及环境艺术的设计表达 [J]. 装饰，2004（8）.
[18] 刘继平，李晓弟．造型艺术与设计文化中的艺术设计表现 [J]. 昆明理工大学学报（社会科学版），2005（2）.
[19] 陈实，杨智渊，孙凌云，等．草图设计知识分析方法：结合语音能量和创意拐点 [J]. 浙江大学学报（工学版），2015（11）.
[20] 戴春宁，常鹤岭．论产品设计中手绘设计表达的作用 [J]. 艺术探索，2008（4）.
[21] 钟华．速写与设计的快速表现 [J]. 艺术界，2005（6）.
[22] 李源．关于工业设计《产品速写》课程训练方法的思考 [J]. 科技信息，2009（26）.
[23] 曾红琳．绘画透视三议 [J]. 大众文艺，2010（11）.
[24] 高旻洁．民间金属工艺在当代首饰设计教学中的应用 [J]. 艺术科技，2018（6）.
[25] 王晓慧，黄绍勇，刘妮．珠宝专业首饰设计课程的教学改革初探：以云南旅游职业学院宝石鉴定与加工技术专业为例 [J]. 中国市场，2016（10）.
[26] 刘海潮．水彩画的发展历程及艺术特点 [J]. 美与时代，2019（5）.
[27] 乔今．谈数字艺术的发展与装饰艺术设计 [J]. 时代经贸，2008（S5）.
[28] 张丽辉．首饰设计色彩表现技法课程教学分析 [J]. 流行色，2021（3）.
[29] 吴颖露．信息时代的艺术设计 [J]. 职大学报，2008（3）.
[30] 李圣船．新应用吹响钛业强国集结号 [J]. 中国金属通报，2014（15）.
[31] 张雷．珠宝玉石 [J]. 标准生活，2015（8）.
[32] 袁孟，邓宏兵，吴婷婷．中国珠宝产业发展态势研究 [J]. 宝石和宝石学杂志，2015（6）.
[33] 珠宝玉石命名国家标准 [J]. 西部资源，2013（4）.
[34] 王蓓．珠宝玉石分类与命名 [J]. 浙江国土资源，2004（12）.
[35] 滕玲．有机宝石：生命的另一种升华 [J]. 地球，2016（8）.
[36] 马静，邓宏兵．湖北省珠宝产业发展战略构想 [J]. 宝石和宝石学杂志，2015（4）.
[37] 郝爽．珠宝玉石质量检验师的修炼之路 [J]. 艺术市场，2014（18）.
[38] 杭东．彩色钻石的奥秘 [J]. 超硬材料工程，2013（2）.
[39] 张庆麟．我国的百克拉大钻石 [J]. 中国宝玉石，2006（4）.
[40] 唐左军．红、蓝宝石的评价 [J]. 艺术品，2015（3）.
[41] 杨伯达．论中国古代玉器艺术 [J]. 故宫博物院院刊，1995（S1）.
[42] 钱艺丹，王丽，杨晓广．和田玉及仿制品特征探讨 [J]. 商场现代化，2013（20）.
[43] 陈稳稳，王红．中国国石：和田玉 [J]. 中国城市金融，2012（3）.
[44] 李艳．慧眼识玉：浅谈什么是和田玉 [J]. 收藏界，2011（12）.
[45] 郝爽，刘婷婷．全景扫描：当代和田玉市场 [J]. 艺术市场，2014（15）.
[46] 李坤．和田玉玉器价值影响因素的探讨 [J]. 收藏界，2010（5）.
[47] 郭革理．收藏和田玉有感 [J]. 收藏界，2013（3）.

[48] 刘喜锋，贾玉衡，刘琰 . 新疆若羌－且末戈壁料软玉的地球化学特征及成因类型研究 [J]. 岩矿测试，2019（3）.
[49] 李家珍 . 玉石及其资源开发 [J]. 矿产与地质，1994（2）.
[50] 三元 . 白玉，被历史所见证的艺术品 [J]. 文物鉴定与鉴赏，2010（8）.
[51] 张卫东 . 昆仑玉产业发展的制度创新研究 [J]. 中国国土资源经济，2011（12）.
[52] 刘姣，凌艳华，刘苏君 . 和田玉的鉴赏与收藏 [J]. 收藏，2021（8）.
[53] 林宇超 . 和田玉与仿制品的鉴别方法 [J]. 中国科技纵横，2016（18）.
[54] 许是 . 翡翠：玉石之王的绝世美 [J]. 中国信用卡，2010（15）.
[55] 张瑛，云杉 . 翡翠欣赏 [J]. 科技智囊，2006（2）.
[56] 梅山雅士 . 饱受众人喜爱的尤物：翡翠 [J]. 华北国土资源，2012（2）.
[57] 陈燕燕 . 翡翠 A、B、C 货的鉴别 [J]. 技术与市场，2015（4）.
[58] 胡乐勇 . 中国传统服饰与中国民族精神 [J]. 中国设计研究，2006（4）.
[59] 栗扬 . 浅谈中国玉文化 [J]. 黑龙江史志，2010（8）.
[60] 珠宝玉石不难挑 [J]. 品牌与标准化，2009（17）.
[61] 于静静 . 珍珠光泽的影响因素及其优化技术发展研究 [J]. 企业科技与发展，2019（7）.
[62] 赵前良 . 第二讲：珍珠形成的原理和结构 [J]. 珠宝，1991（2）.
[63] 金瑛 . 因材施艺：异形珍珠首饰设计初探 [J]. 明日风尚，2016（7）.
[64] 黄琨，王全永，罗超雁 . 中国与印度尼西亚海水珍珠质量评价标准比对研究 [J]. 标准科学，2019（2）.
[65] 徐宝庆 . 团团圆圆话珍珠（上）[J]. 收藏界，2014（3）.
[66] 张旭光 . 红珊瑚 绛树无花叶 千年自华贵 [J]. 中国航空旅游，2015（2）.
[67] 陈稳稳，王红 . 绛树红花照碧海：珊瑚的品类与鉴赏 [J]. 中国城市金融，2012（5）.
[68] 李宏博，吕林素，章西焕 . 珊瑚的加工技法 [J]. 中国宝玉石，2007（2）.
[69] 张庆麟 . 神秘的琥珀 [J]. 上海工艺美术，1994（3）.
[70] 小光 . 人鱼的眼泪 [J]. 中国黄金珠宝，2003（3）.
[71] 张志强，周树礼，程志兵 . 琥珀的特性及价值 [J]. 超硬材料工程，2012（16）.
[72] 王雪，李海波 . 琥珀认知 [J]. 中国宝石，2014（3）.
[73] 庾晋，白杉，子荫 . 我国水煤浆开发情况综述（上）[J]. 地球，2003（1）.
[74] 刘卫东 . 珠宝饰品讲座（十三）：琥珀 [J]. 上海计量测试，2005（3）.
[75] 张正义 . 环佩叮当 流光飞舞：清代宫廷后妃首饰 [J]. 浙江纺织服装职业技术学院学报，2018（4）.
[76] 郭碧君 . 宝石界的精灵：琥珀 [J]. 化石，2012（3）.
[77] 金英福 . 首饰精密铸造过程中的影响因素分析 [J]. 铸造技术，2005（7）.

[78] 吴小军 . 浅析首饰快速连接结构的设计理念 [J]. 艺术科技，2013（1）.
[79] 袁军平，王昶，申柯娅 . 现代首饰熔模铸造设备进展概况 [J]. 中国铸造装备与技术，2006（3）.
[80] 朱建军，柳文婷，徐卫 . 艺术铸造在工程训练中的运用 [J]. 产业与科技论坛，2011（2）.
[81] 颜建超，章梅芳 . 花丝及其纹样在古代文物上的运用 [J]. 广西民族大学学报（自然科学版），2019（1）.
[82] 许珠信 . 精密铸造法首饰加工 [J]. 黄金，2004（2）.
[83] 李斌 . 金属热处理之退火 [J]. 科技传播，2012（19）.
[84] 陈红辉 . 花丝工艺的创新性研究 [J]. 设计，2015（1）.
[85] 李中豪 . 浅谈花丝镶嵌工艺的传承与发展 [J]. 文学教育，2014（10）.
[86] 谷博 . 现代包装仿生设计的时代需求研究 [J]. 包装工程，2011（12）.
[87] 陈金梅，张芸，丁晓飞 . 基于创新视域下的景泰蓝色彩设计方法研究 [J]. 流行色，2023（4）.
[88] 李芳 . 探索铸胎掐丝珐琅与多种工艺结合的美 [J]. 文物鉴定与鉴赏，2021（19）.

附录　珠宝首饰设计需求参考图表

Appendix: Reference Chart for Jewelry Design Requirements

附录 1　常见宝石的物理性质参数表

宝石品种	密度 / (g/ cm³)	透明度	颜色	光泽	晶系
钻石	3.47 ～ 3.55	透明	无色、彩色	金刚	等轴
红蓝宝石	3.95 ～ 4.10	透明至微透明	红色、蓝色、其他颜色	玻璃、亚金刚	三方
祖母绿	2.67 ～ 2.90	透明至半透明	翡绿	玻璃、油脂	六方
金绿宝石	3.71 ～ 3.75	透明至半透明	多种颜色	玻璃、油脂	斜方
石榴子石	3.50 ～ 4.20	透明至半透明	多种颜色	玻璃、亚金刚	等轴
绿柱石	2.72	透明	多种颜色	玻璃	六方
电气石	2.46 ～ 3.26	透明至不透明	多种颜色	玻璃	三方
尖晶石	3.57 ～ 3.70	透明至半透明	多种颜色	玻璃、亚金刚	等轴
锆石	3.90 ～ 4.73	透明至半透明	多种颜色	玻璃、亚金刚	四方
橄榄石	3.27 ～ 3.48	透明至半透明	草绿色	玻璃	斜方
托帕石	3.49 ～ 3.57	透明	多种颜色	玻璃	斜方
长石	2.25 ～ 2.70	透明至半透明	无色、多种颜色	玻璃珍珠	三斜
水晶	2.64 ～ 2.69	透明至半透明	无色、紫色、黄色	玻璃	三方
透辉石	3.30	透明至半透明	白色、绿色	玻璃	单斜
顽辉石	3.25	透明至微透明	绿色、黄色	玻璃	斜方
红柱石	3.17	透明至不透明	多种颜色	玻璃	单斜
蓝晶石	3.56 ～ 3.69	透明至不透明	蓝色、白色	玻璃	三斜
堇青石	2.53 ～ 2.78	透明至半透明	蓝色、紫色	玻璃、油脂	斜方
黝帘石	3.10 ～ 3.45	透明至不透明	蓝色、紫色	玻璃	斜方
方柱石	2.57 ～ 2.74	透明	多种颜色	玻璃	四方

续表

宝石品种	密度 / (g/ cm³)	透明度	颜色	光泽	晶系
柱晶石	3.30	透明至半透明	多种颜色	玻璃	斜方
赛黄晶	3.00 ～ 3.03	透明至半透明	无色、浅黄色	玻璃、油脂	斜方
磷灰石	3.18 ～ 3.22	透明至半透明	无色、多种颜色	玻璃	六方
萤石	3.18	透明至不透明	多种颜色	半玻璃	等轴
锂辉石	3.18	透明	多种颜色	玻璃	单斜
硅线石	3.25	透明至半透明	白色、灰色、浅绿色	玻璃、亚金刚	斜方
方钠石	2.28	透明至半透明	无色、多种颜色	玻璃、油脂	等轴
符山石	3.32 ～ 3.47	透明	黄色、绿色、褐色	玻璃	四方

附录 2 常见玉石的物理性质参数表

玉石品种	密度 / (g/ cm³)	透明度	颜色	光泽	硬度
翡翠	3.32	透明至不透明	绿色、多种颜色	玻璃、油脂	6.5 ～ 7
软玉	2.90 ～ 3.10	半透至微透明	多种颜色	半玻璃、蜡状	6.5
欧泊	1.9 ～ 2.5	半透至微透明	黑色、乳白色、淡蓝色	半玻璃、蜡状	5 ～ 6.5
绿松石	2.40 ～ 2.90	不透明	蓝色、绿色	蜡状	5 ～ 6
蛇纹石玉	2.44 ～ 2.80	透明至不透明	绿色、多种颜色	蜡状	2.5 ～ 5
独山玉	2.73 ～ 3.18	半透至不透明	绿色、白色、紫黑色、黄色等	玻璃、蜡状	5.5 ～ 6.5
玛瑙	2.60 ～ 2.65	透明至半透明	多种颜色	玻璃	6 ～ 7
玉髓	2.58 ～ 2.64	透明至半透明	多种颜色	玻璃	6.5
碧玉	2.58 ～ 2.64	半透至不透明	绿色、黄色、红色、灰色	玻璃	6.5
青金石	2.7 ～ 2.9	半透至不透明	青蓝色	玻璃	5.5
孔雀石	3.54 ～ 4.10	半透至不透明	蓝绿色	玻璃、金刚	3.5 ～ 4
寿山石	2.57 ～ 2.58	微透至不透明	多种颜色	蜡状	2 ～ 3

附录 3　常见有机宝石的物理性质参数表

品种	相对密度	透明度	颜色	光泽	硬度
珍珠	2.60 ～ 2.80	半透明至不透明	白色、黑色、多种颜色	珍珠	2.5 ～ 4
珊瑚	1.35 ～ 2.65	半透明至不透明	白色、红色、其他颜色	蜡状、油脂	3 ～ 4
琥珀	1.08	透明至半透明	黄色、棕色	树脂	2 ～ 3
象牙	1.70 ～ 2.00	半透明至微透明	白色、奶白色	蜡状、油脂	2.5
煤精	1.32	不透明	黑色、褐黑色	玻璃、树脂	2 ～ 4
龟甲	1.29	半透明至微透明	黄白色、黄褐色	蜡状、油脂	2.5

附录 4　宝玉石与生辰石及其象征意义参考表

月 份	天然宝玉石	象征意义
1 月	石榴子石	真诚、友爱、真实
2 月	紫晶	平和、诚实
3 月	海蓝宝石或血玉髓	沉着、勇敢、聪明
4 月	钻石	纯净、无瑕
5 月	祖母绿	幸运、幸福
6 月	珍珠或月光石	健康、长寿、富有
7 月	红宝石或变石	热情、仁爱、尊严
8 月	橄榄石和缠丝玛瑙	夫妻合欢、幸福美满
9 月	蓝宝石	慈爱、诚实、坚贞
10 月	欧泊或粉碧玺	欢喜、安乐、去祸得福
11 月	托帕石或黄水晶	友情、友爱、希望
12 月	绿松石或锆石	成功的保证

附录 5　结婚纪念日对应宝玉石参考表

结婚纪念日年数	宝玉石	结婚纪念日年数	宝玉石
12	玛瑙	30	珍珠
13	月光石	35	珊瑚、翡翠
14	苔藓玛瑙、象牙	39	猫眼石
15	水晶	40	红宝石
16	托帕石	45	变石
17	紫晶	50	金（金婚）
18	石榴子石	52	红宝石
19	红褐色锆石	55	祖母绿
20	瓷器、白金饰品	60	黄色钻石
23	蓝宝石	65	蓝宝石
25	银（银婚）	67	蓝宝石
26	蓝宝石	75	钻石

附录 6　常见首饰戒指尺寸表

戒指尺寸	周长（mm）	直径（mm）
4	44	14.0
5	45	14.3
6	46	14.6
7	47	15.0
8	48	15.3
9	49	15.6
10	50	15.9
11	51	16.2

续表

戒指尺寸	周长（mm）	直径（mm）
12	52	16.6
13	53	16.9
14	54	17.2
15	55	17.5
16	56	17.8
17	57	18.1
18	58	18.5
19	59	18.8
20	60	19.1
21	61	19.4
22	62	19.7
23	63	20.1
24	64	20.4
25	65	20.7
26	66	21.0
27	67	21.3
28	68	21.7
29	69	22.0
30	70	22.3
31	71	22.6

附录 7　常见首饰手镯尺寸表

软尺测量法								
线长（cm）	16.6	16.9	17.3	17.5	17.9	18.2	18.5	大于 18.8
圈口（mm）	51 ～ 54	52 ～ 55	53 ～ 56	54 ～ 57	55 ～ 58	56 ～ 59	57 ～ 60	60 以上
适合手镯	52mm 手镯 53mm 手镯 54mm 手镯	52mm 手镯 53mm 手镯 54mm 手镯 55mm 手镯	53mm 手镯 54mm 手镯 55mm 手镯 56mm 手镯	54mm 手镯 55mm 手镯 56mm 手镯 57mm 手镯	55mm 手镯 56mm 手镯 57mm 手镯 58mm 手镯	56mm 手镯 57mm 手镯 58mm 手镯 59mm 手镯	57mm 手镯 58mm 手镯 59mm 手镯 60mm 手镯	60mm 手镯

直尺测量法						
尺寸（mm）	62 ～ 66	66 ～ 70	70 ～ 74	74 ～ 78	78 ～ 82	82 以上
圈口（mm）	50 ～ 54	52 ～ 55	54 ～ 57	56 ～ 59	58 ～ 61	60 以上
适合手镯	52mm 手镯 53mm 手镯 54mm 手镯	52mm 手镯 53mm 手镯 54mm 手镯 55mm 手镯	54mm 手镯 55mm 手镯 56mm 手镯 57mm 手镯	56mm 手镯 57mm 手镯 58mm 手镯 59mm 手镯	58mm 手镯 59mm 手镯 60mm 手镯	60mm 手镯

图书在版编目（CIP）数据

以身度物：传统首饰工艺与当代转化 / 姜倩编著. 北京：中国人民大学出版社，2025. 1. -- ISBN 978-7-300-33250-5

Ⅰ. TS934.3

中国国家版本馆 CIP 数据核字第 2024K20A39 号

中华优秀传统文化创造性转化与创新性发展特色教育丛书
国家级一流本科课程建设系列教材
国家社科基金艺术学重大招标项目（项目批准号：21ZD25）教研建设成果
总主编　孙　磊

以身度物——传统首饰工艺与当代转化

姜　倩　编著

Yishen Duwu——Chuantong Shoushi Gongyi yu Dangdai Zhuanhua

出版发行	中国人民大学出版社		
社　　址	北京中关村大街 31 号	邮政编码	100080
电　　话	010－62511242（总编室）		010－62511770（质管部）
	010－82501766（邮购部）		010－62514148（门市部）
	010－62511173（发行公司）		010－62515275（盗版举报）
网　　址	http:// www. crup. com. cn		
经　　销	新华书店		
印　　刷	中煤（北京）印务有限公司		
开　　本	787 mm × 1092 mm　1/16	版　　次	2025 年 1 月第 1 版
印　　张	20.25 插页 1	印　　次	2025 年 1 月第 1 次印刷
字　　数	422 000	定　　价	85.00 元